U0271828

北方粳稻
育种若干问题研究

◎ 李红宇　刘丽华　范名宇　著

中国农业科学技术出版社

图书在版编目（CIP）数据

北方粳稻育种若干问题研究／李红宇，刘丽华，范名宇著 . --北京：中国农业科学技术出版社，2021.7

ISBN 978-7-5116-5402-1

Ⅰ. ①北…　Ⅱ. ①李…②刘…③范…　Ⅲ. ①粳稻-杂交育种　Ⅳ. ①S511.203.51

中国版本图书馆 CIP 数据核字（2021）第 134974 号

责任编辑	周丽丽
责任校对	李向荣
责任印制	姜义伟　王思文

出 版 者	中国农业科学技术出版社
	北京市中关村南大街 12 号　邮编：100081
电　　话	（010）82109194（编辑室）　　　（010）82109702（发行部）
	（010）82109709（读者服务部）
传　　真	（010）82109194
网　　址	http://www.castp.cn
经 销 者	各地新华书店
印 刷 者	北京建宏印刷有限公司
开　　本	185 mm×260 mm　1/16
印　　张	17.25
字　　数	400 千字
版　　次	2021 年 7 月第 1 版　2021 年 7 月第 1 次印刷
定　　价	78.00 元

前　　言

东北地区的自然生态条件利于粳稻生产，粳稻种植面积占全国粳稻种植面积的40%以上，是我国主要的粳稻生产基地。东北早期粳稻种植以引进日本品种和技术为主。20世纪70年代以后，随着籼粳稻杂交育种、理想株型目标育种的应用，特别是90年代以来，水稻超高产育成品种即超级稻的兴起，我国东北地区粳稻产量水平明显超过纬度相近的日本，成为国内外著名高产稻区。

优良品种是实现水稻优质、多抗、高产的前提和基础。不断选育遗传背景广阔、品质优良的高产水稻品种，并迅速大面积推广应用是当前水稻育种的首要任务。尽管北方粳稻育种取得巨大成就，但是在非生物胁迫、籼粳血缘及气候生态适应性等方面仍存在许多值得研究和探讨的问题。

20世纪90年代后，中国北方育成的粳稻品种籼型基因频率显著增加，籼稻血缘的引入拓宽了日渐狭窄的北方粳稻遗传基础。大多数北方粳稻改良品种尽管在分类上仍基本保持粳稻属性，但是仍含有一定的籼型血缘。因此，粳稻在保持粳型遗传背景的同时引入籼型血缘，从而达到改良粳稻的目的也是一个重要的发展方向。目前，以综合亚种优点和利用亚种间优势为目标的籼粳稻杂交育种已成为国内重要的水稻育种方法之一。

水稻产量由遗传和环境因素共同决定。黑龙江省盐碱土面积约 $147×10^4$ hm^2，盐碱化耕地面积约 $56×10^4$ hm^2，且以苏打盐碱土为主，水稻对盐碱胁迫中度敏感，其生育期间的灌溉措施能够加速盐碱淋洗和土体脱盐，种植水稻是合理利用苏打盐碱地的重要途径。黑龙江省人均占有水资源量和耕地占有水资源量均低于全国平均水平。当地气象资料显示，气候变暖导致黑龙江省偏旱、大旱发生等级及发生频次增加，偏旱、大旱平均2~3年就发生一次。水稻在作物中耗水量最大，极易受水分胁迫的影响。因此，研究盐碱和干旱胁迫对水稻产量和品质的影响，对耐盐碱和耐干旱水稻新品种的筛选与创新具有重要意义。

在全球气候变化影响的诸多领域中，农业生产是对气候变化比较敏感的产业。从农业气象角度来看，黑龙江垦区发展水稻生产必须研究主要气候条件（温、光、水、气）对水稻生长发育、产量及品质形成的影响规律，根据气候资源科学区划水稻种植区域，研究北方粳稻生育界限期，尽量避开限制水稻生长的不利气候因素，为科学利用气候资源，最大限度地减少和避免由于气候因素引起的经济损失，确保水稻生产的可持续健康发展。另外，利用AMMI模型对寒地水稻产量品质进行稳定性和适应性分析为寒地水稻品种审定和推广应用提供科学依据。

本书共六章内容，第一章主要介绍黑龙江省水稻育成品种种质的来源及遗传贡献分析，第二章分析籼粳稻杂交后代亚种分化与产量和品质的关系，第三章研究北方粳稻穗重指数及理想穗型模式，第四章研究北方粳稻生育界限期及产量品质稳定性，第五章和第六章分别介绍北方粳稻耐盐碱和耐旱种质资源筛选。第一章、第三章、第五章、第六章由李红宇撰写，第二章由范名宇撰写，第四章由刘丽华撰写。本书从遗传和环境因素对粳稻在引种和育种过程中遇到的一些问题进行较为系统的分析，希望能为北方粳稻育种工作提供借鉴和参考。

本书相关成果的研究得到黑龙江省自然科学基金（C2018048）、黑龙江省农垦总局指导项目（HKKYZD190206）资助，在此深表谢意。

由于著者水平有限，书中不妥之处在所难免，恳请广大读者和同行专家批评指正。

著 者
2021 年 3 月

目　　录

第一章　黑龙江省水稻育成品种种质的来源及遗传贡献分析

黑龙江省水稻栽培历史至少可以追溯到唐朝渤海国时期，就近代稻作而言，多数专家认为有百余年的历史（孙岩松，1983）。目前，黑龙江省水稻种植面积已经接近 $400 \times 10^4 \ hm^2$，并且历来以优质、高产、商品率高闻名，是我国重要的水稻商品粮生产基地。育成品种的种质构成可通过追溯其祖先亲本的遗传贡献来估算（熊冬金，2008），分析现有品种的细胞质和细胞核家族、祖先亲本及祖先亲本的遗传贡献，对今后水稻育种工作具有重要意义。王庆胜（2010）通过分析 1999—2006 年黑龙江垦区育成并在生产上占有一定面积的水稻品种亲本及系谱，认为此阶段育成品种的骨干亲本是藤系 138、合交 7811-2，由骨干亲本配制的杂交组合配合力高、灰色关联度大、遗传距离远。刘化龙等（2011）分析了黑龙江省审定的 260 个水稻品种的骨干亲本和 1991—2010 年育成品种的系谱，结果表明 20 世纪 90 年代前育成品种的骨干亲本是'石狩白毛''农林 11 号''虾夷'，由它们育成或衍生品种占同期育成品种的 83.3%；20 世纪 90 年代后育成品种的骨干亲本是'藤系 138''上育 397''富士光'，由它们育成或衍生品种占同期育成品种的 62.0%。目前，关于黑龙江水稻系谱的分析多集中在骨干亲本的分析或对少数重要品种的系谱溯源，缺少对历年育成品种种质来源的系统分析，尤其是关于细胞质来源的分析。通过对黑龙江省水稻育成品种（1961—2006 年）种质的地理来源、细胞核和细胞质遗传贡献进行全面分析，以期为黑龙江省水稻育种的组合配置、丰富亲本来源、扩大育成品种遗传多样性提供参考。

一、材料与方法

（一）试验材料

以黑龙江省 1961—2006 年育成的 191 个水稻品种为研究对象，追溯其祖先亲本。祖先亲本是指无法追溯遗传来源的育种品系、品种及地方品种。资料主要来源于"国家水稻数据中心"网站（http：//www. ricedata. cn/variety/）、《中国水稻及其系谱》（林世成，1991）、品种选育报告及已发表相关学术论文等。

（二）试验方法

根据系谱资料列出黑龙江 191 个水稻育成品种的祖先亲本，然后计算每一个品种祖先亲本细胞核的遗传贡献值。经祖先亲本采用自然变异选择方法育成的水稻品种，祖先亲本细胞核遗传贡献值记为 1；经杂交育成的品种，其双亲核遗传贡献值均记为 0.5，每一个亲本按均等分割方法上推至其双亲，直至终极祖先亲本，最终每一个育成品种全部祖先亲本的核遗传贡献值总和等于 1；由诱变育成的品种，因其突变成分相对较小，其祖先亲本核遗传贡献值的计算采用与自然变异选择法育成品种相同的计算方法；经杂交与诱变结合方法育成的品种，其祖先亲本核遗传贡献值的计算方法与杂交育种相同；外源 DNA 导入法育成品种，因导入 DNA 量极少，其祖先亲本核遗传贡献值计算方法与自然变异选择法育成品种相同（熊冬金，2008；万建民，2010）。细胞质贡献值的计算参照崔章林（1998）的方法。

二、结果与分析

（一）黑龙江水稻育成品种的祖先亲本

黑龙江育成的 191 个水稻品种的遗传基础来源于 232 个祖先亲本，主要祖先亲本衍生品种数如表 1-1 所示，许多黑龙江水稻品种来自共同的祖先亲本，其中'坊主''中生爱国''龟之尾''身上起''关山 8 号''撰一''森田早生''朝日''上州''日之出''改良大场''伊势穗''胆振早生'等日本地方品种，分别衍生出 139 个、131 个、130 个、117 个、105 个、100 个、99 个、99 个、99 个、97 个、93 个、93 个、82 个水稻品种；源自越南的古老籼稻品种'塔都康'衍生了 67 个品种；美国引进品种'色江克'衍生了 20 个品种；中国台湾品种'高雄 53'和'台中 27'均衍生 24 个品种；广东的'荔枝江'、江西的'鄱阳早'和辽宁的'沈苏 6 号'分别衍生了 93 个、25 个和 23 个品种；黑龙江的'合选 58''合交 6910''东农 363'分别衍生了 18 个、9 个和 10 个品种。

表 1-1　各地来源主要祖先亲本及其衍生品种数

祖先亲本	来源	衍生品种数（个）	祖先亲本	来源	衍生品种数（个）	祖先亲本	来源	衍生品种数（个）
坊主	日本	139	塔都康	越南	67	共和	日本	17
中生爱国	日本	131	白千本	日本	65	盐狩	日本	17
龟之尾	日本	130	竹成	日本	65	54BC-68		17
身上起	日本	117	藤坂 1 号	日本	64	北海 183	日本	16
关山 8 号	日本	105	空育 4 号	日本	27	龟花泽 5 号	日本	15
撰一	日本	100	鄱阳早	中国	25	中作 87	中国	14
森田早生	日本	99	北海 84	日本	24	藤系 67		14
朝日	日本	99	高雄 53	中国台湾	24	藤系 71		14
上州	日本	99	台中 27	中国台湾	24	北明		13
日之出	日本	97	沈苏 6 号	中国	23	岛光	日本	13
荔枝江	中国	93	走坊主	日本	23	红星 2 号	中国	13

（续表）

祖先亲本	来源	衍生品种数（个）	祖先亲本	来源	衍生品种数（个）	祖先亲本	来源	衍生品种数（个）
改良大场	日本	93	藤系117	日本	22	北海87	日本	10
伊势穗	日本	93	色江克	美国	20	BL7	日本	9
胆振早生	日本	82	宫崎1号	日本	20	合交6910	中国	9
高根旭	日本	77	南海55	日本	20	庄内32	日本	9
真珠	日本	77	庄内早生	日本	20	神龟42	日本	9
善石早生	日本	75	合选58	中国	18			
早生坊主	日本	74	东北17	日本	10			

表1-2 结果表明，黑龙江水稻育成品种最多涉及43个祖先亲本数，其余品种涉及祖先亲本数在1~34个。24个育成品种涉及30个或30个以上祖先亲本；73个育成品种涉及20个或20个以上祖先亲本；122个育成品种涉及10个或10个以上祖先亲本，占68.9%；158个育成品种涉及5个或5个以上祖先亲本，占89.3%。因此，50%以上育成品种不仅仅是两个亲本的杂交后代，每一育成品种平均涉及15.8个祖先亲本，黑龙江水稻品种的遗传基础具有相当的积累。

表1-2　黑龙江水稻育成品种的祖先亲本数次数分布

项目	次数分布															
祖先亲本数（个）	43	34	33	32	31	30	29	28	27	26	25	24	23	22	21	20	19	18
育成品种数（个）	1	3	1	2	5	12	5	4	3	10	12	3	2	2	5	3	2	7

项目	次数分布															
祖先亲本数（个）	17	16	15	14	13	12	11	10	9	8	7	6	5	4	3	2	1
育成品种数（个）	3	3	3	6	6	4	7	9	11	2	3	11	9	10	9	5	

进一步按育成年代分析，1961—1970年，每个杂育成品种涉及祖先亲本约3.9个；1971—1980年的涉及祖先亲本约6.8个；1981—1990年，涉及祖先亲本约12个；1991—2000年，涉及祖先亲本约15.1个；2001—2010年，涉及祖先亲本约19.9个。由此可见，新近育成品种较以往品种利用了更多的祖先亲本，具有更广泛的遗传基础。

尽管随年代演进祖先亲本群体逐步扩大，但祖先亲本在育成品种群体中的遗传贡献很不平衡，并且随着年代演进而愈益明显。1961—2010年，黑龙江育成品种80%以上具有'坊主'（70.62%）、'龟之尾'（68.72%）、'中生爱国'（66.82%）、'身上起'（64.45%）、'关山8号'（53.08%）、'朝日'（52.61%）、'上州'（52.61%）、'撰一'（52.61%）、'森田早生'（51.66%）、'日之出'（51.18%）等日本祖先亲本血缘；47%左右的品种具有我国广东地方品种'荔枝江'的血缘；34%左右的品种具有越南古老品种'塔都康'的血缘。

（二）黑龙江水稻育成品种的细胞核和细胞质家族

1. 黑龙江水稻育成品种的细胞核家族

根据系谱关系，可将具有共同血缘的育成品种归类，看作同一类细胞核基因衍生的家族，232 个祖先亲本衍生出 232 个系谱，可看成 232 个祖先亲本衍生的细胞核家族。若进一步将育成品种衍生出的系谱看作家族，则在 191 个黑龙江水稻育成品种中，119 个品种可归成 20 个具有共同细胞核基因来源的家族（表 1-3），72 个品种具有独立的细胞核基因来源，因而不属于任何一个家族。'合江 12 号'衍生一个由 77 个成员品种构成的最大家族，该家族包含由'合江 16'及其衍生的具 73 个品种的大亚族、由'合江 19'及其衍生的具 5 个品种的小亚族，由'黑粳 2 号'及其衍生的具 3 个品种的小亚族。其次是包含自身在内共有 27 个成员品种的'普选 10 号'家族，包括由'合江 21 号'及其衍生的具 18 个品种的大亚族、由'龙粳 2 号'及其衍生的具 3 个品种的小亚族、由'垦稻 8 号'1 个品种组成的小亚族、由'垦稻 10 号'及其衍生的具 4 个品种的小亚族。

表 1-3　黑龙江水稻育成品种的 20 个细胞核家族

品种名称	衍生品种数（个）	品种名称	衍生品种数（个）	品种名称	衍生品种数（个）
东农 415	4	龙粳 8 号	4	松粳 1 号	2
东农 419	9	龙糯 2 号	2	松粳 2 号	2
合江 10 号	4	牡丹江 18 号	2	绥粳 3 号	8
合江 12 号	78	牡丹江 19 号	4	绥粳 4 号	3
龙盾 103	3	牡丹江 1 号	2	系选 1 号	2
龙粳 1 号	10	牡丹江 2 号	2	延粘 1 号	2
龙粳 6 号	2	普选 10 号	27		

2. 黑龙江水稻育成品种的细胞质家族

191 个黑龙江省水稻育成品种中，153 个品种的细胞质来源可以追溯到较早地方品种或农家种或育成品种，46 个品种的细胞质仅可以追溯到一些育种中间材料或来源不明的材料。根据细胞质传递关系，153 个细胞质来源清晰的品种可以归成 33 个相互独立来源的细胞质家族，少数品种直接从祖先亲本获得细胞质，多数品种通过 1 个多至 12 个育成品种或中间材料传递而从祖先亲本获得细胞质，从而将每个品种的细胞质来源便归结于一个祖先亲本。细胞质家族成员数 49 个、17 个、11 个、9 个、8 个、6 个、5 个、4 个、3 个、2 个、1 个的家族分别有 1 个、1 个、1 个、1 个、2 个、2 个、1 个、1 个、1 个、5 个和 17 个。包含 5 个以上品种的家族有 9 个，分别是'身上起''关山 8 号''伊势穗''森田早生''藤坂 1 号''真珠''岛光''藤系 453''红星 2 号'，118 个黑龙江育成品种的细胞质来源于这 9 个细胞质家族，占 154 个细胞质来源清晰的品种数的 76.6%（表 4）。

33 个细胞质家族中仅有'莲香 1 号'和'鄱阳早'两个家族的细胞质来源于籼稻，其中'莲香 1 号'衍生出'绥粳 4 号'和'苗香粳 1 号'，'鄱阳早'衍生出'垦稻 3 号'，籼稻细胞质来源的水稻品种占 154 个细胞质来源清晰的黑龙江水稻品种数的 1.9%，其余品种细胞质均源于粳稻。142 个育成品种的细胞质源于'身上起''关山 8 号''伊势穗'等 7 个日本品种，11 个育成品种细胞质源于中国品种'红星 2 号''莲香 1 号''红毛''鄱阳早'和'苏资 2 号'，1 个育成品种细胞质源于美国品种'色江克'。

（三）黑龙江水稻育成品种中祖先亲本的遗传贡献分析

232 个细胞核祖先亲本对 191 个育成品种的细胞核遗传贡献值累计为 191；33 个细胞质祖先亲本对 154 个细胞质来源清晰的品种的细胞质遗传贡献累计为 154。黑龙江水稻育成品种有 92 个核祖先亲本和 26 个质祖先亲本来源于日本，其对黑龙江水稻育成品种的核遗传贡献及质遗传贡献分别累计为 118.421 9 和 142，所占比重分别为 62.00% 和 92.21%；98 个核祖先亲本和 6 个质祖先亲本来源于中国，其对黑龙江水稻育成品种的核遗传贡献及质遗传贡献分别累计为 60.748 0 和 11，所占比重分别为 31.81% 和 7.14%；1 个核祖先亲本和 1 个质祖先亲本来源于美国，其对黑龙江水稻育成品种的核遗传贡献及质遗传贡献分别累计为 1.546 9 和 1，所占比重分别为 0.81% 和 0.65%；越南、韩国等国家和中国台湾地区，对黑龙江水稻育成品种核遗传贡累计为 3.183 7，占总累计值的 1.68%，并且对黑龙江水稻质遗传无贡献（表 1-4，表 1-5）。

表 1-4　黑龙江水稻育成品种的细胞质家族

名称	类型	来源	衍生品种数（个）	名称	类型	来源	衍生品种数（个）	名称	类型	来源	衍生品种数（个）
身上起	粳稻	日本	49	胆振早生	粳稻	日本	2	日粘 152	粳稻	日本	1
关山 8 号	粳稻	日本	17	莲香 1 号	籼稻	中国	2	色江克	粳稻	美国	1
伊势穗	粳稻	日本	11	上育 100	粳稻	日本	2	世绵	粳稻	日本	1
森田早生	粳稻	日本	9	藤坂 102	粳稻	日本	2	苏资 2 号	粳稻	中国	1
藤坂 1 号	粳稻	日本	8	云系 1269	粳稻	日本	2	藤坂 66	粳稻	日本	1
真珠	粳稻	日本	7	中生爱国	粳稻	日本	2	新泻 37 号	粳稻	日本	1
岛光	粳稻	日本	6	道北 52	粳稻	日本	1	盐狩	粳稻	日本	1
藤系 453	粳稻	日本	6	道北 53	粳稻	日本	1	越华	粳稻	日本	1
红星 2 号	粳稻	中国	5	丰田	粳稻	日本	1	中母农 8 号	粳稻	日本	1
红锦	粳稻	日本	4	红毛	粳稻	中国	1	空育 133	粳稻	日本	1
坊主	粳稻	日本	3	黄皮糯	粳稻	中国	1	鄱阳早	籼稻	中国	1

表 1-5　黑龙江育成水稻品种不同地理来源祖先亲本的核质遗传贡献值

来源	细胞核祖先亲本			细胞质祖先亲本		
	祖先亲本数（个）	遗传贡献		祖先亲本数（个）	遗传贡献	
		绝对值	（%）		绝对值	（%）
日本	92	118.421 9	62.00	26	142	92.21
中国（未统计香港、澳门、台湾地区）	98	60.748 0	31.81	6	11	7.14
美国	1	1.546 9	0.81	1	1	0.65
越南	1	1.076 2	0.56	—	—	—
韩国	1	0.125 0	0.07	—	—	—
中国台湾	3	0.875 0	0.46	—	—	—
菲律宾	11	0.382 8	0.20	—	—	—
意大利	1	0.375 0	0.20	—	—	—
苏联	1	0.281 3	0.15	—	—	—
印度尼西亚	1	0.054 7	0.03	—	—	—
印度	2	0.013 7	0.01	—	—	—
其他来源	20	7.099 6	3.72	—	—	—
总和	232	191.000 0	100.00	33	154	100

从遗传物质的属性方面分析，黑龙江水稻育成品种有 185 个核祖先亲本和 31 个质祖先亲本来源于粳稻，其对黑龙江水稻育成品种的核遗传贡献及质遗传贡献分别累计为 177.734 和 151，所占比重分别为 93.055% 和 98.052%；27 个核祖先亲本和 2 个质祖先亲本来源于籼稻，其对黑龙江水稻育成品种的核遗传贡献及质遗传贡献分别累计为 7.459 和 3，所占比重分别为 3.905% 和 1.948%；仅 1 个核祖先亲本来源于野生稻，质祖先亲本不具有野生稻血缘（表 1-6）。

表 1-6　黑龙江育成水稻品种中籼粳及野生稻祖先亲本的遗传贡献值

类型	细胞核祖先亲本			细胞质祖先亲本		
	祖先亲本数（个）	遗传贡献		祖先亲本数（个）	遗传贡献	
		绝对值	（%）		绝对值	（%）
粳稻	185	177.734	93.055	31	151	98.052
籼稻	27	7.459	3.905	2	3	1.948
野生稻	1	0.004	0.002	—	—	—
来源不明	19	5.803	3.038	—	—	—
总和	232	191.000	100.000	33	154	100.000

三、讨　论

（一）黑龙江水稻育成品种的祖先亲本

育种实践证明，引进外来种质，拓宽品种遗传基础有利于提高育成品种的生态适应性。了解品种间的同族关系，避免近亲交配，有利于扩展品种的遗传基础，积累不同来源的优良基因（郭泰，2014；邵国军，2008）。孙岩松等（1993）研究了明黑龙江省1949—1991年育成的水稻品种，31.1%以'石狩白毛'为亲本，11.3%以'虾夷'为亲本。本研究结果表明，黑龙江育成的191个水稻品种的遗传基础来源于232个祖先亲本，每个育成品种涉及的祖先亲本数在1~34个。涉及10个或10个以上祖先亲本育成品种占总品种数的68.9%；涉及5个或5个以上祖先亲本的占89.3%，平均每一育成品种涉及15.8个祖先亲本。随着年代的演进，涉及的祖先亲本数逐步增加，'1960S''1970S''1980S''1990S''2000S'杂交育成品种每个涉及祖先亲本约3.9个、6.8个、12个、15.1个和19.9个。可见，黑龙江水稻品种的遗传基础已有相当的积累，祖先亲本群体随年代演进逐步扩大，但在育成品种群体中，祖先亲本遗传贡献极不平衡，并随着年代演进推进愈益明显。

（二）关于黑龙江水稻育成品种种质的细胞核和细胞质来源

191个黑龙江水稻育成品种中，119个品种可归成20个具有共同细胞核基因来源的家族，72个品种具有独立的细胞核基因来源，不属于任何家族。232个细胞核祖先亲本对191个育成品种的细胞核遗传贡献值累计为191，其中92个源于日本，核遗传贡献累计为118.421 9，占总遗传贡献的62.00%；98个源于中国，核遗传贡献累计为60.748 0，占31.81%；1个源于美国，核遗传贡献累计为1.546 9，占0.81%；其他国家和地区核遗传贡累计为3.183 7，仅占1.68%。

153个细胞质来源清晰的品种可以归成33个相互独立来源的细胞质家族。33个细胞质祖先亲本对153个细胞质来源清晰的品种的细胞质遗传贡献累计为153，其中26个源于日本，质遗传贡献为141，占92.21%；6个源于中国，质遗传贡献累计为11，占7.14%；1个源于美国，质遗传贡献累计为1，占0.65%。

由此可见，日本来源的细胞核和细胞质祖先亲本对黑龙江水稻育成品种遗传贡献最大。细胞核遗传物质至少具有日本祖先亲本62%的血缘，细胞质遗传物质至少具有日本祖先亲本92%的血缘，并且集中于少数几个，如'坊主''龟之尾''中生爱国'等细胞核祖先亲本，'身上起''关山8号''伊势穗'等细胞质祖先亲本。黑龙江水稻育成品种遗传基础仍然比较狭窄，继续拓宽遗传基础，尤其是细胞质遗传，仍是今后黑龙江水稻育种的重点工作。

（三）关于黑龙江水稻育种品种的籼粳及野生稻祖先亲本的遗传贡献

利用籼粳亚种间或栽培稻与野生稻远源杂交有利于创造更多的变异类型（杨守仁，1962；陈温福，1995；袁隆平，1997；孙传清，2000），该技术已经在水稻超高育种中广泛应用（姜元华，2014；姜元华，2015）。随着籼粳杂交工作的开展，北方粳稻籼稻血缘逐渐增加，并且籼型位点频率为辽宁（6.17%）＞吉林（3.92%）＞黑龙

（3.44%）（高虹，2013），黑龙江水稻育成品种籼性血缘较少。本研究结果显示，黑龙江水稻育成品种核祖先亲本和质祖先亲本粳稻遗传贡献率分别为 93.055% 和 98.052%，籼稻遗传贡献率分别为 3.905% 和 1.948%，仅 1 个核祖先亲本来源于野生稻，贡献率分别为 0.002% 和 0。并且籼性血缘主要来源于具有籼稻血缘的育成品种和籼粳杂交的育种中间材料，直接利用籼稻作为杂交亲本的情况较为罕见。因此，黑龙江今后水稻育种工作中应注意对籼稻或野生稻资源的利用，拓宽遗传基础，创造更多的变异类型。

四、结　论

　　黑龙江新近育的成水稻品种比以往品种涉及更多的祖先亲本，遗传基础逐步拓宽，但是日本血缘仍占主导地位，尤其是在细胞质方面，遗传基础相对比较狭窄，并且对籼稻和野生稻资源利用程度很低。

第二章　籼粳稻杂交后代亚种分化与产量和品质的关系

第一节　文献综述

"民以食为天，食以稻为先"。水稻是人类重要的粮食作物，60%以上的人口以稻米为主食（万建民，2010）。估计到 2035 年，需要增加 1.12 亿 t 的大米来满足日益增长的人口需要（Seck et al.，2012）。十九大报告中指出："确保国家粮食安全，把中国人的饭碗牢牢端在自己手中。"因此，保障水稻产量稳定并实现稳步增长，对保障我国粮食安全具有重大的战略意义。增加稻谷总产量，一靠扩大种植面积，二靠提高单产水平。由于耕地面积的急缺以及水资源的匮乏，靠扩大种植面积来提高水稻总产量的潜力已经很有限，唯一出路是通过科技进步提高单产来增加稻谷总产量。诸多学者一致认为利用籼粳亚种间的杂种优势可以作为提高水稻产量的有效途径（杨守仁等，1962；袁隆平等，1997；陈温福等，2001）。目前，以综合亚种优点和利用亚种间杂种优势为目标的籼粳稻杂交育种现已成为国内重要的水稻育种方法之一。

一、籼粳稻分类方法的研究

稻属 *Oryza* 隶属于禾本科 Poaceae 稻亚科 Oryzoideae 稻族 Oryzeae Dumort.，包括两个栽培种（亚洲栽培稻 *O. sativa* 和非洲栽培稻 *O. glaberrima* Steud）和 20 余个野生种，分布于全球热带和亚热带地区。亚洲栽培稻可在世界范围广泛种植，非洲栽培稻仅限种植在西非地区。我国野生稻主要是普通野生稻（*O. rufipogon*）、疣粒野生稻（*O. meycriana*）和药用野生稻（*O. officinalis*），我国的栽培稻是亚洲栽培稻，分为籼稻和粳稻两个亚种。

在我国，亚洲栽培稻中"籼""粳"两大亚种早在 2000 多年前的汉代已被人们所认知，但籼、粳稻的起源和命名在国际上一直存有争议。日本学者加藤茂范于 1928 年将"籼""粳"称为 *indica*（*Oryza sativa* L. subsp. *indica* Kato）和 *japonica*（*Oryza sativa* L. subsp. *japonica* Kato），并一直沿用至今。我国老一辈著名水稻专家丁颖先生把籼稻定名为籼亚种（*O. sativa* L. subsp. *hsien* Ting），粳稻定名为粳亚种（*O. sativa* L. subsp. *keng* Ting）。在维基百科中也标注了粳（geng）稻。Wang et al.（2018）发表在 *Nature* 上的文章首次提出了籼、粳亚种的独立多起源假说，并恢复使用籼（*Oryza sativa* subsp. *xian*）、粳（*Oryza sativa* subsp. *geng*）亚种的正确命名，使中国源远流长的稻作文化得到正确认识和传承。

同粳稻相比，籼稻具有颖毛短稀，叶绿、色较淡，耐肥性较弱，谷粒细长，淀粉黏性较弱、胀性较大等特点（丁颖等，1983）。籼稻在形态特征、生理特性、地理分布等方面与野生稻相似，且易于野生稻自然杂交结实，适合高温、高湿和强光的热带及亚热带地区。粳稻适合种植在气候温和、光照较弱和较干燥的温带地区和热带高地。籼粳稻在形态性状、生理特性、DNA 水平等方面存在大量的差异，可采用形态指数法、杂交亲和法、同工酶法以及分子标记法等多种方法来进行籼粳亚种的分类。最常用的方法有3 种。

（一）形态指数法

1928 年，Kato 等以形态特征、杂交亲合性与血清反应区分籼、粳两个亚种，从而奠定了稻种分类的基础。我国最早关于这方面的研究是程侃声，他在 1993 年提出了包括稃毛、谷粒长宽比、抽穗时谷壳色、谷粒酚反应、第 1 至第 2 穗节长和叶毛 6 个主要性状鉴定水稻籼粳属性的形态指数法，又称"程氏指数法"。籼粳属性是综合 6 个性状的评分来进行判定：总分>18 为粳，14～18 为偏粳，9～13 为偏籼，总分≤8 为籼。程氏指数法最突出的优点就是能够快速、简单有效地进行籼粳分类，同时所选用的 6 个性状对环境不敏感，又易于观测，最后根据各性状的评分进行分类，进而可以对中间类型的品种进行籼粳分类（刘万友和杨振玉，1991），现已普遍应用于籼粳分类及亚种间杂交稻选育上。研究指出，形态指数法尽管存在较大的经验性和人为误差，但是仍然不失为简便有效的籼粳分类方法，以农家品种和育成品种为对象，分类结果与其他方法有较好的一致性（程新奇等，2006；Qian et al.，2000）。但是就籼粳稻杂交重组自交系而言，用于分类的形态性状原来相对稳定的关联关系被打破，形态指数法与分子标记法分类结果吻合度会显著降低（郭艳华等，2008；Qian et al.，2000）。

（二）同工酶标记分类法

20 世纪 60 年代，同工酶法被学者广泛用于籼粳属性的判定。Second（1982）通过对 40 个同工酶位点的多元分析，将栽培稻分为两类且与籼、粳对应。Glaszmann（1987）根据 8 种同工酶对来自亚洲各地的千份品种进行研究，将亚洲栽培稻分为 I、II、III、IV、V、VI 6 个群，其中 I 群和 VI 群与典型的籼和粳对应，而 II 群、III 群和 IV 群、V 群分别为偏籼与偏粳型，每一个群的品种都具有明显的地理分布特征。

同工酶法的主要研究方法有淀粉胶同工酶（Glaszmann et al.，1988），琼脂胶酯酶酶带分类法（Nakamura et al.，1991），以及聚丙烯酰胺凝胶电泳的酯酶酶带分类法（张尧忠和徐宁生，1998）等。孙新立等（1996）用酸性磷酸酶、酯酶、氨肽酶、苹果酸酶和过氧化氢酶进行水稻籼粳属性的分类，结果表明同工酶法和形态指数法对籼粳分类吻合度较高，与周汇等（1988）的结论一致。也有学者研究发现同工酶分类法与程氏指数法和 SSR 标记法拟合度均较高（王彩红等，2012）。付深造等（2011）利用 SDS-聚丙烯酰胺凝胶电泳和蛋白免疫印迹技术分析表明，在籼粳稻品种之间存在热稳定蛋白的差异表达，在一定程度上可用于鉴别典型的籼稻和粳稻。与形态标记相比，同工酶从蛋白质水平上更深层次的研究籼粳分化。它是根据亚种间同工酶电泳谱的差异来判别籼粳属性，能够避免人为因素的影响，标记具有共显性遗传的特点。但是由于酶的活性变化很大，取样时间和取样部位不同，结果也会产生一定偏差，费时费力。

（三）分子标记分类法

随着生物学和现代生物技术的迅速发展，越来越多的新技术应用于籼粳亚种的分类研究中。分子标记分类法的原理是依据不同个体基因组之间的 DNA 序列差异而进行分类。其特点是多态性高、快速、准确且不受主观因素和环境的影响。常用的方法有RFLP、RAPD、SSR、SSLP、AFLP 等。

Zhang et al.（1992）将 RFLP 标记用于籼粳稻的多态性和籼粳分化的研究。随后大量的研究表明 RFLP 可以用于进行水稻的籼粳稻分类（钱惠荣等，1994；孙传清等，1997；王松文等，2006）。RFLP 标记和 SSR 标记判定籼粳亚种属性有较强的一致性和互补性（樊叶杨等，2000）。相比之下，RFLP 技术稳定性较好，但是检测过程较烦琐，工作量及成本均较高。有研究表明 SSR 标记非常适合用于籼粳分类研究（张建勇等，2005；Ni et al.，2002），分类结果与形态标记鉴别结果及亲缘关系基本相符（毛艇等，2009a）。目前研究人员为了提高籼粳属性判定的准确性，已经筛选出数十对 SSR 引物来进行籼粳属性的判定，使得结果更加有效可靠。SSR 标记法不受主观因素和环境条件的影响，多态性高，结果准确（Wang et al.，1989），同时也能准确的判定处于典籼和典粳中间的偏籼和偏粳类型，在水稻籼粳分类的研究中 SSR标记也最为常用。

近年来，诸如 EST、STS、CAPs、InDel、ILP、SNP、基因芯片等一些新的技术不断发展并应用于水稻研究中。戴小军等（2007）研究发现四种分子标记（ISSR、SSR、SRAP 和 TRAP）都可以较好的应用于籼粳分化分析，后两者应用潜力更大。2009 年卢宝荣提出了"InDel 分子指数法"，它不但能准确的判定水稻的籼粳特性，还可以计算出籼型或者粳型基因型频率，这一方法在许多研究中被使用（高虹等，2013；夏英俊，2014；Liu et al.，2016）。该研究方法不仅可以区分判定栽培稻，以及介于典籼和典粳之间的中间类型材料的籼粳属性，还可以用于野生稻的籼粳特性鉴定。ILP（内含子长度多态性标记）是根据 93-11 和日本晴的全基因组序列开发出来的，检测籼粳成分的准确性较高，同时与程氏指数法的判定结果较吻合（许旭明等，2009）。

除了上述方法外还有解剖分类法，主要指不同类型籼、粳稻维管束性状的差异。籼稻的穗颈大小维管束比为 1.0，而粳稻为 0.5 左右，第 2 节间和穗颈大维管束比籼稻为1.5，而粳稻为 2.5 左右，两者之间存在明显差异（徐正进等，1996）。依程氏指数、大小维管束比、大维管束比的分类结果与遗传分化相符度均为 50%左右，将维管束性状作为程氏指数补充所得总分值与遗传分化的相符度为 80%左右，相符度显著增高。维管束数量比可以作为籼粳分类的补充性状（毛艇等，2009b）。

二、籼粳稻杂交育种的研究进展

半个世纪以来，水稻育种经历了两次重大革命，使世界的水稻生产得到了较大发展。第 1 次是始于 20 世纪 50 年代末 60 年代初期的矮化育种。其主要成就在于通过降低株高，使品种的耐肥抗倒性和收获指数大幅度提高。第 2 次是出现在 70 年代初期的杂种优势利用。1973 年，水稻三系首先在我国配套成功并应用于大面积生产，到 80 年代初期推广面积已占全国水稻种植面积的 50% 左右。这两次水稻育种的重大突破，促使我国水稻平均亩产在 60 年代中期和 80 年代中期先后跃上 200 kg 和 300 kg 两个"台阶"。随着配套技术的进步，亩产又进一步提高到 400 kg 的水平，有些高产稻区平均亩产已突破 500 kg 大关，进入世界先进行列。

从 1951 年开始，杨守仁先生等就已开始对籼粳稻杂交育种进行研究（杨守仁和赵纪书，1959），并且认为籼粳杂交育种能够作为常规稻育种的途径之一（杨守仁等，1962）。籼粳稻杂交后代能够产生广泛的变异，为育种者增加选择的机会，可能获得综合籼稻和粳稻优良性状的品种，但后代存在结实率低和性状不易稳定的难题。通过一系列的研究，发现可以利用复交来解决这两大问题（杨守仁等，1987）。20 世纪 60 年代，IRRI 利用中国台湾的半矮秆籼稻品种'低脚乌尖'和'爪哇稻'杂交，培育出"奇迹稻 IR8"。60 年代后期，韩国育种家利用籼粳杂交育成了统一、水原、密阳等高产矮秆品种。日本 20 世纪80 年代初制订以籼粳杂交为中心的超高产育种计划，先后育成了'中国 91''北陆 125''关东 146'等新品种，但多年来日本的水稻育种更注重培育优质稻。

中国、印度、韩国、美国、日本都先后开展相关研究，相比之下，我国无论在应用基础研究上还是在育种实践上，都处于国际领先水平。杨守仁等（1973）提出部分籼粳有利性状的稳定优势利用；同年袁隆平也提出了三系生态远缘杂种优势利用；杨振玉等（1981）提出了"籼粳架桥"间接利用亚种间杂种优势；袁隆平（1987）提出了应用广亲和基因与光敏核不育基因实现亚种间杂种优势直接利用的战略设想。在初步摸清光温敏核不育基因及广亲和基因特性、亚种间杂种 F_1 代可利用与非可利用优势的关系及广亲和基因与环境互作规律的基础上，开始了两系法籼粳自由配组亚种间杂种优势的利用，探索出一条"籼粳架桥亲和+杂种优势利用+理想株形+生态育种"的技术路线，标志着我国水稻亚种间杂种优势利用的理论与实践已经进入一个新阶段（杨振玉，1998）。从系谱分析，20 世纪 80 年代以来我国北方稻区推广的优良品种绝大多数都是通过籼粳稻杂交育成的，南方种植的很多水稻品种也带有籼稻和粳稻的混合血缘（林世成和闵绍楷，1991；邹江石和吕川根，2005；顾铭洪，2010）。籼粳杂种优势从间接到直接利用的飞跃，有望实现继矮化育种、杂交水稻育种后的第三次突破（徐海等，2012）。

三、水稻亚种间品质性状的差异

（一）加工品质

加工品质又叫碾磨品质，包括糙米率、精米率和整精米率。国家优质稻谷规定，籼稻和粳稻一级米糙米率至少分别为 79.0% 和 81.0%，整精米率至少达到 56.0% 和66.0%，二级米糙米率至少为 77.0% 和 79.0%，整精米率至少达到 54.0% 和 64.0%；三级米糙米率至少为 75.0% 和 77.0%，整精米率至少达到 52.0% 和 62.0%。从国标中可以看出，无论是几级标准，粳稻的评级标准更加严格。21 世纪初，中国水稻研究所收集全国水稻品种进行系统研究，结果表明，我国粳稻糙米率和精米率平均值比籼稻高2%~4%，整精米率平均值比籼稻高15%~20%，垩白粒率比籼稻约低10%，即粳稻的加工品质要优于籼稻，主要表现为整精米率较高。籼稻中常规稻加工品质各性状的平均值都极显著低于杂交稻，粳稻中仅常规稻的糙米率、精米率极显著低于杂交稻。

（二）外观品质

水稻加工品质和外观品质受基因型的影响外，受环境因素的影响也较大（卢瑶等，2007；宫李辉等，2011；杨亚春等，2011）。外观品质主要包括垩白度、垩白粒率、粒型、透明度、白度值等。粒型是水稻品种的重要特性，主要受遗传基因控制，对品质有重要的影响（吴长明等，2002；林建荣等，2003；Jun，1985），同时也是商品稻米的重要指标。长粒和中粒是我国籼稻米的主要类型，而粳稻米以短粒品种为主（罗玉坤等，2004）。籽粒长宽比主要影响粳稻的糙米率，籼稻的整精米率，总体看籽粒长宽比与外观品质呈正相关而与加工品质呈负相关（即长宽比大一般外观品质好而碾磨品质差）（罗玉坤等，2004；朱智伟等，2004；钱前和程式华，2006）。籼稻长宽比与其他品质性状特别是垩白性状的关系较粳稻更密切（邓化冰和陈立云，2004；王丹英等，2005）。总体来说，籼稻的垩白度变化幅度较大，外观品质要低于粳稻。籼型常规稻的垩白米率和垩白度比杂交稻高，透明度比杂交籼稻低。粳型常规稻的粒长和长宽比显著低于杂交稻，其垩白米率、垩白度大小的差别均不明显。籼粳亚种间偏粳型籽粒长及长宽比大于粳型，而偏籼型小于籼型（朱智伟，2006）。

（三）营养品质

稻米蛋白质是人类蛋白质的重要来源之一，容易被消化吸收且氨基酸组成比较均衡，其含量和组成是衡量稻米营养品质的主要指标（田爽和王晓萍，2014）。研究发现，籼稻和粳稻的蛋白质含量平均值分别为9.3%和8.8%，北粳的蛋白质含量略低于南粳，且高蛋白品种均在籼稻（朱智伟，2006）。一般糙米蛋白质含量应该控制在6.5%~7.0%（Kondo，2011）。根据功能不同，可将蛋白质分为储藏蛋白、结构蛋白及保护蛋白三大类。储藏蛋白含量约占总蛋白含量的50%，依据溶解性的不同又可以分为4类：谷蛋白（75%~90%）、醇溶蛋白（1%~5%）、清蛋白（2%~5%）和球蛋白（2%~10%）（吴殿星和舒小丽，2009；Shewry et al.，2002）。

大量研究指出，总蛋白质含量对稻米食味品质有负面影响，蛋白质含量过高，会使米饭质地变硬（许永亮等，2007；王鹏跃，2016；Yu et al.，2008；Huang et al.，2020）。也有部分研究认为，蛋白质与稻米食味品质间没有显著地相关性（李贤勇等，2001；Kang et al.，2011）。蛋白含量对食味品质的影响会因为类型和品种的不同存在差异（向远鸿等，1990）。蛋白组分含量对食味品质的影响尚未有统一结论。孙平（1998）认为清蛋白、球蛋白和谷蛋白不影响食味，而能阻碍淀粉网眼状结构发展且不易被吸收的醇溶蛋白会降低食味值。已有大量研究证实，醇溶蛋白对稻米的蒸煮食味品质有负作用（王继馨等，2008；谢艳辉，2013；Singh et al.，2011；Xia et al.，2012）。但 Masumura et al.（2010）研究认为，谷蛋白对食味值的影响不大，醇溶蛋白如果在米粒中分布的比较均匀，品种的食味值也较好，如果分布在米粒周边的，降低米粒的吸水性和妨碍淀粉粒之间连接，品种的食味值就较差。石昌等（2019）研究结果表明，稻米食味值与球蛋白、谷蛋白以及醇溶蛋白含量呈现明显的负相关关系，而籼稻食味值与清蛋白含量呈极显著负相关关系，粳稻食味值与清蛋白含量的相关性不显著。张欣等（2014）则认为清蛋白含量与食味值呈显著正相关。张春红等（2010）研究结果表明可溶性蛋白、清蛋白质以及游离氨基酸含量都与米饭食味值呈负相关关系。由此可见稻米蛋白质以及组分含量对稻米蒸煮食味品质的影响复杂。

（四）食味品质

籼稻和粳稻因为所处的地理条件与生态环境的差异，其稻米的理化性质和结构也有一定的差异，最终形成了不同的食味品质（王晓玲等，2011）。一般用胶稠度、糊化温度以及直链淀粉含量等理化指标间接评价稻米的蒸煮食味品质。不同地区的人们对籼稻和粳稻有着不用的喜好。一般来说，籼稻口感差，淀粉黏性较弱、膨胀性强，碱消值和胶稠度小于粳稻，直链淀粉含量高于粳稻；粳稻口感好，淀粉黏性较强、膨胀性弱（朱智伟等，2004），更受消费者青睐。早籼稻胶稠度的差异最大，晚籼稻胶稠度的平均值略低于早籼和中籼，南粳的胶稠度略微偏小。粳稻的直链淀粉含量平均值为16.3%，低于籼稻的平均值（21.1%），晚籼稻的直链淀粉含量高于早籼和中籼稻（朱智伟，2004；2006；Kang et al.，2006）。直链淀粉含量主要受位于第6染色体上的 Wx 基因调控，籼稻以 Wx^a 为主，直链淀粉含量较高，粳稻以 Wx^b 基因为主，直链淀粉含量较低，糯稻中则只有 wx 基因（Sano，1984；Mikami et al.，1999）。糊化温度主要受6号染色体短臂上的 ALK 基因控制，胶稠度主要受6号染色体上的 GEL 基因控制。Tian et al.（2009）揭示了稻米蒸煮食味品质的精细调控网络，相关基因通过调控直链淀粉含量、胶稠度和糊化温度来决定稻米蒸煮食味品质。Xu et al.（2019）研究指出 DEP1 基因通过调节支链淀粉的链长分布来影响稻米的蒸煮食味品质。

稻米食味品质的测定方法有很多，感官评价是最基本的鉴定方法。但是它又受许多因素的影响，例如不同国家和地区以及不同年龄段的人们对米饭的要求不同，样品量少和品种较多时也不适合用感官评价。因此，差示热量扫描仪（DSC）、快速黏度分析仪（RVA）等仪器经常被用来测定米饭的理化特性，从而间接评价稻米的食味品质。这些方法得出的试验结果很客观，不受人为因素的影响，但是却不能直接、综合评价稻米的食味品质。近些年来，日本佐竹公司研发的米饭食味计 STA-1B 不但可以测定米饭的外观、硬度、黏度、平衡度以及食味值，还可以根据品种的属性来选择测定标准（籼稻标准，粳稻标准）。试验结果更加客观、可靠，又因其测定方法简单、快速，样品量要求较少，被国内外许多科研院所采用。

四、稻米支链淀粉结构的研究现状

淀粉是稻米的主要成分，占稻谷籽粒质量的75%~85%，分为直链淀粉和支链淀粉，其中籼米的直链淀粉含量为25.4%，粳米为18.4%，而糯米的直链淀粉含量几乎为零（0.98%）（吴殿星，2009）。以往大量的研究表明，直链淀粉含量直接影响稻米的蒸煮食味品质，但是随着研究的深入，发现支链淀粉是造成直链淀粉含量相同或相近的水稻品种间食味品质差异的重要原因（朱昌兰等，2001；Peat et al.，1956；Jane et al.，1992；Vandeputte et al.，2003a）。越来越多的学者开始进行稻米支链淀粉含量及精细结构方面的研究。

（一）支链淀粉结构

支链淀粉是一个多分支结构的分子，分子量较大。支链淀粉的各条链可以分为 A、B、C 链 3 种，C 链是唯一具有还原性末端的主链，还原性末端在脐点，B 链有一个或多个分支的葡聚糖链；A 链没有分支，通过 $\alpha-1$，6 糖苷键连接在 B 链上。因为 A 链和 B 链只有非还原性末端基，所以淀粉不表现出还原性（吴殿星等，2009；Peat et al.，1956）（图 2-1）。支链淀粉的链也分为外链和内链（Manners，1989），外链形成双螺旋结构，存在于淀粉颗粒的结晶片层，内链主要存在于非结晶片层（Pérez et al.，2010）。

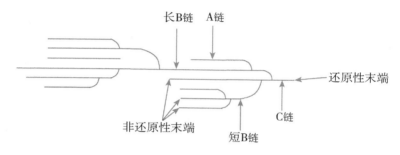

图 2-1　支链淀粉的分支结构

支链淀粉的分支形成有规则的结构簇，通常用链的聚合度（Degree of polymerization，DP）即分子中脱水葡萄糖苷元的平均数目来表示链的长度（Chain length，CL）。水稻支链淀粉平均聚合度 8 200~12 800，平均链长 19~23（Hanashiro et al.，1996；Lu et al.，1997）。通常将支链淀粉的链分为 4 种类型，即 Fa：$5 \leqslant DP \leqslant 12$，$Fb_1$：$13 \leqslant DP \leqslant 24$，$Fb_2$：$25 \leqslant DP \leqslant 36$，$Fb_3$：$37 \leqslant DP \leqslant 58$（Hanashiro et al.，1996）。

（二）支链淀粉链长分布测定方法

目前关于支链淀粉链长分布的测定方法很多，主要分为两大类，一类为电泳法，另一类为色谱法。每一大类方法又根据自身的特点，衍生出许多新方法，这些方法各有其优点和缺点。

1. 荧光糖电泳法（Fluorophore-assisted carbohydrate electrophoresis，FACE）

FACE 是利用还原胺化反应，在支链淀粉脱分支支链的还原末端进行荧光基团衍生标记，并利用荧光基团带有的电荷实现电泳分离的链长分布分析方法。

（1）基于 DNA 测序仪的荧光糖电泳法：利用荧光剂 APTS（8-氨基芘-1，3，6-三磺酸三钠盐）标记的基于 DNA 测序仪的 FACE，测定支链淀粉链长和链长分布具有快速灵敏、分辨率高、重复性好和高通量的特点。贺晓鹏等（2010）提出了直接用异淀粉酶酶解精米粉测定支链淀粉链长分布的简化方法，即改进的基于 DNA 测序仪的 FACE，此方法省去了烦琐的纯化过程，从而提高了实验效率，适用于大批量样品的分析。

（2）基于毛细管电泳的荧光糖电泳法：需对糖分子的还原端进行荧光衍生化反应，影响因素较多、操作烦琐以及使用的试剂较贵，但是准确性较高，聚合度可以达到 150 左右，并且重复性好，适用于比较不同水稻品种支链淀粉的精细结构，是目前测定支链淀粉链长分布的常用方法之一。将毛细管电泳法得到的支链淀粉链长数据进一步处理，建立数学模型，可以发掘出支链淀粉合成相关酶活性等生物合成信息（Wu et al.，2010；Wu et al.，2013）。

2. 色谱法

色谱法的原理是不同物质在固定相和流动相中具有不同的分配系数，当两相作相对移动时，使这些物质在两相间反复多次分配，原来微小的分配差异产生明显的分离效果，从而按先后顺序流出色谱柱。

（1）凝胶渗透色谱法（Gel permeation chromatography，GPC）

也称为凝胶层析法等。它是一种依靠专用色谱柱按尺寸分离天然及合成聚合物、生物聚合物、蛋白质或纳米颗粒的液相色谱技术。虽然该技术在稻米支链淀粉链长分布分析上已多有应用（蔡一霞等，2006；Jane et al.，1992；Kong et al.，2015），但该方法灵敏度较低，无法检测分子质量较大的聚合物，只能对不同聚合度范围的脱分支支链进行简单的分离检测，不适用于支链淀粉精细结构的比较。

（2）高效体积排阻色谱法（High - performance size - exclusion chromatography，HPSEC）

常与示差折光检测器（RI）联用。同凝胶色谱技术相比，它的灵敏度更高，能够提供脱分支支链淀粉的整体质量分布信息，缺点是无法像离子色谱那样提供某单独色谱峰所代表的分子聚合度大小，仅是对多聚物分子质量大小分布范围的描述。总体上，该法操作简单、测定周期短、数据可靠、重现性好，但是受校正等一些因素的影响，不适合支链淀粉短链的测定，是高聚物分子质量分布研究中最普遍和常用的方法，例如测定直链淀粉的精细结构（Li et al.，2016）。

（3）高效阴离子交换色谱—脉冲安倍检测法（High - performance anion exchange chromatography with pulsed amperometric detection，HAPED-PAD）

是近年来发展起来的一种分析多糖的有效方法，该方法具有在强碱性条件下灵敏度高、有机溶剂兼容性好以及无须衍生等特点（潘媛媛等，2008），分离特定聚合度下的各个色谱峰，即对葡萄糖链的分布进行测定，从而成为检测支链淀粉链长分布的一种重要方法，但所能检测到的最大分子聚合度大小一般不超过 80，样品前期处理复杂、时间长，对仪器操作人员及仪器配置要求极高，也是目前国内外测定支链淀粉链长分布的常用方法之一。

2014 年 Nakamura 提出了利用碘吸收曲线来计算支链淀粉链长分布的公式。此方法相对于以上方法，操作简单、成本较低，但是只能计算出支链淀粉短链 F_a（DP ≤ 12）和长链 F_{b3}（DP ≥ 37）的比率，具有一定的局限性。

（三）籼粳稻支链淀粉结构的差异及其遗传机制

1. 籼粳稻支链淀粉结构的差异

一般来说，籼稻支链淀粉的平均聚合度低于粳稻，而链长、外链长和内链长高于粳稻，而糯稻的平均聚合度要高于籼稻和粳稻（Takeda et al.，1987；Lu et al.，1997）。Nakamura et al.（2002b）利用毛细管电泳 FACE 分析了 129 个不同类型水稻品种的支链淀粉结构，将支链淀粉结构分为 S 型和 L 型，也有极少数品种的支链淀粉结构介于 S 型和 L 型之间，称为 M 型（中间型）；以 $\sum DP \leqslant 10 / \sum DP \leqslant 24$ 的链长比值来作为划分标准，S 型支链淀粉的链长比值大于 0.24，而 L 型支链淀粉的链长比值小于 0.20；粳稻品种基本属于 S 型，多数籼稻品种属于 L 型（图 2-2）。贺晓鹏等（2010）利用改进的基于 DNA 测序仪的 FACE 测定支链淀粉结构，以 $\sum DP \leqslant 11 / \sum DP \leqslant 24$ 的链长比值作为划分标准，将测试品种的支链淀粉分为 Ⅰ 型和 Ⅱ 型两种结构类型，Ⅰ 型支链淀粉的链长比值小于 0.22，Ⅱ 型支链淀粉的链长比值大于 0.26，分别对应 L 型和 S 型。粳稻品种的支链淀粉结构属 Ⅱ 型，籼稻品种既有属于 Ⅰ 型也有属于 Ⅱ 型结构。

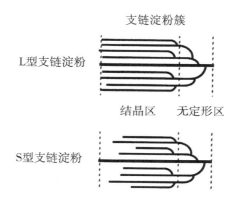

图 2-2　L 型和 S 型支链淀粉簇状结构图示

相对粳稻而言，籼稻除了直链淀粉含量高外，还含有更多的长链支链淀粉，而短链（$6 \leqslant DP \leqslant 11$）比率较少，中链（$12 \leqslant DP \leqslant 24$）比率较多（蔡一霞等，2006；Nakamura，2002a；Umemoto et al.，2002）。彭小松等（2014）利用重组自交系研究表明，群体中支链淀粉短链（$6 \leqslant DP \leqslant 11$）分配比率表现为籼型<偏籼型<偏粳型<粳型，中链（$12 \leqslant DP \leqslant 24$）分配比率表现为籼型>偏籼型>偏粳型>粳型，存在极少量短链分配率较高而中链分配率较低的籼型株系。蔡一霞等（2006）利用不同类型的水稻品种作为试验材料，研究结果表明支链淀粉的长链比率：籼糯>粳糯；杂交稻>常规稻；陆稻品种>水稻品种。Huang et al.（2014）利用籼糯和粳糯作为试验材料，结果与蔡一霞等（2006）一致。

2. 支链淀粉结构差异的遗传机制

支链淀粉的合成主要是由 ADPG 焦磷酸化酶（ADPGlcpp）、可溶性淀粉合成酶（SSS），淀粉分支酶（SBE）和淀粉去分支酶（DBE）等主要酶类协同作用完成的（Nakamura，2002a；Umemoto et al.，2002）。SSS Ⅰ 活性在不同的亚种间表达有显著差异，籼稻品种'Kasalath'中 SSS I 的活性只有粳稻品种'日本晴'的 1/6 甚至更少。利用 HPAEC-PAD 分析籼稻'Kasalath'和粳稻'日本晴'的 F_3 和 F_4 群体，发现 SSS I 基因主要负责支链淀粉结构中短链（DP≤12）的合成，等位基因间的变异导致籼粳稻之间支链淀粉结构产生差异（Yoko et al.，2006）。

Umemoto et al.（2002）将控制籼粳稻支链淀粉结构［（DP≤11）／（12≤DP≤24）］差异的基因 *acl*、胶稠度基因 *gel*、糊化温度基因 *alk* 定位在第 6 染色体的同一位点上，并与 *SSⅡa* 基因位置相同，因而表明 *SSⅡa* 位点等位基因的差异是籼粳亚种间支链淀粉结构即短链（DP≤11）与中等长度链（12≤DP≤24）比例不同的主要原因。随后 Nakamura et al.（2005）分别检测了两个籼稻和两个粳稻品种的 *SSⅡa* 氨基酸多态性，并通过体外表达和转基因试验验证了 Umemoto 的结论。同时也有研究发现 *SSⅡa* 基因的表达量在品质不同的籼粳稻胚乳中存在明显差异，籼稻表达量多于粳稻（Jiang et al.，2004）。

（四）支链淀粉的超长链及其遗传机制

1. 支链淀粉的超长链

采用碘比色法测得直链淀粉实际上是由两部分组成：真正的直链淀粉和支链淀粉的长链 B。基于此提出了"表观直链淀粉含量"（Apparent amylose content，AAC）的概念，认为碘比色法测的直链淀粉含量就是表观直链淀粉含量（Takeda et al.，1989）。用碘比色法测出的总直链淀粉也被分为两部分：热水可溶性直链淀粉和热水不溶性直链淀粉（Takeda et al.，1989）。随后 Reddy et al.（1993）采用凝胶渗透色谱技术分离水稻淀粉，证实热水不溶性直链淀粉就是支链淀粉的长链 B。因为支链淀粉的长链 B 与直链淀粉的短链部分很难分离，所以在目前的研究中如没有特别指出，所说的直链淀粉含量就是指表观直链淀粉含量。

支链淀粉的长链 B 通常也被称作支链淀粉的超长链（Extra-long chains，ELCs），通常是指支链淀粉中 DP>100 的长链部分。一些籼稻品种的表观直链淀粉含量显著高于粳稻，但是真正的直链淀粉含量却相差不多，原因可能是支链淀粉中超长链部分的差异造成的（Takeda et al.，1987）。Horibata et al.（2004）根据支链淀粉中超长链的含量，将水稻品种划分成了高（13%~16%）、中（5%~7%）和低（<2%）3 种类型。除水稻外，还在其他多种植物的贮藏淀粉中证实了超长链的存在，包括大麦、荞麦、四季豆、玉米、甜薯、小麦（Yoo et al.，2002；Yoshimoto et al.，2002；Yoshida et al.，2003；Hanashiro et al.，2005），但是在糯稻淀粉中没有发现支链淀粉的超长链部分。在水稻和小麦的研究中发现，表观直链淀粉含量与支链淀粉中的超长链含量呈显著的相关性（Hizukuri et al.，1989；Hanashiro et al.，2005）。这些研究结果表明支链淀粉中超长链部分的合成与直链淀粉的合成相关。

2. 支链淀粉超长链的遗传机制

颗粒性结合淀粉合成酶有两种同工型：GBSSI 和 GBSSII。GBSSI 主要参与了水稻胚乳中直链淀粉的合成，同时也参与了支链淀粉中超长链部分的合成（Horibata et al.，2004；Aoki et al.，2006；Hanashiro et al.，2008），GBSSII 主要在水稻叶片中表达，参与叶片中直链淀粉的合成（Dian et al.，2003）。Hizukuri et al.（1989）验证实 GBSSI 缺失导致了支链淀粉中超长链部分的缺失，这一结果在小麦等其他作物中得到了证实（Yoo et al.，

2002）。编码水稻胚乳 GBSS 的是蜡质基因（Wx），位于第 6 染色体上，栽培稻中 Wx 基因存在多个复等位变异，包括 Wx^{lv}、Wx^a、Wx^b、Wx^{in}、Wx^{mp}、Wx^{op}、wx 等（Zhang et al.，2019），其中在我国育成品种中应用最多的是 Wx^a、Wx^b 和 wx 3 个等位基因（朱霏晖等，2015）。有无直链淀粉是区分非糯稻与糯稻的判断依据，这种差异是由 Wx 基因的缺失突变引起的，传统的籼稻品种大多是 Wx^a 基因型，粳稻品种则大多为 Wx^b 基因型，糯稻中只有 wx 基因（Sano，1984；Mikami et al.，1999；Nakamura et al.，2018）。支链淀粉长链部分的合成受控于 Wx 位点，籼稻 Wx^a 相对于粳稻 Wx^b 合成更多的直链淀粉和支链淀粉长链部分（Takeuchi et al.，2011）。Ball et al.（1998）认为支链淀粉的超长链是直链淀粉合成的中间部分，并且假设直链淀粉的合成是由支链淀粉作为合成前体，同时由 GBSSI 催化延伸，当达到了足够的大小时裂开，成为成熟的直链淀粉分子。

（五）稻米支链淀粉结构与理化特性和食味品质的关系

1. 支链淀粉的结构与理化特性的关系

前人关于水稻支链淀粉结构与理化特性关系的研究很多，特别是支链淀粉的链长分布与 RVA 谱特征值之间的关系，但是使用的材料、方法不同，得出的结论也不尽相同。

Han et al.（2001）利用凝胶层析法，根据分子的大小将稻米支链淀粉分支分成 Fr Ⅰ（DP>100）、Fr Ⅱ（DPn 为 44）和 Fr Ⅲ（DPn 为 17）3 个片段范围，认为超长链 Fr Ⅰ、短链 Fr Ⅲ 与崩解值分别呈极显著的负相关和极显著的正相关；蔡一霞等（2006）同样利用凝胶层析法将稻米支链淀粉分支分成 Fr Ⅰ（DP>100）、Fr Ⅱ（DPn 44-47）和 Fr Ⅲ（DPn 10-17）3 部分，认为 Fr Ⅲ 的比率与最高黏度和崩解值呈极显著正相关，而 Fr（Ⅰ+Ⅱ）与最高黏度和崩解值呈极显著负相关。李丁鲁等（2010）利用 BioLC 仪器测定稻米支链淀粉链长聚合度，认为支链淀粉的短链 F_a 所占比率与最高黏度值和崩解值均呈显著正相关，这与上述研究结果基本一致。Cai et al.（2015）利用直链淀粉含量不同的水稻品种研究发现，糊化温度、水溶度与直链淀粉含量、支链淀粉的短分支链分别呈极显著的正相关和极显著的负相关。Chung et al.（2011）研究认为淀粉的膨胀系数与支链淀粉的短链、分支度及相对结晶度呈极显著的正相关，而与直链淀粉含量呈极显著的负相关，水稻淀粉的结晶度随着 AAC 和支链淀粉的分支链长分布的变化而变化。支链淀粉的短链太短，不能形成跨越整个结晶片层的双螺旋结构，导致结晶区域缺陷和结晶结构的不稳固；长链能够形成跨域整个结晶片层的双螺旋结构，使得晶体结构更加稳固（McPherson et al.，1999；Qi et al.，2003；Vandeputte et al.，2003b；Witt et al.，2012）。

糯稻淀粉中直链淀粉，脂肪等的含量较少，相比之下，更适合作为试验材料来研究淀粉的理化特性，利用糯稻作为试材，研究发现高糊化温度的淀粉，其长链比例也高（Qi et al.，2003）。支链淀粉 DP6-9 的超短链降低了糯稻淀粉的糊化温度（Hanashiro et al.，1996），而长链的比率高增加了糊化温度和消减值，降低了最高黏度和剪切稀化能力（Jane et al.，1992；Zhong et al.，2007；Patindol et al.，2009）。Vandeputte et al.（2003b）利用 HAPED-PAD 测定了糯性和非糯性水稻品种的支链淀粉结构，认为 DP6-9 的短链与稻米淀粉的糊化起始温度（To）、峰值温度（Tp）、最终温度（Tc）及糊化温度（PT）呈负相关，而 DP12-22 则表现正相关。同时 DP6-9 和 DP12-22 的支链数量还与淀粉的膨胀、回生特性有关，而与淀粉 RVA 谱的最高黏度、崩解值、消减值和最终黏度相关性不显著。贺晓鹏等（2010）利用改进的基于 DNA 测序仪 FACE 研究发现，糯稻与非糯稻品种的链长分布主要与淀粉的起始糊化温度和相对结晶度有关，而与和 RVA 谱特征值和胶稠度关系不密切。这一结果与 Nakamura et al.（2002b）的研究结果基本一致。糯稻淀粉的分子结构对理化特性的影响主要是膨胀性和糊化特性，对黏滞性的影响较弱，淀粉的黏滞性主要是由颗粒结构所决定的，糯稻淀粉的膨胀和糊化热力学特性与支链淀粉的链长关系密切，表明糯稻淀粉颗粒的糊化、膨胀以及有序结构的打乱取决于支链淀粉链间的相互作用（Lin et al.，2013）。

以上学者都是用不同的水稻品种作为研究材料，彭小松等（2014）利用重组自交系研究表明，群体中支链淀粉短链和中长链所占的比率与糊化温度分别呈极显著的负相关和极显著的正相关，长链（25≤DP≤50）所占的比率与消减值呈极显著负相关，而支链淀粉链长分布与胶稠度和 RVA 谱中其他值的相关性因种植地点不同而有差异。已有研究表明，淀粉 RVA 特征值以及支链淀粉的链长分布受环境因素影响较大（Bao et al.，2004；Xu et al.，2020），这就使得支链淀粉结构与淀粉理化特性的关系复杂，受环境因素的影响也较大。

也有一些学者利用突变体材料来研究支链淀粉结构与理化特性的关系。Nishi et al.（2001）对 Kinmaze 及其 ae 突变体进行分析，认为支链淀粉的侧链对水稻胚乳淀粉在碱溶液及尿素中的消化起重要的作用，支链淀粉短链和中链的降低使糊化温度升高。Fujita et al.（2003）研究发现转基因后代植株与对照相比，短链（DP≤12）部分增加，黏度和糊化温度下降，同时淀粉颗粒的 X 射线衍射图谱、形态学发生改变。Satoh et al.（2003）发现水稻 ae 突变体中 DP≥37 和 12≤DP≤21 的链减少，DP≤10 的链则显著增加，DP24-34 中等长度链稍有增加，支链淀粉链长结构的改变降低了突变体材料的糊化温度。糯稻突变体淀粉在回生性、流变学以及质地方面与普通糯稻品种相差很多，短链与长链的比率比品种高出许多，因此可能影响着回生淀粉形成交联点和双螺旋结构的能力（Singh et al.，2012）。

2. 支链淀粉的结构与食味品质的关系

淀粉结构对稻米的质地起很重要的作用（Wang et al.，2015；Fan et al.，2017）。表观直链淀粉含量相似的品种之间米饭质地尤其是口感出现明显的差异，研究认为这种差异是由支链淀粉的精细结构（如分支度、链长分布、平均链长等）差异所引起的（Ong et al.，1995；Han et al.，2001；Li et al.，2017）。多数学者研究认为，支链淀粉长链多且短链少的水稻品种，其米饭质地较硬，反之其米饭质地就越软（Ong et al.，1995；Takeda et al.，1999；Mar et al.，2015；Li et al.，2016）。支链淀粉中长链所占的比率高，淀粉粒不能充分的糊化，最高黏度和崩解值降低，最终使得米饭较硬，黏性小（蔡一霞等，2006）；超长链部分含量多，导致分布在淀粉粒外部的能与其他成分相互作用的长链 B 含量就多，最后易形成坚硬的质地（Reddy et al.，1994）。金丽晨等（2011）用凝胶层析法分析淀粉中直链淀粉、支链淀粉和中间成分的链长分布与食味品质的相互关系，发现稻米的总淀粉及 3 种成分的（FrⅠ+FrⅡ）组分含量与食味品质均呈极显著负相关，说明稻米的食味品质是淀粉各组分链长结构的综合表现，其中支链淀粉的链长结构对于稻米的食味品质起到了决定性作用，其他组分对食味值的影响相对较小。

（六）目前支链淀粉研究存在的问题以及展望

目前关于支链淀粉的平均链长与理化特性和蒸煮食味品质的研究很少，支链淀粉本身结构就较复杂，它与理化特性和食味品质关系机理还未完全清楚。借鉴前人的研究以及结合自己的试验结果，总结了稻米支链淀粉结构研究存在的问题及提出了展望。

1. 改进并完善现有的试验方法

支链淀粉作为稻米淀粉最主要的组分，对稻米的食味值和理化特性有着重要的影响，越来越受到稻米食味品质研究者的重视。相对于直链淀粉而言，支链淀粉无论是含量还是结构都不易测定。支链淀粉链长分布的测定方法很多，其原理和特点也各不相同，有的操作相对简单，但是试验准确性不高；有的试验方法准确性高，但是样品处理复杂且成本较高，最重要的是不同学者使用的方法不同，得出的试验结论也不同，所以目前有必要就现有的试验方法进行改进和完善，在保证准确性的基础上提高效率，降低成本，节省时间。

2. 深入研究籼粳稻杂交后代支链淀粉结构的差异

目前大多数研究都集中在不同水稻品种间支链淀粉结构的差异，粳稻一般属于短链比率较大的 S（II）型结构，籼稻品种中既有 S（II）型也有属于 L（I）型结构（贺晓鹏等，2010；Nakamura et al.，2002b）。以综合亚种优点和利用亚种间杂种优势为目的的籼粳稻杂交育种已成为我国水稻育种的重要方法之一，但是对于籼粳稻杂交后代支链淀粉结构差异的研究却很少，已有的研究表明支链淀粉的结构受环境因素影响较大（Xu et al.，2020），今后应扩展研究材料，在不同生态条件下进行种植，探索环境因素（温度、光照、水分等）对支链淀粉结构以及含量的影响机制，了解不同生态条件下籼粳稻杂交后代支链淀粉结构的差异以及与淀粉理化特性的关系，明确支链淀粉结构与亚种分化之间的关系，以期为水稻生产及稻米品质改良提供理论依据。

3. 探索支链淀粉结构对稻米食味品质的影响机制

随着人们生活水平的提高和国际贸易竞争的加剧，对优质稻米的需求日益增强。稻米的食味品质也越来越得到了研究者们的重视。目前大多数的研究都是探讨糊化温度、胶稠度、直链淀粉含量以及 RVA 谱特征值等这些理化指标对稻米蒸煮食味品质的影响，而关于支链淀粉对其影响的研究大多集中在短链以及中长链的链长和链长分布，而支链淀粉中能与碘反应的超长链部分（DP>100）的长度和数量与米饭质地也显著相关（Umemoto et al.，2002）。支链淀粉的精细结构还涉及平均链长、分支度以及内/外链比例等，这些因素对稻米淀粉的形成及食味品质的影响有待于进一步的研究。目前关于支链淀粉的研究已经上升至分子水平，对支链淀粉合成相关酶及基因已经有大量研究，这就促使我们将支链淀粉的精细结构与相关合成酶结合起来，探索支链淀粉结构对食味品质的影响机制。

第二节 籼粳稻杂交后代产量性状的差异

中国是唯一籼粳稻并重的国家，近些年，随着经济的发展和人民生活水平的不断提高，人们对粳稻的需求日益增长。东北的生态条件和环境有利于粳稻的生产，种植面积也呈现不断扩大的趋势，已超过全国粳稻面积的 50%（张洪程等，2013）。东北早期以引进日本品种和技术为主，20 世纪 70 年代以后，随着籼粳稻杂交、理想株型特别是 90 年代以来水稻超高产育种即超级稻的兴起，东北粳稻产量水平明显超过纬度相近的日本，成为国内外著名高产稻区（陈温福和徐正进，2007）。

大量研究证实，籼粳杂交稻具有较高的生产潜力和发展后劲（李德剑等，2009；张洪程等，2010；龚金龙等，2012），要想进一步提高水稻产量，必须有效利用籼粳亚种间的杂种优势（褚庆全等，2005）。20 世纪 90 年代后，中国北方育成的粳稻品种籼型基因频率显著增加（Sun et al.，2012），籼稻血缘的引入拓宽了日渐狭窄的北方粳稻遗传基础。所以本试验采用回交重组自交系作为试验材料，群体在保持粳稻遗传背景的同时引入籼型血缘，从而探索籼粳稻杂交对稻米产量的影响。

一、材料与方法

（一）材料与种植

试验材料是 Sasanishiki（粳稻）/Habataki（籼稻）//Sasanishiki///Sasanishiki 组合衍生的 85 个回交重组自交系群体（BILs），由日本农业生物资源研究所提供。BILs 是由单粒传法获得，分子标记信息从 Rice Genome Resource Centre（RGRC）网站上获得（http：//www. rgrc. dna. affrc. go. jp）。

试验材料（BC_2F_9–BC_2F_{10}）于 2014—2015 年在沈阳农业大学水稻研究所试验田种植，4 月中旬播种，保温旱育苗，5 月中旬移栽。每个株系种 3 行，每行 10 穴，行距为 30.0 cm，株距为 13.3 cm，随机区组试验设计，设置两次重复。施肥量为每公顷基肥施尿素 150 kg，硫酸钾 75 kg，磷酸二铵 150 kg，追肥施尿素 150 kg。其他栽培管理同当地生产田。

（二）试验方法

1. 籼粳亚种属性的判定

分子标记连锁图谱共有 236 个 RFLP 标记，覆盖水稻基因组约 951.3 cM，平均每条染色体覆盖长度 79.28 cM，平均每条染色体上含 19.7 个标记，标记间平均距离为 4.03 cM（Nagata et al.，2002）（图 2-3）。以亲本为对照，参照卢宝荣等（2009）提出的"InDel 分子指数法"计算样品籼型基因频率（F_i）的公式如下。

$$F_i = \frac{2\sum_1^N X_{ii} + \sum_1^N X_{ij}}{2N}$$

其中 X_{ii} 为样品在某一标记位点上电泳条带为籼稻基因型（II），X_{ij} 为样品在某一标记位点上电泳条带为籼-粳稻杂合基因型（IJ），N 等于特异性引物的对数。

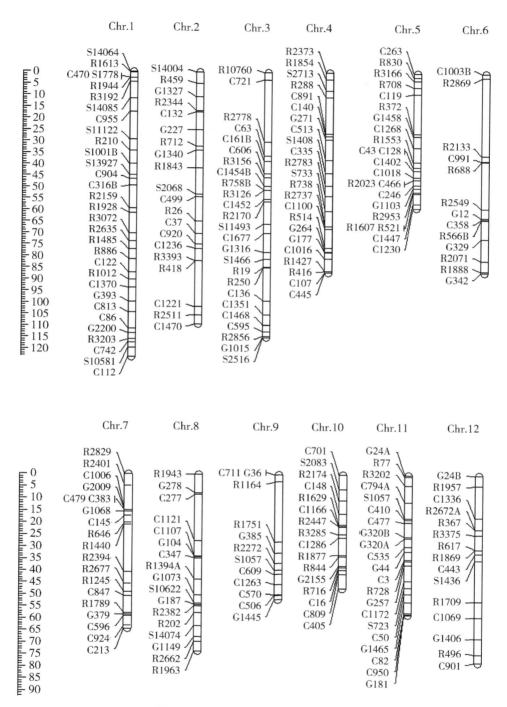

图 2-3　分子标记在染色体上的位置

2. 产量性状的测定

成熟期每个株系在中间行选取 10 株，自然晾干后测量有效穗数和穗重。每个株系选择中等的 10 穗进行考种。考查实粒数、空秕粒数和千粒重。理论产量（经济产量）＝单位面积穗数×每穗实粒数×粒重；实际产量以收获的有效穗的穗重计算；生物产量是指单位面积上全生育期内形成的地上部分风干重；经济系数＝经济产量/生物产量。

（三）数据分析

利用 SPSS17.0 和 Microsoft Excel 2010 软件分析数据，利用 GraphPad. prism 和 Map-Chart 软件进行作图。两年数据趋势基本一致，产量性状分析的是 2015 年数据。

二、结果与分析

（一）BILs 的遗传分化

从图 2-4 可以看出，亲本 Sasanishiki 的籼型基因频率为 0，Habataki 的籼型基因频率为 1，由于该 BILs 是 Sasanishiki 和 Habataki 杂交后又与亲本 Sasanishiki 回交 2 次形成的，所以群体所有株系都表现为偏向粳型亲本。籼型基因频率在 0.028~0.390 连续分布，平均值为 0.128，籼型基因频率在 0.05~0.15 的株系数较多。BILs 在保持了粳稻基本属性的同时引入了籼型血缘，从而可以进一步分析籼粳稻杂交后代籼型血缘的引入对稻米的产量和品质性状的影响。

分析图 2-5，各株系籼型位点在每条染色体上的分布总体上是比较均匀的，但是有些株系存在籼型位点在某些染色体上连续分布的现象。本书计算了每个株系在每条染色体上的籼型基因频率（详见附录）。

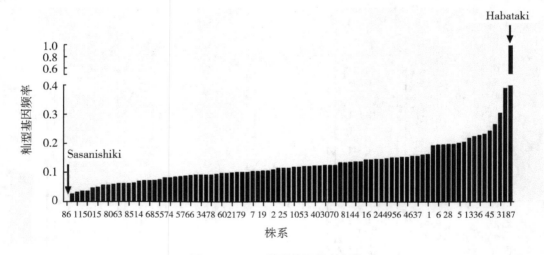

图 2-4　BILs 籼型基因频率分布

（二）BILs 产量及其构成因素的差异

从表 2-1 看出，亲本 Sasanishiki 的有效穗数显著高于 Habataki，而穗粒数显著低于 Habataki，群体的穗粒数及有效穗数的平均值接近 Sasanishiki，但是整个群体的变异幅度较大；Sasanishiki 的结实率低于 Habataki，BILs 的平均值低于亲本，变异幅度较大，

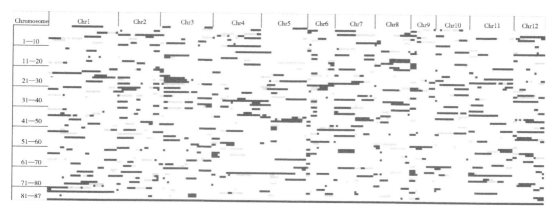

图 2-5　BILs 和亲本基因型

注：白色代表的是 Sasanishiki 类型，深灰色代表的是 Habataki 类型，浅灰色代表的是杂合。

大部分株系呈现负向超亲分布；Sasanishiki 的千粒重高于 Habataki，BILs 的平均值介于双亲之间，少量株系介于双亲之间，大部分株系正反向超亲分布。Sasanishiki 的生物产量、实际产量、理论产量以及经济系数都高于 Habataki，群体的生物产量平均值高于双亲，而实际产量、理论产量以及经济系数的平均值都低于双亲。生物产量少量介于双亲之间，大部分株系正反向超亲分布；实际产量和理论产量大部分负向超亲分布，少量介于双亲之间和正向超亲分布；经济系数几乎所有株系都低于亲本值。

表 2-1　亲本和 BILs 产量及其构成因素的变化

性状	亲本			回交重组自交系	
	Sasanishiki	Habataki	差值	平均值± 标准差	变幅
穗粒数（个）	123	224	−101	125.25±20.93	82.60～219.50
结实率（%）	82.20	84.03	−1.83	70.70±11.62	40.87～91.85
千粒重（g）	23.03	21.48	1.55	22.70±2.15	17.57～30.23
有效穗数（m²）	596	306	290	556±96	360～839
生物产量（kg/m²）	2.00	1.86	0.14	2.02±0.25	1.42～2.69
实际产量（kg/m²）	1.08	0.99	0.09	0.92±0.17	0.53～1.36
理论产量（kg/m²）	1.39	1.24	0.15	1.10±0.24	0.56～1.72
经济系数	0.54	0.53	0.01	0.45±0.06	0.23～0.54

（三）BILs 籼型基因频率与产量性状的关系

从相关分析表（2-2）看出，除了穗粒数与籼型基因频率正相关外，其他性状都与籼型基因频率呈现负相关，其中有效穗数达到了显著的负相关，实际产量，理论产量，经济系数达到了极显著的负相关。穗粒数与结实率和千粒重达到了极显著的负相关，与产量性状都达到了正相关，但是相关系数不显著；结实率、千粒重和有效穗数与实际产量、理论产量和经济系数都达到了显著和极显著的正相关。说明杂交后代随着籼型血缘的引入，降低了群体的有效穗数，实际产量，理论产量以及经济系数，同时群体中结实率、千粒重和有效穗数对产量的影响较大。

表 2-2   籼型基因频率与产量及其构成因素的关系

性状	籼型基因频率	穗粒数	结实率	千粒重	有效穗数	生物产量	实际产量	理论产量	经济系数
穗粒数	0.082	1							
结实率	-0.181	-0.473**	1						
千粒重	-0.177	-0.301**	0.192	1					
有效穗数	-0.263*	-0.111	-0.066	-0.140	1				
生物产量	-0.116	0.040	0.051	0.185	0.157	1			
实际产量	-0.332**	0.063	0.292**	0.214*	0.284**	0.664**	1		
理论产量	-0.383**	0.133	0.439**	0.249*	0.575**	0.282**	0.577**	1	
经济系数	-0.341**	0.039	0.347**	0.160	0.232*	0.003	0.743**	0.522**	1

注：* 和 ** 分别表示 0.05 和 0.01 水平上显著相关。

进一步从图 2-6 可以看出，籼型基因频率与有效穗数和实际产量呈极显著的负相关，群体的产量性状随着籼型血缘的引入整体呈下降的趋势，但是仍有部分株系（例如株系 45、83，76、38）籼型基因频率较高的同时其有效穗数和实际产量都显著高于亲本，籼型基因频率在 10% 左右的株系其有效穗数和实际产量较高，表明可以通过籼粳稻杂交引入籼稻血缘，培育出高产粳稻品种。同时发现，有些株系偏离回归，这可能与这些株系籼型血缘渗入的染色体片段和比例有关。

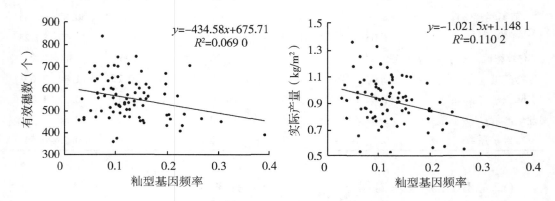

图 2-6   籼型基因频率与有效穗数和实际产量的关系

籼粳分类方法较多，较常用的是形态指数法和分子标记法。相关研究表明，形态指数法尽管存在较大的经验性和人为误差，但仍然不失为简便有效的籼粳分类方法，以农家品种和育成品种为对象，分类结果与其他方法有较好的一致性（周汇等，1988；Qian et al.，2000；Cheng et al.，2006）。但是也有研究指出用形态指数分类法判定籼粳交后代的亚种属性有一定局限性，特别是对偏籼、偏粳类型的判定不明确（梅捍卫等，1997）。进一步研究发现，就籼粳稻杂交重组自交系而言，用于分类的形态性状原来相对稳定的关联关系被打破，形态指数法与分子标记法判定结果一致性显著降低（李任华等，1999；郭艳华等，2008）。毛艇等（2009b）研究发现，杂交重组自交系群体形态分化和遗传分化之间的相符程度只有 50% 左右，表明遗传分化的指标值与形态分化的指标也是独立遗传随机组合的。

中国北方 20 世纪 90 年代后育成的粳稻品种籼型基因频率显著增加（Sun et al.，2012）。利用籼粳稻亚种间杂交创造新株型和强优势，经复交或回交优化性状组配和产量结构，是选育超高产品种的有效途径（陈温福，2001）。因此，粳稻在保持粳型遗传背景的同时引入籼型血缘，从而达到改良粳稻的目的也是一个重要的发展方向。本试验选用的研究材料是 Sasanishiki（粳稻）和 Habataki（籼稻）杂交后又与亲本 Sasanishiki 回交 2 次形成的 BILs，籼型基因频率在 0.028～0.390，群体基本保持了粳稻的遗传背景。研究发现，亲本 Sasanishiki 的有效穗数显著高于 Habataki，结实率和千粒重略低于和高于 Habataki，但是产量和经济系数都高于 Habataki，表明 Sasanishiki 的产量性状要优于 Habataki。但是 Sasanishiki 的穗粒数显著低于 Habataki，表明可以通过杂交有效的利用籼稻品种少蘖多花的特性，增加后代株系的穗粒数。

亚种间杂交所面临的关键问题是育成的品种穗大粒多，但籽粒充实度普遍较差（袁隆平，1990）。本试验发现杂交后代的有效穗数和穗粒数都偏向粳型亲本，但是结实率、实际产量和理论产量大部分都低于双亲。相关分析表明杂交后代随着籼型血缘的引入降低了群体的有效穗数从而降低了群体的实际产量、理论产量和经济系数，同时结实率和千粒重也是群体获得高产的关键。通过散点图发现，有效穗数和实际产量虽然与籼型基因频率呈极显著的负相关，但是仍然有部分株系籼型基因频率较高的同时有效穗数和实际产量都显著高于亲本，表明可以通过杂交进一步培育出高产的杂交品种。控制籼型频率在 10% 左右可能有利于实现籼粳亚种有利基因互补，促进东北粳稻产量和品质在更高水平上统一起来（王旭虹等，2019）。综上所述，籼粳稻杂交引入籼型血缘，应该在保证结实率、千粒重及有效穗数维持在较高水平的同时增加穗粒数，从而提高产量。

第三节　籼粳稻杂交后代品质性状的差异

随着生活水平的提高，人们对稻米的需要开始由数量型向品质型转变，中国水稻生产正在逐步朝着"优质、高产、高效"的方面迈进。如何在维持水稻高产的同时，进一步改良稻米品质，增加优质食味稻米的有效供给，是当前迫切需要解决的问题。稻米品质属于综合性状，国内外对稻米品质的评价主要包括加工品质（碾磨品质）、外观品质、营养品质以及蒸煮食味品质。籼稻和粳稻在品质性状上存在着较大的差异，总体来说粳稻的加工品质、外观品质及蒸煮食味品质优于籼稻（朱智伟等，2004；张洪程等，

2013；Kang et al.，2006；He et al.，2011）。徐正进等（2016）认为籼粳稻品质性状差异主要受遗传因素即籼粳亚种特性影响，同时与生态条件也有较大相互作用。大多北方粳稻改良品种尽管分类上仍基本保持粳稻属性，但是仍含有一定的籼型血缘（陈温福和徐正进，2007）。因此粳稻在保持粳型遗传背景的同时引入籼型血缘，从而达到改良粳稻的目的也是一个重要的发展方向。本试验以回交重组自交系为试验材料，研究籼粳稻杂交后代籼型血缘的引入对稻米品质的影响，从而为籼粳杂交稻品质改良提供理论指导。

一、材料与方法

（一）材料与种植

详见本章第二节：材料与种植。

（二）试验方法

1. 精米粉的制备

采用旋风式磨粉机将精米磨成粉末，过100目筛。

2. 品质性状的测定

（1）加工品质

于9月中下旬，进行收获。每个株系在中间行收取10株，剪下有效穗放入网袋中，存放到试验基地网室晾晒3个月，待样品水分和理化性质稳定后，根据《优质稻谷》（GB/T 17891—2017）国家标准进行常规指标的测定。

采用普通小型脱粒机（杭州微特电机有限公司）进行脱粒，用FC2K型糙米机和VP-32型精米机（日本YAMAMOTO公司）将稻谷加工成糙米和精米。通过测定稻谷重、糙米重和精米重，从而计算糙米率和精米率。整精米率是根据外观品质判别仪测定的整精米重量比来计算。

（2）外观品质

采用ES-1000大米外观品质判别仪（日本佐竹公司）测定外观品质，设定2次重复。测定指标包括垩白粒率、垩白度、长宽比等。

（3）营养品质

蛋白质含量：准确称取2.000 g精米粉，利用FOSS公司的全自动凯氏定氮仪测定含氮量，通过转换系数（5.95）计算稻米蛋白质含量，每个样品设置两次重复，取平均值。

蛋白组分含量：将李合生等（2000）的方法稍加改动，提取测定稻米蛋白质组分含量。

蛋白组分的提取顺序是清蛋白、球蛋白、醇溶蛋白、谷蛋白。

清蛋白：称取0.10 g米粉于1.5 mL离心管中，加1 mL蒸馏水，于摇床上振荡提取4 h，然后在10 000 r/min条件下离心20 min，将上清液倾入带刻度的试管中，重复提取3次，合并提取液，用改良型的Bradford试剂盒测定清蛋白含量。

在提取过清蛋白、球蛋白和醇溶蛋白的米粉沉淀中分别加1 mL 5%氯化钠溶液、1 mL 70%乙醇溶液、1 mL 0.2%氢氧化钠溶液分别提取球蛋白、醇溶蛋白和谷蛋白，提取及测定过程同清蛋白。由于稻米谷蛋白含量相对较高，用试剂盒测定前需要进行稀释。测定蛋白组分含量时，每个样品设置 3 次重复，取平均值。2014 年和 2015 年蛋白组分含量数据趋势基本一致。

（4）蒸煮食味品质

用日本佐竹公司生产的 STA-1B 米饭食味计测定食味值。称取 30 g 精米，放入不锈钢罐中，加水浸泡 30 min 后接洗米装置，用水冲洗约 30s 至水的浊度很小。按照米水 1∶1.4 的比例加水，直至米和水的重量加起来为 72 g，放入电饭锅内预约 1 h，调理 30 min。焖饭 10 min 结束后，用小勺轻轻搅动米饭，使其蓬松，放到冷却器中冷却 20 min。焖饭结束后 2 h 用食味计测定米饭的蒸煮食味品质，每个样品重复 3 次。用粳稻标准的外观、硬度、黏度、平衡度以及食味值来综合评价米饭的蒸煮食味品质。

（三）数据分析

利用 SPSS17.0 和 Microsoft Excel 2010 软件分析数据，利用 GraphPad. prism 软件进行作图。

二、结果与分析

（一）BILs 品质性状的分化

1. 亲本和 BILs 加工品质、外观品质的变异

从表 2-3 可以看出，在加工品质方面，两年的数据差异不大，亲本 Sasanishiki 的糙米率，精米率以及整精米率都高于 Habataki，即 Sasanishiki 的加工品质优于 Habataki。2014 年、2015 年 BILs 糙米率的平均值及大部分株系都介于双亲之间；BILs 精米率的平均值与籼型亲本值相近，整个株系呈正反向连续分布；两年间 BILs 整精米率的平均值都介于双亲之间，株系间差异较大。在外观品质方面，亲本 Sasanishiki 的垩白粒率，垩白度以及长宽比都低于 Habataki，表明 Sasanishiki 的外观品质要优于 Habataki。垩白粒率以及垩白度方面，两年间出现了差异，Sasanishiki 2014 年的值显著低于 2015 年。BILs 垩白粒率、垩白度两年的平均值都介于双亲之间，但是两年的平均值间都有差异，同时两年的变幅也有一定的差异。原因可能是垩白性状本身受环境的影响较大，而 2015 年灌浆结实期的温度较高，增加了群体的垩白粒率。长宽比方面，两年的数据非常接近，BILs 的平均值偏向于 Sasanishiki。

表 2-3 亲本和 BILs 加工品质、外观品质的变异

性状	年份	亲本			回交重组自交系	
		Sasanishiki	Habataki	差值	平均值±标准差	变幅
糙米率（%）	2014	82.23	75.80	6.43	76.65±3.73	59.73~84.97
	2015	79.85	75.54	4.31	78.18±2.81	65.18~81.54
精米率（%）	2014	70.13	67.53	2.60	67.02±3.90	53.72~75.72
	2015	68.67	67.63	1.04	67.90±3.39	55.69~73.55

（续表）

性状	年份	亲本			回交重组自交系	
		Sasanishiki	Habataki	差值	平均值± 标准差	变幅
整精米率（%）	2014	69.84	60.58	9.26	62.37±6.62	35.49~73.07
	2015	65.49	60.38	5.11	62.69±5.02	49.14~70.61
垩白粒率（%）	2014	9.1	19.0	-9.9	13.73±13.21	0.50~67.70
	2015	15.2	19.7	-4.5	17.93±12.16	0.85~53.70
垩白度	2014	2.7	6.7	-4.0	4.31±4.93	0.10~26.30
	2015	5.3	6.4	-1.1	5.63±4.17	0.25~21.30
长宽比	2014	1.7	2.1	-0.4	1.78±0.11	1.60~2.10
	2015	1.7	2.0	-0.3	1.73±0.11	1.51~2.07

2. 亲本和 BILs 营养品质的变异

营养品质方面主要测定了蛋白质含量和蛋白组分含量。表 2-4 表明，亲本 Sasanishiki 的蛋白质含量低于 Habataki，群体的平均值介于双亲之间，蛋白质含量呈现双向超亲分布，两年的数据趋势一致。Sasanishiki 的清蛋白含量高于 Habataki，其他蛋白组分含量低于 Habataki。群体清蛋白的平均值与 Sasanishiki 相近，大部分株系值介于双亲之间和呈现正向超亲分布；群体球蛋白的平均值高于双亲，株系呈现正反向超亲分布，株系间差异较大；群体醇溶蛋白和谷蛋白的的平均值都介于双亲之间，株系呈现正反向超亲分布。

表 2-4 亲本和 BILs 营养品质的变异

性状	年份	亲本			回交重组自交系	
		Sasanishiki	Habataki	差值	平均值± 标准差	变幅
蛋白质含量（%）	2014	5.58	7.25	-1.67	6.32±0.99	4.52~8.99
	2015	5.55	7.54	-1.99	6.42±0.99	4.62~9.26
清蛋白（%）	2014	0.31	0.24	0.07	0.31±0.07	0.13~0.48
球蛋白（%）	2014	0.53	0.54	-0.01	0.58±0.08	0.23~0.78
醇溶蛋白（%）	2014	0.20	0.24	-0.04	0.23±0.05	0.15~0.44
谷蛋白（%）	2014	3.68	4.90	-1.22	4.38±0.58	3.22~5.83

3. 亲本和 BILs 蒸煮食味品质的变异

本试验用外观、硬度、黏度、平衡度以及食味值来综合评价米饭的蒸煮食味品质。外观、硬度、黏度、平衡度的打分标准是 0~10 分，食味值的打分标准是 0~100 分，平衡度数值化了黏度与硬度的比值。总体来看，外观、硬度、黏度、平衡度以及食味值两年的趋势是一致的，亲本 Sasanishiki 除了硬度的分值低于 Habataki 外，其他 4 个性状的分值都高于 Habataki（图 2-7），表明 Sasanishiki 的蒸煮食味品质要显著优于 Habataki。BILs 的外观、黏度、平衡度的分值范围是 2~9 分，株系间分数差异较大，硬度 2014 年、2015 年的分值范围分别是 5.5~8.5、6.0~9.0，但是整体趋势一致；食味值的分值范围 40~85 分，株系间分数差异也较大。整体来看，2014 年和 2015 年 BILs 中大部分株系的外观、硬度、黏度、平衡度、食味值的分值介于双亲之间，少量株系正反向超亲分布。

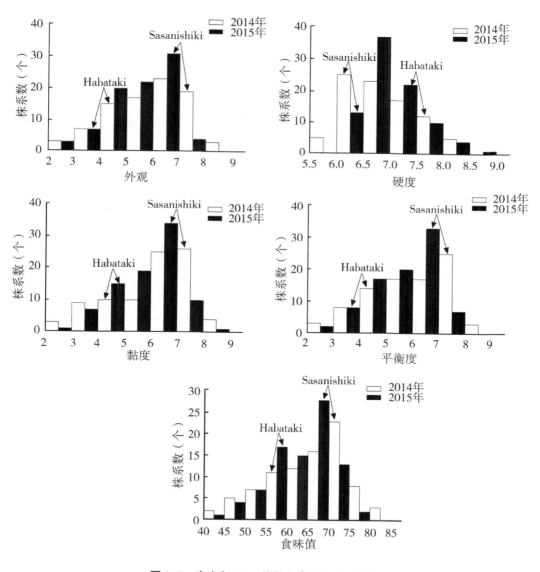

图 2-7 亲本和 BILs 的蒸煮食味品质分布情况

（二）BILs 籼型基因频率与品质性状的关系

1. BILs 籼型基因频率与加工品质的关系

从图 2-8 可以看出，两年的数据显示籼型基因频率与加工品质中的糙米率、精米率及整精米率都达到了显著和极显著的负相关，表明籼型血缘的引入降低了群体的糙米率、精米率和整精米率，影响了稻米的加工品质。随着籼型基因频率的增加，虽然加工品质整体呈现降低的趋势，但是仍有一些株系（例如株系 73、株系 31）的糙米率、精米率和整精米率保持较高的水平，甚至有些株系的加工品质优于亲本，说明籼粳稻杂交后代可筛选出加工品质较好的株系。

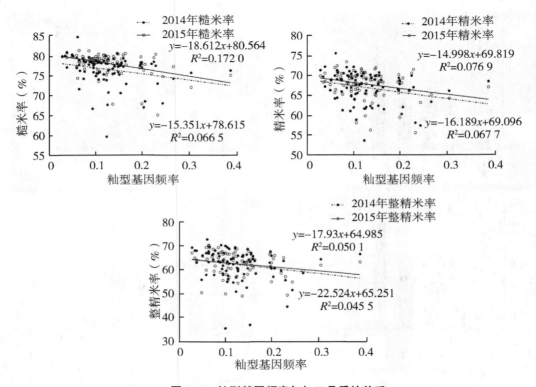

图 2-8　籼型基因频率与加工品质的关系

2. BILs 籼型基因频率与外观品质的关系

从图 2-9 可以看出，籼型基因频率与外观品质中的垩白粒率和垩白度相关性不显著，与长宽比达到了显著和极显著的正相关。表明籼型血缘的引入对垩白粒率和垩白度的影响不大，但是显著的增加了籽粒的长宽比。同时从图中可以发现，一些籼型基因频率较高的株系（例如株系 27、株系 45、株系 36）其垩白粒率和垩白度较低，籽粒长宽比较小，说明可以通过籼粳稻杂交后代选育出外观品质较好的株系。

3. BILs 籼型基因频率与营养品质的关系

籼型基因频率与蛋白质含量呈正相关，但是相关性不显著。籼型基因频率除了与蛋白组分中的清蛋白含量呈负相关外，与球蛋白和谷蛋白含量都呈正相关，与醇溶蛋白含

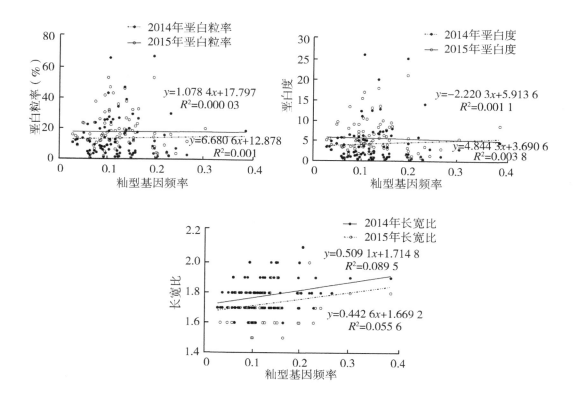

图 2-9　籼型基因频率与外观品质的关系

量的正相关达到极显著水平（图 2-10）。说明籼粳稻杂交籼型血缘的引入整体上对稻米营养品质的影响不大。从图中可以看出，一些株系虽然本身的籼型基因频率值较高，但是蛋白含量却低于双亲，进而可以经过筛选，培育蛋白质含量较低的品种。

4. BILs 籼型基因频率与蒸煮食味品质的关系

籼型基因频率除了与蒸煮食味品质中的硬度达到了极显著的正相关外，与外观、黏度、平衡度以及食味值都达到了极显著的负相关（图 2-11），表明杂交后代籼型血缘的引入显著降低了稻米的蒸煮食味品质。从图中可以看出，当籼型基因频率相同或相近时，外观、硬度、黏度、平衡度以及食味值的变异范围很大，而当各性状分值相同或相近时，籼型基因频率变异范围也很大，蒸煮食味品质较优株系的籼型基因频率多集中在0.1 左右。

（三）BILs 蒸煮食味品质与其他品质性状的关系

糙米率与蒸煮食味品质的相关性两年趋势一致，即除了与硬度达到显著和极显著的负相关外，与外观、黏度、平衡度和食味值达到了显著和极显著的正相关（表 2-5）。精米率和整精米率与蒸煮食味品质的相关性两年整体趋势一致，但是显著性年际间有差异，2014 年与蒸煮食味品质各性状的相关性都达到了极显著的水平，但是 2015 年相关性都不显著。垩白粒率和垩白度与硬度呈极显著的负相关，与其他性状都呈显著和极显

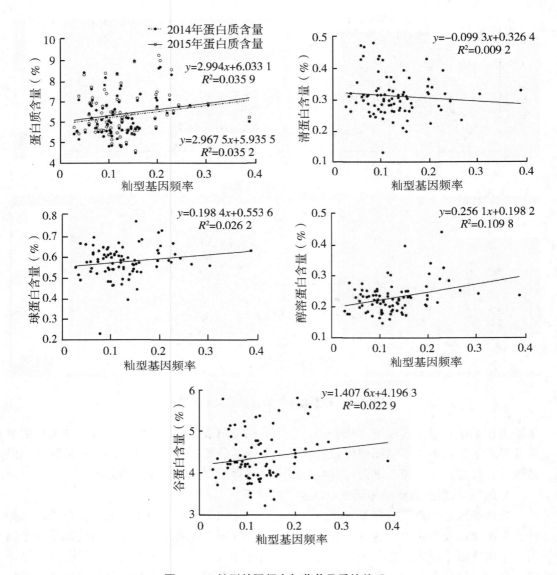

图 2-10　籼型基因频率与营养品质的关系

著的正相关；长宽比和蛋白质含量与硬度达到了显著和极显著的正相关，与其他指标都呈显著和极显著的负相关。清蛋白含量与食味品质各性状相关性都不显著，球蛋白、醇溶蛋白和谷蛋白含量除了与硬度达到了极显著的正相关外，与其他性状都达到了极显著的负相关。

（四）BILs 产量及构成因素与品质性状的关系

从表 2-6 可以看出，穗粒数与糙米率和精米率达到了显著的负相关；结实率和千粒重分别与精米率和糙米率呈显著的正相关。生物产量与加工品质中的糙米率、精米率

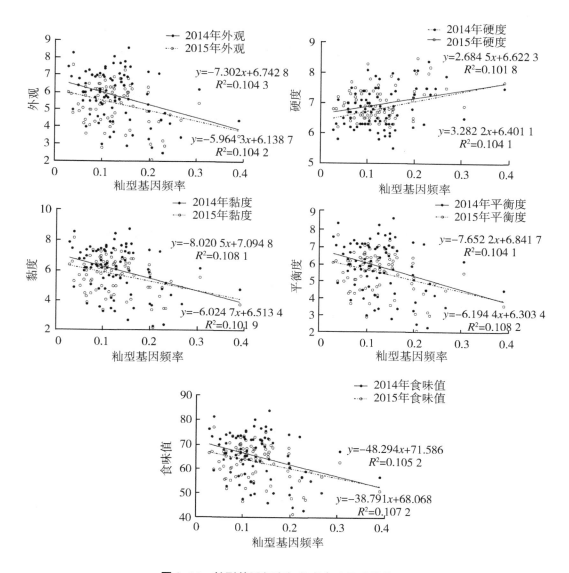

图 2-11　籼型基因频率与蒸煮食味品质的关系

及整精米率达到了显著和极显著的正相关。千粒重、理论产量以及经济系数与外观品质中的长宽比分别达到了显著和极显著的负相关，与此同时经济系数与垩白粒率和垩白度呈极显著的正相关。理论产量、实际产量及经济系数与蛋白质含量达到了显著和极显著的负相关。穗粒数、结实率及有效穗数都与外观、黏度、平衡度及食味值呈正相关、与硬度呈负相关，但是相关性都不显著；千粒重、实际产量、理论产量及经济系数都与硬度达到了显著和极显著的负相关，与外观、黏度、平衡度及食味值达到了显著和极显著的正相关。

表 2-5　蒸煮食味品质与其他品质性状的关系

指标	外观		硬度		黏度		平衡度		食味值	
	2014 年	2015 年	2014 年	2015 年	2014 年	2015 年	2014 年	2015 年	2014 年	2015 年
糙米率	0.477**	0.260*	-0.438**	-0.245*	0.554*	0.256*	0.501**	0.260*	0.505**	0.260*
精米率	0.285**	0.041	-0.256*	-0.041	0.344**	0.026	0.299**	0.037	0.305**	0.035
整精米率	0.332**	0.090	-0.315**	-0.107	0.366**	0.069	0.338**	0.089	0.342**	0.087
垩白粒率	0.355**	0.244*	-0.356**	-0.283*	0.330**	0.204	0.351**	0.236*	0.347**	0.238*
垩白度	0.302**	0.230*	-0.309**	-0.279**	0.270*	0.187	0.297**	0.222*	0.293**	0.224*
长宽比	-0.271*	-0.384**	0.269*	0.354**	-0.260*	-0.387**	-0.267*	-0.381**	-0.268*	-0.382**
蛋白质含量	-0.723**	-0.451**	0.703**	0.433**	-0.748**	-0.460**	-0.735**	-0.453**	-0.736**	-0.456**
清蛋白	-0.207	—	0.206	—	-0.172	—	-0.201	—	-0.200	—
球蛋白	-0.571**	—	0.568**	—	-0.570**	—	-0.577**	—	-0.575**	—
醇溶蛋白	-0.655**	—	0.646**	—	-0.670**	—	-0.662**	—	-0.663**	—
谷蛋白	-0.651**	—	0.631**	—	-0.665**	—	-0.657**	—	-0.658**	—

注：* 和 ** 分别表示 0.05 和 0.01 水平上显著相关。

表 2-6　2015 年水稻产量及其构成因素与品质性状的关系

指标	穗粒数	结实率	千粒重	有效穗数	生物产量	实际产量	理论产量	经济系数
糙米率	-0.245*	0.181	0.243*	0.153	0.230*	0.184	0.169	0.066
精米率	-0.246*	0.223*	0.107	0.070	0.284**	0.052	0.071	-0.169
整精米	-0.113	0.176	-0.064	0.056	0.242*	0.055	0.029	-0.162
垩白粒率	0.144	0.003	0.048	0.039	-0.200	0.134	0.148	0.358**
垩白度	0.182	-0.056	-0.053	0.067	-0.171	0.134	0.111	0.327**
长宽比	0.047	-0.188	-0.334**	0.022	0.063	-0.174	-0.214*	-0.333**
蛋白质	-0.151	0.009	-0.173	-0.106	0.098	-0.218*	-0.247*	-0.384**
外观	0.162	0.022	0.273*	0.032	-0.036	0.302**	0.256*	0.442**
硬度	-0.180	-0.007	-0.214*	-0.075	0.028	-0.313**	-0.266*	-0.443**
黏度	0.146	0.043	0.309**	0.012	-0.024	0.315**	0.256*	0.453**
平衡度	0.157	0.027	0.281**	0.035	-0.027	0.314**	0.262*	0.450**
食味值	0.157	0.029	0.279**	0.035	-0.028	0.315**	0.263*	0.452**

注：* 和 ** 分别表示 0.05 和 0.01 水平上显著相关。

三、讨　论

（一）籼稻和粳稻品质性状的差异

21 世纪以来，中国籼稻加工品质显著提高，与粳稻的差异有所缩小，籼粳稻外观品质均有明显改善，但是籼粳差异依旧（徐正进和陈温福，2016）。籼稻一般具有较长的籽粒，较大的籽粒长宽比，使得其整精米率要低于粳稻，在国家优质稻谷规定中籼稻加工品质的评价标准要低于粳稻。籼稻的垩白度变化幅度较大，蛋白质、直链淀粉含量和糊化温度较高，胶稠度较低、黏性较差，即总的来说粳稻加工品质、外观品质以及蒸煮食味品质一般优于籼稻（朱智伟等，2004；张洪程等，2013；Kang et al.，2006；He et al.，2011）。本试验发现，亲本 Sasanishiki 的加工、外观品质以及蒸煮食味品质优于 Habataki；营养品质方面，Sasanishiki 的蛋白质含量显著低于 Habataki，蛋白组分间差异较小。水稻的食味品质不但受遗传和环境的影响，同时受人为因素的影响也较大，例如不同国家和地区以及不同年龄段的人们对米饭的要求不同。不能笼统说粳稻食味品质好于籼稻，因此籼粳稻食味品质评价需采用不同的方法和标准。本研究试材通过籼粳稻杂交引入籼型血缘的同时基本保持粳型属性，保证了进一步用粳稻标准测定和分析食味品质的可行性和合理性。

（二）籼粳稻杂交对稻米品质性状的影响

高虹等（2013）利用不同品种进行试验，指出籼型位点频率与加工品质的各性状都达到极显著的负相关。王旭虹等（2019）在不同生态区利用 BILs 研究表明，籼型基因频率与糙米率和粒宽呈极显著负相关，与长宽比呈极显著正相关。毛艇等（2010）利用 RILs 研究表明，粳型基因频率与糙米率、整精米率和粒宽呈显著或极显著正相关，与长宽比呈显著或极显著负相关，并且指出粳型基因频率与加工品质各性状的正相关是通过粒形实现的。前人也指出粳稻粒形与加工品质关系密切，适当的增加粒宽、降低长宽比有利于提高加工品质（陈志德等，2003；徐正进等，2004）。本试验表明，籼型基因频率与加工品质各性状以及外观品质中的长宽比分别达到了显著和极显著的负相关和正相关。所以认为籼粳稻杂交随着籼型血缘的引入，改变了籽粒的粒型，从而降低了群体的加工品质。今后可以在后代中筛选出籽粒长宽比较小的株系，从而改善稻米的加工品质。

稻米蛋白质含量属于典型的数量性状，具有丰富的遗传变异，品种间存在较大差异，遗传基础比较复杂，且易受环境因素的影响（石昌等，2019）。研究发现籼型基因频率只与营养品质中的醇溶蛋白含量达到了极显著的正相关，与其他性状相关性都不显著，表明后代中引入的籼型血缘对营养品质的影响不大。相关研究发现东北粳稻在保持粳稻遗传背景的同时引入了较多的籼型血缘，食味值显著低于日本粳稻，籼型位点频率与食味值的负相关达到了显著水平（高虹等，2013），而以籼粳稻杂交后代为试材的研究认为，群体的籼粳属性与稻米食味品质关系不密切（张佳等，2015）。Xu et al.（2019）利用 RILs 研究指出籼型血缘的引入没有显著降低稻米质地。而本研究发现，籼型基因频率与蒸煮食味品质各性状的相关性都达到了极显著水平。分析原因可能因为籼粳分类方法以及籼型血缘渗入的比例不同，最终造成研究结果的不一致。

（三）稻米蒸煮食味品质与营养品质的相互关系

稻米蛋白质约占稻米重量的8%，对稻米品质特别是蒸煮食味品质有着不可忽视的作用（谢黎虹，2013；王鹏跃等，2016），但影响程度因水稻的品种、类型不同而有所差异（向远鸿等，1990）。大部分的研究表明，总蛋白质含量对稻米蒸煮食味品质有负面影响：含量高，米饭质地就较硬（许永亮等，2007；王鹏跃，2016；Yu et al.，2008；Huang et al.，2020）。也有研究显示，蛋白质含量与蒸煮食味品质之间并不是简单的线性关系，一定范围内培育低蛋白质含量品种有利于蒸煮食味品质的提高，但稻米蛋白质含量过高或过低均会不同程度地降低食味（钱春荣，2007）。本研究表明蛋白质含量降低了稻米的食味品质，与前人的研究结果一致。今后对蛋白质含量与稻米食味品质关系的研究时，应先对稻米进行分类然后再进行比较分析，这样得出的结论才更具有说服力（向远鸿等，1990；Ong et al.，1995）。

大多数的研究都认为醇溶蛋白对食味值有负面影响，它不易被消化吸收，同时影响稻米淀粉的吸水膨胀及糊化特性（孙平，1998；王继馨等，2008；Xia et al.，2012；Baxter et al.，2014）。但是前人对其他蛋白组分对食味的影响得出的结论不同。孙平（1998）和Xia et al.（2012）认为清蛋白、球蛋白和谷蛋白不影响稻米的食味，Ogawa et al.（1987）认为谷蛋白营养价值高同时易被人体吸收与消化，对食味值有正面影响。但也有研究发现谷蛋白含量过高可造成食味不佳，对稻米食味品质也有一定的负作用（石昌等，2019；Furukawa et al.，2006）。石昌等（2019）研究结果表明，稻米食味值与球蛋白、谷蛋白以及醇溶蛋白含量呈现明显的负相关关系，而籼稻食味值与清蛋白含量呈极显著负相关关系，粳稻食味值与清蛋白含量的相关性不显著。吴洪恺等（2009）认为，相对于蛋白质及其他蛋白组分含量而言，稻米的食味值受谷蛋白的影响最大，而总蛋白质含量对食味品质的影响也因谷蛋白相对于醇溶蛋白的含量的不同而有所差异。本试验研究发现清蛋白含量对蒸煮食味品质影响不大，球蛋白、醇溶蛋白和谷蛋白与食味值呈极显著的负相关。目前蛋白组分对食味品质的影响机制尚未明确，而蛋白质对稻米品质的影响是其组分对稻米品质影响的综合表现，因此今后应加强蛋白组分方面的研究，进而深入了解蛋白质对稻米品质影响的机理。

（四）籼粳稻杂交后代产量性状与品质性状间的相互协调

稻米的品质受遗传因素影响较大，要实现产量和品质的同步提高，难度较大（姚海根和姚坚，2000；徐大勇等，2002）。但是相对于大豆、玉米而言，水稻产量与品质的关系比较容易协调，产量9 t/hm²之前，中国北方粳稻产量与主要品质性状的矛盾并不突出，可以在保持品质的基础上提高产量，或者在保持产量的基础上改进品质，使产量和品质在更高水平上达成新的平衡（徐正进，2016）。大量研究指出杂交粳稻和籼粳杂交稻具有较高的生产潜力和发展后劲（李德剑等，2009；张洪程等，2010；龚金龙等，2012），并且籼粳亚种间杂种优势的利用，一直被认为是进一步提高水稻产量的有效途径。本研究发现，穗粒数与加工品质呈负相关的趋势，结实率、千粒重以及有效穗数与加工品质、外观品质及营养品质的关系都不密切，但是千粒重、实际产量、理论产量及经济系数都与食味值达到了显著和极显著的正相关，表明就本试验所使用的群体而言，产量与蒸煮食味品质不但不矛盾还相辅相成。已有研究指出籼型血缘的引入对东北水稻品质性状并无显著负面影响（王旭虹等，2019），今后可以在籼粳稻杂交优势利用基础上，将籼型血缘控制在一定的范围内，统筹兼顾其对产量和品质的影响，进而培育出优质杂交品种。

第四节 籼粳稻杂交后代理化特性及 K、Mg 含量的差异

稻米理化特性与蒸煮食味品质密切相关，一般采用理化特性指标来间接反映稻米的蒸煮食味品质（Zhang et al.，2016）。直链淀粉含量（AC）、胶稠度（GC）、糊化温度（GT）是最早被认为衡量稻米蒸煮食味品质的 3 大理化指标。AC 与米饭的黏性和柔软性有关，多数研究表明直链淀粉含量与米饭的硬度呈正相关，与食味值呈负相关（Bao et al.，2006；Wang et al.，2007；Ma et al.，2020）。胶稠度是评价米饭柔软性的指标之一，流胶长度越长，胶稠度则越软，其流动性和延展性就越好。GC 与稻米蒸煮品质息息相关，高 GT 的稻米与低 GT 稻米在同等条件下蒸煮时，因不能完全糊化而造成米饭生硬，降低食味品质。淀粉黏滞性（RVA）谱模拟稻米的蒸煮过程，可以直观地反映随升温、降温时米饭的糊化特性和黏滞性变化，是衡量稻米蒸煮食味品质的最重要指标（Bao，2012）。RVA 谱测定具有简便、快速、重复性好等特点，美国谷物化学家协会（AACC）已将其作为评价稻米蒸煮食味品质优劣的一项重要指标。

稻米中的矿物质含量为 1%～1.5%，其中 Mg、K 和 P 的含量最高。K 是作物生长过程中必需的大量矿质营养元素，在作物的生长和发育中起着重要作用（Marschner，1995）。Mg 作为一种必需元素，对植物光合、能量代谢、核酸和蛋白质的合成等多方面产生重要的影响，而且与稻米的食味也有着密切的关系（戴平安和易国英，1999；李晓鸣，2002）。籽粒的 Mg、K 含量和 Mg/K 与稻米品质，尤其是食味品质的关系密切，一般食味好的稻米中 Mg 含量高，K 含量低，即 Mg/K 高（松江勇次等，1991；田中义郎，1991）。水稻中 Mg 含量的增加可以显著提高蛋白质含量（李晓鸣，2002）。本试验以籼粳稻回交重组自交系为试验材料，研究杂交后代群体理化特性及 K、Mg 含量的变化规律，同时分析了他们与其他品质性状的相互关系，从而更全面的了解稻米的理化特性及为生产实践中 K、Mg 的比例调控提供理论指导。

一、材料与方法

（一）材料与种植

详见本章第二节：材料与种植。

（二）试验方法

1. RVA 谱特征值的测定

用澳大利亚 Newport Scientific 公司生产的 RVA - 4 型快速黏度分析仪（Rapid

Viscosity Analyzer）测定淀粉黏滞谱特性，用 Thermocli 软件进行分析。按 AACC 美国谷物化学协会操作规程（199561—02）标准方法进行操作。RVA 谱特征值包括最高黏度、热浆黏度、冷胶黏度、崩解值、消减值、回复值、起始糊化温度和峰值时间，黏度单位是 cP（Centipoise），1RVU＝12cP。崩解值＝最高黏度−热浆黏度；消减值＝冷胶黏度−最高黏度；回复值＝冷胶黏度−热浆黏度。每个样品 3 次重复。

2. 稻米直链淀粉和胶稠度的测定

稻米胶稠度按照中华人民共和国国家标准《优质稻谷》（GB/T 17891—2017）进行测定。直链淀粉含量按照国家标准 GB7648—87 进行测定，标样购置于农业农村部谷物及制品质量监督检测中心（哈尔滨）。

3. K、Mg 含量的测定

稻米样品采用微波消解仪（ETHOSA）进行消解，称取 0.2 g 米粉，放入聚四氟乙烯消解罐中，加 4 mL 硝酸，2 mL 盐酸，2 mL 过氧化氢。程序设定为 5 min 加热，25 min 持续高温，10 min 降温。消解程序结束后，取出消解灌在通风厨中冷却，进行排气，然后转移到烧杯中，加 5 mL 去离子水，在电热炉上进行排酸。将排酸后剩下的溶液转移到 50 mL 的容量瓶进行定容，最后采用原子吸收分光光度计（HITACHI Z—2000）进行测定。

（三）数据分析

利用 SPSS17.0 和 Microsoft Excel 2010 软件分析数据，利用 GraphPad. prism 软件进行作图。

二、结果与分析

（一）BILs 理化特性及 K、Mg 含量的差异

1. BILs 理化特性的差异

亲本 Sasanishiki 除了崩解值低于 Habataki 外，其他理化指标都高于 Habataki（表2-7）。总体来看，2014 年几乎所有的 RVA 谱特征值都高于 2015 年，分析可知淀粉 RVA 谱受遗传控制的同时，还受基因型与环境互作效应的影响，不同的环境条件会导致基因表达方式或表达程度的差异，所以可能因为环境因素的影响，导致了两年间特征值产生了差异。群体最高黏度、热浆黏度、冷胶黏度、回复值的平均值介于双亲之间，崩解值的平均值低于双亲，消减值和起始糊化温度的平均值高于双亲，峰值时间的平均值与双亲接近。最高黏度、热浆黏度、崩解值、冷胶黏度及消减值株系间差异较大。亲本直链淀粉含量和胶稠度值很接近，群体直链淀粉含量的平均值与双亲接近，胶稠度 2014 年的平均值低于亲本，2015 年的平均值高于亲本，但是整体趋势一致。

表 2-7　亲本和 BILs 理化特性的变异

性状	年份	亲本			回交重组自交系	
		Sasanishiki	Habataki	差值	平均值± 标准差	变幅
最高黏度 （cP）	2014	3 480	3 335	145	3 391.20±216.80	2 786~3 834
	2015	3 022	2 613	409	2 793.59±267.20	1 965~3 230
热浆黏度 （cP）	2014	2 515	2 286	229	462.58±179.29	2 039~2 825
	2015	2 186	1 690	496	22 046.74±196.84	1 506~2 360
崩解值 （cP）	2014	965	1 049	-84	928.61±157.91	574~1 379
	2015	853	922	-69	747.00±125.83	338~1 038
冷胶黏度 （cP）	2014	3 806	3 494	312	3 727.68±170.65	3 339~4 120
	2015	3 239	2 738	501	3 135.38±197.26	2 582~3 482
回复值 （cP）	2014	1 291	1 208	83	1 265.10±79.57	1 114~1 518
	2015	1 093	1 048	45	1 089.09±65.86	909~1 265
峰值时间 （min）	2014	6.49	6.38	0.11	6.48±0.11	6.13~6.73
	2015	6.48	6.17	0.31	6.48±0.11	6.20~6.67
起始糊化 温度（℃）	2014	71.03	70.78	0.25	71.22±1.53	68.12~81.30
	2015	72.55	71.28	1.27	72.77±3.08	69~89
消减值 （cP）	2014	326	159	167	336.49±190.24	-167~807
	2015	216	126	90	341.78±136.28	8~706
直链淀粉 含量（%）	2014	12.86	12.98	-0.12	12.89±1.08	9.60~15.18
	2015	12.49	13.09	-0.60	12.89±1.08	10.45~15.21
胶稠度（cm）	2014	8.1	8.0	0.1	7.4±0.9	5.3~9.6
	2015	8.0	7.9	0.1	8.1±0.5	6.7~9.4

2. BILs K、Mg 含量的变异

从图 2-12 可以看出，亲本 Sasanishiki 的 K、Mg 含量低于 Habataki。2014 年、2015 年群体 K 含量范围分别为 0.55~1.1 mg/g、0.58~1.1 mg/g，群体呈现双向超亲分布；Mg 含量范围分别为 0.14~0.4 mg/g、0.19~0.38 mg/g，群体呈现双向超亲分布。

（二）BILs 籼型基因频率与稻米理化特性及 K、Mg 含量的关系

1. BILs 籼型基因频率与稻米理化特性的关系

由表 2-8 可知，籼型基因频率与 RVA 谱特征值的关系比较密切，两年的数据趋势比较一致。籼型基因频率与最高黏度、崩解值达到了极显著和显著的负相关，与回复值和消减值达到了显著和极显著的正相关，籼型基因频率与热浆黏度和起始糊化温度分别呈负相关和正相关，但是 2014 年的相关性都不显著。籼型基因频率与直链淀粉含量两年都呈正相关，但是相关性未达到显著水平。胶稠度与籼型基因频率的相关性两年的趋势基本一致，分别达到了显著和极显著的负相关。

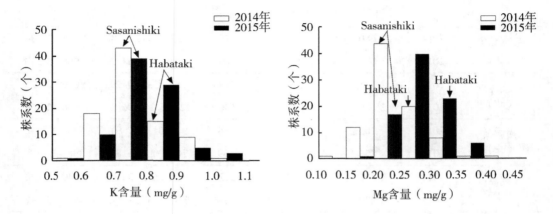

图 2-12　2014 年和 2015 年 K、Mg 含量分布

表 2-8　籼型基因频率与稻米理化特性的关系

性状	年份	相关系数	性状	年份	相关系数	性状	年份	相关系数
最高黏度	2014	-0.276**	回复值	2014	0.214*	直链淀粉	2014	0.098
	2015	-0.298**		2015	0.250*	含量	2015	0.138
热浆黏度	2014	-0.100	峰值时间	2014	0.177	胶稠度	2014	-0.307**
	2015	-0.237*		2015	-0.072		2015	-0.238*
崩解值	2014	-0.266*	起始糊化	2014	0.154	—	—	—
	2015	-0.267*	温度	2015	0.387**	—	—	—
冷胶黏度	2014	-0.006	消减值	2014	0.309**	—	—	—
	2015	-0.155		2015	0.361**	—	—	—

注：* 和 ** 分别表示 0.05 和 0.01 水平上显著相关。

2. BILs 籼型基因频率与 K、Mg 含量及 Mg/K 的关系

从散点图 2-13 可以看出，籼型基因频率与 K、Mg 含量及 Mg/K 比值都呈正相关，但是相关性不显著。K 含量分布比较分散，而 Mg 含量分布相对比较集中。表明籼粳稻杂交籼型血缘的引入没有对 K、Mg 含量产生影响。

（三）BILs 理化特性及 K、Mg 含量与蒸煮食味品质的关系

从表 2-9 整体来看，理化特性与蒸煮食味品质的关系密切。最高黏度与外观、平衡度及食味值都达到了显著的正相关，与硬度达到了显著的负相关；热浆黏度与蒸煮食味品质的各性状相关性均未达到显著水平；崩解值除了与硬度达到了显著和极显著的负相关外，与其他性状都达到了显著和极显著的正相关；冷胶黏度和峰值时间对食味品质的影响年际间显著性方面有一定的差异；回复值、起始糊化温度及消减值与蒸煮食味品质各性状的相关性是一致的，并且两年的趋势完全一致，即与外观、黏度、平衡度及食味值达到了极显著的负相关，与硬度达到了极显著的正相关。直链淀粉含量除了与硬度呈负相关外，与其他各性状都成正相关，但是相关性不显著。胶稠度除了与硬度达到了极显著的负相关外，与其他各性状都达到了极显著的正相关。

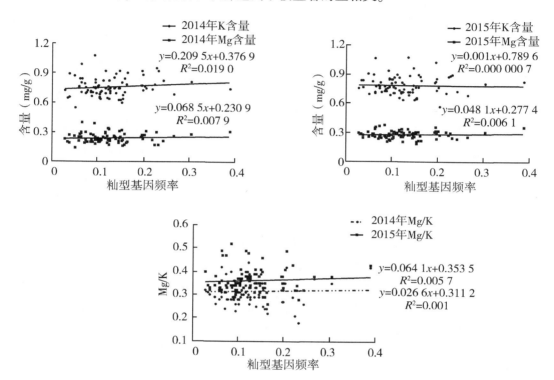

图 2-13　籼型基因频率与 K、Mg 含量和 Mg/K 的关系

表 2-9　蒸煮食味品质与理化特性及 Mg、K 含量的关系

性状	外观		硬度		黏度		平衡度		食味值	
	2014 年	2015 年	2014 年	2015 年	2014 年	2015 年	2014 年	2015 年	2014 年	2015 年
最高黏度	0.233 *	0.240 *	-0.249 *	-0.273 *	0.190	0.195	0.219 *	0.233 *	0.219 *	0.233 *
热浆黏度	-0.140	0.167	0.133	-0.201	-0.162	0.119	-0.153	0.162	-0.149	0.159
崩解值	0.480 **	0.256 *	-0.494 **	-0.257 *	0.444 **	0.231 *	0.474 **	0.248 *	0.469 **	0.251 *
冷胶黏度	-0.321 **	-0.004	0.317 **	0.050	-0.329 **	-0.054	-0.330 **	-0.009	-0.326 **	-0.012
回复值	-0.373 **	-0.536 **	0.380 **	0.506 **	-0.341 **	-0.549 **	-0.364 **	-0.539 **	-0.364 **	-0.540 **
峰值时间	-0.449 **	-0.005	0.441 **	0.081	-0.457 **	-0.049	-0.458 **	-0.002	-0.453 **	-0.002
起始糊化温度	-0.392 **	-0.453 **	0.392 **	0.462 **	-0.411 **	-0.451 **	-0.403 **	-0.462 **	-0.402 **	-0.460 **

（续表）

性状	外观		硬度		黏度		平衡度		食味值	
	2014 年	2015 年	2014 年	2015 年	2014 年	2015 年	2014 年	2015 年	2014 年	2015 年
消减值	-0.554**	-0.489**	0.569**	0.475**	-0.472**	-0.431**	-0.545**	-0.482**	-0.542**	-0.486**
直链淀粉含量	0.043	0.062	-0.001	-0.013	0.122	0.117	0.068	0.079	0.070	0.075
胶稠度	0.571**	0.380**	-0.550**	-0.350**	0.610**	0.399**	0.582**	0.393**	0.587**	0.390**
K 含量	-0.347**	0.009	0.323**	-0.045	-0.415**	-0.014	-0.373**	0.003	-0.374**	0.004
Mg 含量	-0.526**	-0.374**	0.494**	0.311**	-0.594**	-0.435**	-0.553**	-0.393**	-0.554**	-0.392**
Mg/K	-0.386**	-0.393**	0.369**	0.360**	-0.410**	-0.435**	-0.397**	-0.406**	-0.397**	-0.407**

注：* 和 ** 分别表示 0.05 和 0.01 水平上显著相关。

2014 年 K、Mg 含量及 Mg/K 与蒸煮食味品质各性状都达到了极显著的相关性，除了与硬度呈极显著的正相关外，与外观、黏度、平衡度以及食味值都达到了极显著的负相关。2015 年，Mg 含量及 Mg/K 与蒸煮食味品质的相关性与 2014 年一致，但是 K 含量与蒸煮食味品质各性状的相关性未达到显著水平。

（四）BILs 理化特性和 K、Mg 含量与营养品质的关系

表 2-10 可以看出，蛋白质含量与理化特性的关系比较密切，与热浆黏度、冷胶黏度、峰值时间、起始糊化温度和消减值都达到了极显著的正相关，与崩解值、直链淀粉含量和胶稠度都达到了极显著的负相关。清蛋白含量与理化特性的相关性都未达到了显著水平；球蛋白和谷蛋白含量与热浆黏度、冷胶黏度、峰值时间、起始糊化温度和消减值都达到了显著和极显著的正相关，与崩解值和胶稠度达到了极显著的负相关，同时谷蛋白含量与直链淀粉含量达到了极显著的负相关；醇溶蛋白含量与最高黏度、崩解值和胶稠度达到了显著和极显著的负相关，与冷胶黏度、回复值、峰值时间、起始糊化温度和消减值显著和极显著的正相关。

K、Mg 含量及 Mg/K 与营养品质的关系也比较密切。除了 Mg/K 与醇溶蛋白含量的相关性没有达到显著水平外，K、Mg 含量及 Mg/K 与蛋白质含量和其他组分含量都达到了显著和极显著的正相关。

表 2-10　营养品质与理化特性及 K、Mg 含量的关系

性状	蛋白质含量	清蛋白含量	球蛋白含量	醇溶蛋白含量	谷蛋白含量
最高黏度	-0.043	-0.162	-0.111	-0.250*	0.032
热浆黏度	0.332**	-0.067	0.228*	0.116	0.310**
崩解值	-0.435**	-0.147	-0.411**	-0.475**	-0.308**
冷胶黏度	0.386**	-0.020	0.265*	0.230*	0.361**
回复值	0.080	0.107	0.055	0.231*	0.075

（续表）

性状	蛋白质含量	清蛋白含量	球蛋白含量	醇溶蛋白含量	谷蛋白含量
峰值时间	0.512**	0.059	0.418**	0.423**	0.388**
起始糊化温度	0.452**	0.162	0.380**	0.386**	0.426**
消减值	0.395**	0.167	0.364**	0.491**	0.288**
直链淀粉含量	−0.321**	−0.085	−0.097	−0.139	−0.336**
胶稠度	−0.501**	−0.055	−0.352**	−0.433**	−0.493**
K 含量	0.476**	0.316**	0.375**	0.415**	0.339**
Mg 含量	0.625**	0.387**	0.448**	0.418**	0.505**
Mg/K	0.340**	0.223*	0.266*	0.207	0.357**

注：* 和 ** 分别表示 0.05 和 0.01 水平上显著相关。

三、讨　论

（一）籼粳稻杂交对稻米理化特性和 K、Mg 含量的影响

我们通常所说的直链淀粉含量准确来说应该称为表观直链淀粉含量（AAC），因为用碘比色法测的含量实际上也包括了支链淀粉的超长链部分，直链淀粉的短链和长链部分对稻米食味品质均有重要的影响。高虹等（2013）利用不同品种进行试验，指出籼型位点频率与直链淀粉含量呈极显著正相关；毛艇等（2010）利用 RILs 研究指出粳型基因频率与直链淀粉含量成负相关；张佳等（2015）以 RILs 为试材，利用程氏指数法鉴别其籼粳属性，发现程氏指数与口感、综合评分及各 RVA 谱特征值的相关不显著或相关系数较小。本试验利用 BILs 研究发现，籼型基因频率与 RVA 谱中的特征值关系比较密切；与直链淀粉含量两年都成正相关，但是相关性不显著；与胶稠度的相关性两年间分别达到了显著和极显著的负相关。说明籼粳稻杂交后代籼型血缘的引入对 RVA 谱特征值及胶稠度的影响较大。本研究发现 Habataki 的 K、Mg 含量都高于 Sasanishiki，群体的 K、Mg 含量都呈双向超亲分布，K 含量分布比较分散，而 Mg 含量分布相对比较集中。籼型基因频率与 K、Mg 含量及 Mg/K 都达到了正相关，但是相关性不显著。表明籼粳稻杂交，籼型血缘的引入对 K、Mg 含量以及 Mg/K 影响不显著。

（二）稻米理化特性及 K、Mg 含量与蒸煮食味品质的相互关系

1. 稻米理化特性与蒸煮食味品质的相互关系

稻米 RVA 谱特征值与蒸煮食味品质关系密切，尤其是最高黏度、崩解值、消减值及回复值能很好地反映出稻米食味品质的好坏（李贤勇等，2001；贾良等，2008）。崩解值与米饭的口感相关，其大小直接反映米饭的软硬，消减值与米饭冷却后的质地相关，食味较优的品种一般具有较大的崩解值和较小的消减值和回复值（王丰等，2003；隋炯明等，2005；Han et al.，2001；Asante et al.，2013）。李刚等（2009）研究指出，

中高直链淀粉含量的品种，其 RVA 谱特征值与食味品质指标相关性不显著；低直链淀粉含量的品种，其 RVA 谱特征值与食味品质指标呈显著或极显著相关。本试验发现，RVA 谱特征值与蒸煮食味品质关系比较密切，性状间的相关性年际间稍有差异，但是整体趋势一致。其中食味值与最高黏度和崩解值达到了显著和极显著的正相关，与回复值、起始糊化温度以及消减值达到了极显著的负相关，试验结果与前人的研究结果基本一致。

胶稠度主要反映的是米饭的软硬度，胶稠度短的米饭干燥蓬松，冷却后硬而粗糙，食味不佳；胶稠度长的米饭湿润光滑而有弹性，冷却后仍保持柔软。本试验发现胶稠度除了与硬度达到了极显著的负相关外，与外观、黏度、平衡度及食味值都达到了极显著的正相关，这与前人的结论一致（闫影等，2016）。直链淀粉含量对稻米的蒸煮食味品质有着重要的影响（Tian et al.，2009），AAC 含量高（>25%），米饭则较硬，黏性较小，饭粒干燥而蓬松，色暗；AAC 含量低（12%~20%），米饭较软，黏性越大，外观油润光泽、冷后不回生，膨化性好（Bao et al.，2006）。本研究表明，直链淀粉含量除了与硬度呈负相关外，与外观、黏度、平衡度及食味值都成正相关，但是相关性不显著，这与闫影等（2016）的研究结果基本一致。黄发松等（1998）认为直链淀粉和支链淀粉的含量与分子量对稻米食味品质起着至关重要的作用。吴长明等（2003a）认为，淀粉对食味的影响并不能用简单的直链淀粉含量多少来确定，淀粉的结构是影响食味的关键因素。今后应深入研究淀粉精细结构对稻米食味品质的影响。

2. 稻米 K、Mg 含量及 Mg/K 与蒸煮食味品质的相互关系

籽粒内的 K、Mg 含量和 Mg/K 与食味品质关系密切，一般认为食味好的稻米中 Mg 含量高，K 含量低，即 Mg/K 高（松江勇次等，1991；田中义郎，1991）。但是 K、Mg 含量与蒸煮食味品质的相关性不是绝对的。李丁鲁等（2010）研究指出越光稻米的 Mg、K 含量均显著高于长江下游地区食味品质好的水稻品种。孔宇等（2016）研究指出施 K 对蒸煮食味品质的影响较为复杂，食味值随着施 K 量的增加先降后增。赵洪英（2009）用不同品种研究发现 K、Mg 含量和 Mg/K 与食味值呈负相关，其中有品种的相关性达到了显著水平。本研究表明：2014 年 K 含量与蒸煮食味品质有极显著的相关性，但是 2015 年的相关水平不显著，这可能是因为年际间环境温度和土壤养分存在差异，从而影响了水稻对 K 的吸收与积累（张国发等，2008）。Mg 含量及 Mg/K 与硬度达到了极显著的正相关，与外观、黏度、平衡度及食味值都达到了极显著的负相关。深入分析发现，稻米中 K 含量对食味品质的影响不是简单的关系，可能受到很多因素的影响，同时 K、Mg 之间存在较复杂的相互作用，从而产生了不同的试验结果。

（三）稻米理化特性及 K、Mg 含量与营养品质的相互关系

1. 稻米理化特性与营养品质的相互关系

关于蛋白质与 RVA 谱特征值的相关性研究，不同的学者得出的结论也不尽相同。Tan et al.（2002）以粳稻和籼稻作为试验材料，发现总蛋白质含量与崩解值、消减值相关性均不显著。沈鹏等（2003）和刘建等（2005）都以粳稻品种为材料，但是沈鹏认为总蛋白质含量与消减值呈显著正相关，与崩解值相关性不显著，刘建则认为总蛋白含量与崩解值呈极显著的负相关，与消减值的相关性不显著。李先喆等（2016）在不同地区进行试验，发现稻米蛋白质含量与最高黏度、崩解值均呈极显著负相关。本研究表明，蛋白质含量与理化特性的关系比较密切，与热浆黏度、冷胶黏度、峰值时间、起始糊化温度和消减值都达到了极显著的正相关，与崩解值、直链淀粉含量和胶稠度都达到了极显著的负相关。蛋白质和 RVA 谱特征值受遗传因素影响的同时，也受环境因素影响，所以可能因为试验材料、种植环境的不同，导致试验结果的不同。

蛋白组分与理化特性的相互关系研究比较少，本研究发现清蛋白与理化特性各指标的相关性均不显著，球蛋白和谷蛋白与热浆黏度、冷胶黏度、峰值时间、起始糊化温度和消减值都达到了显著和极显著的正相关，与崩解值和胶稠度达到了极显著的负相关，同时谷蛋白与直链淀粉含量达到了极显著的负相关；醇溶蛋白含量与最高黏度、崩解值和胶稠度达到了显著和极显著的负相关，与冷胶黏度、回复值、峰值时间、起始糊化温度和消减值显著和极显著的正相关。综上所述，蛋白质与淀粉间的关系很复杂，而这种复杂的关系可能是蛋白组分中球蛋白、醇溶蛋白和谷蛋白与淀粉关系的综合表现，所以今后应该加强蛋白组分方面的研究，从而更好地探索蛋白质与稻米理化特性和食味品质的关系。

2. 稻米 K、Mg 含量及 Mg/K 与营养品质的相互关系

矿质 Mg 对改善稻米品质有重要作用。水稻施 Mg 可以明显提高稻米蛋白质含量，随着 Mg 含量的增加蛋白质含量呈增加趋势（谢建昌等，1965；李晓鸣，2002）。配施钾肥可以显著提高蛋白质含量，改善营养品质（周瑞庆，1989）。本试验指出 K、Mg 含量及 Mg/K 与营养品质的关系比较密切。除了 Mg/K 与醇溶蛋白含量相关性不显著外，K、Mg 含量及 Mg/K 与蛋白质以及其他组分含量都达到了显著和极显著的正相关。本文在第三节研究指出，蛋白质含量对食味品质有负面影响，本节又发现，Mg 含量与蛋白质含量呈极显著的正相关，所以推测稻米中 Mg 含量的增加，使得蛋白质含量增加，进而降低了稻米的食味品质。

第五节　籼粳稻杂交后代支链淀粉结构的差异

淀粉是稻米的最主要成分，分为直链淀粉和支链淀粉，其中籼米的直链淀粉含量为 25.4%，粳米为 18.4%，而糯米的直链淀粉含量几乎为零（0.98%）（吴殿星等，2009）。相比于直链淀粉，支链淀粉是一个多分支结构的分子，分子量较大。一般来说，籼稻支链淀粉的平均聚合度低于粳稻，而链长、外链长和内链长高于粳稻，而糯稻的平均聚合度要高于籼稻和粳稻（Lu et al.，1997；Takeda et al.，1987）。籼稻长链支链淀粉比率高，而短链（6≤DP≤11）比率较少，中链（12≤DP≤24）比率较多（蔡一霞等，2006；Nakamura，2002a；Umemoto et al.，2002）。直链淀粉含量相似的品种，在米饭质地尤其是口感方面相差较大，这可能是支链淀粉的精细结构（如分支度、链长分布、平均链长等）存在的差异造成的（黄发松等，1998；Ong et al.，1995；Han et al.，2001）。近些年来越来越多的学者开始关注支链淀粉结构的研究，但是前人的研究大多侧重于水稻品种间支链淀粉链长分布的差异及其与 RVA 谱特征值等理化指标的关系，研究结论也不尽相同（蔡一霞等，2006；贺晓鹏等，2010；彭小松等，2014；周慧颖等，2018；Han et al.，2001；Vandeputte et al.，2003a）。支链淀粉长链多且短链少的水稻品种，其米饭质地较硬，反之其米饭质地就越软（Ong et al.，1995；Takeda et al.，1999；Mar et al.，2015；Li et al.，2016）。支链淀粉的精细结构不单单只包括链长分布，同时也包括平均链长、分支化度、A：B 值等参数。目前籼粳稻杂交育种的研究越来越广泛，但是对籼粳稻杂交后代支链淀粉结构差异的相对研究较少。本试验以籼粳稻回交重组自交系为试材，分析支链淀粉结构及其与亚种分化、理化特性和食味品质的关系，以期为籼粳稻杂交优质高产育种提供科学依据。

一、材料与方法

（一）材料与种植

详见本章第二节：材料与种植。

（二）试验方法

支链淀粉结构的测定。用荧光辅助高级毛细管电泳法（FACE）测试稻米的支链淀粉结构。淀粉的分离及去分支处理参照 Hasjim et al.（2010）的方法，并稍加改动。将干重为 4 mg 的淀粉溶解在 0.9 mL 的水中，加入 2.5 μL 的异淀粉酶，0.1 mL 的醋酸盐缓冲液（0.1 mol/L，pH 值 3.5），5 μL 叠氮化钠溶液。将混合液在 37 ℃下温育 3 h。用 0.1 M 的 NaOH 溶液进行中和，然后去分支淀粉的悬浮液在 80 ℃水浴 2 h，接着冷冻干燥一夜。参照 Wu et al.（2014）方法将冷冻干燥后的淀粉用 ATPS 荧光标记，用 FACE（Beckman-Coulter，Brea，CA，USA）系统测定去分支链淀粉的结构。每个样品重复 2 次。

参考 Hanashiro et al.（1996）的分类方法，将支链淀粉链长划分为 4 种类型，即 Fa，$6 \leq DP \leq 12$，Fb_1，$13 \leq DP \leq 24$，Fb_2，$25 \leq DP \leq 36$；Fb_3，$37 \leq DP \leq 100$。

（三）数据分析

利用 SPSS17.0 和 Microsoft Excel 2010 软件分析数据，利用 GraphPad.prism 软件进行作图。

二、结果与分析

（一）亲本支链淀粉结构的差异

图 2-14 为亲本 Sasanishiki 和 Habataki 的链长分布比较和差异，从图 2-14a 可以看出随着聚合度（DP）的增大，两个亲本支链淀粉的链长相对面积随之增加，都在 DP12 处达到了最大值，然后呈现下降的趋势，在 DP42 左右又达到了一个小高峰，之后随着聚合度的增大，两个亲本支链淀粉的链长相对面积随之减小。进一步分析图 2-14b 发现，Sasanishiki DP6～15 明显高于 Habataki，DP16～33 明显低于 Habataki，DP34-45 和 DP46-65 分别略高于和低于 Habataki，DP65 以后两者差异非常小。从图 2-15 看出，Sasanishiki Fa 的平均链长大于 Habataki，但是 Fb_1、Fb_2、Fb_3 以及 DP6～100 整个支链淀粉的平均链长都小于 Habataki，但是差异都特别小。说明两个亲本的支链淀粉平均链长差异较小。

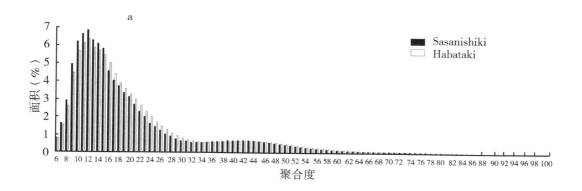

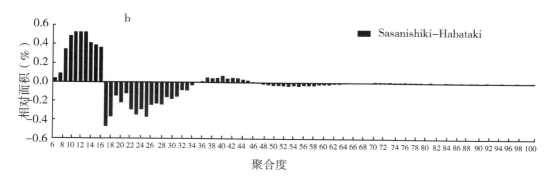

图 2-14　亲本 Sasanishiki 和 Habataki 的链长分布的比较（a）和差异（b）

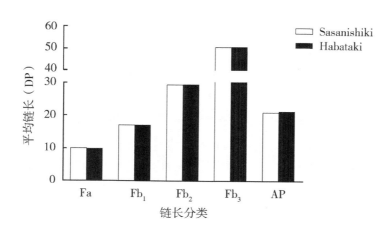

图 2-15　亲本 Sasanishiki 和 Habataki 平均链长的差异

（二）BILs 支链淀粉结构分化

分析图 2-16 发现：Fa 所占比率的范围为 27.43%～30.82%，亲本 Habataki 和

Sasanishiki 分别为 28.26% 和 30.17%，处在 28.5%~29.5% 范围的株系比较多，大部分株系介于双亲之间，少量株系正反双向超亲分布。Fb₁ 所占比率最高，范围为45.85%~48.37%，亲本分别为 46.76% 和 45.85%，处在 47%~48% 范围的株系比较多，大多数株系的比值高于亲本，呈正向超亲分布。由此可见 Fa 和 Fb₁ 链是支链淀粉的主要组成部分。Fb₂ 所占的比率较低，范围为 9.39%~11.09%，亲本分别为10.68% 和 9.79%，株系呈连续分布，大部分株系与双亲接近。Fb₃ 所占比率也较低，范围为 11.46%~14.52%，亲本分别为 14.30% 和 14.19%，大多数株系都低于亲本表现为负向超亲分布。

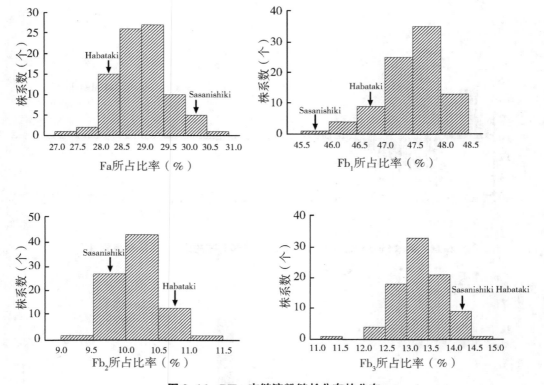

图 2-16　BILs 支链淀粉链长分布的分布

从表 2-11 可以看出，Sasanishiki Fa 的平均链长大于 Habataki，Fb₁、Fb₂、Fb₃ 以及 DP6-100 整个支链淀粉的平均链长都小于 Habataki，但是差异均很小。群体 Fa 平均链长的平均值为 10.03，大部分株系与双亲接近；群体 Fb₁ 平均链长的平均值为 17.28，高于双亲值，大部分株系呈正向超亲分布；Fb₂ 平均链长的平均值为 29.24，介于双亲之间，大部分株系值与双亲接近，少量正向超亲分布；Fb₃ 以及整个支链淀粉的平均链长的平均值分别为 50.54、20.81，均低于双亲值，株系呈连续分布。株系间平均链长差异特别小，可能跟亲本本身差异就小有关。

表 2-11　亲本和 BILs 支链淀粉平均链长的差异

性状	亲本			回交重组自交系	
	Sasanishiki	Habataki	差值	平均值± 标准差	变幅
ACLFa	10.05	10.03	0.02	10.03±0.02	9.95~10.08
ACLFb$_1$	17.13	17.15	-0.02	17.28±0.05	17.10~17.38
ACLFb$_2$	29.16	29.27	-0.11	29.24±0.08	29.16~29.53
ACLFb$_3$	50.74	50.89	-0.15	50.54±0.69	47.94~51.72
ACLAP	20.97	21.33	-0.36	20.81±0.25	19.88~21.39

（三）BILs 籼型基因频率与支链淀粉结构的关系

分析图 2-17 发现，籼型基因频率在 0.028~0.390 范围内，群体的籼型基因频率与 Fa、Fb$_1$ 所占的比率以及平均链长呈负相关，与 Fb$_2$、Fb$_3$ 所占的比率以及平均链长呈正相关，与整个支链淀粉的平均链长也呈正相关，但是所有的相关性均不显著。表明籼型血缘的引入对稻米的支链淀粉结构影响不显著。同时从图中也可以看出，当籼型基因频率相同或相近时，Fa、Fb$_1$、Fb$_2$、Fb$_3$ 所占比率以及平均链长变异范围很大，而当 Fa、Fb$_1$、Fb$_2$、Fb$_3$ 所占比率及平均链长相同或相近时，籼型基因频率变异范围也很大。

（四）BILs 支链淀粉结构与理化特性和蒸煮食味品质的关系

从表 2-12 可以看出，群体支链淀粉的结构与 RVA 谱中特征值关系比较密切，Fa 所占的比率与最高黏度、热浆黏度、崩解值及冷胶黏度达到了极显著的负相关，与消减值达到了极显著的正相关；Fb$_1$ 所占的比率与最高黏度、热浆黏度及冷胶黏度达到了显著的正相关；Fb$_2$ 所占的比率只与回复值达到了显著的正相关；Fb$_3$ 所占的比率与最高黏度、热浆黏度、崩解值及冷胶黏度达到了显著和极显著的正相关。Fa、Fb$_1$ 和整个支链淀粉的平均链长都与最高黏度、热浆黏度、崩解值及冷胶黏度达到了显著和极显著的正相关，与消减值达到了显著和极显著的负相关；Fb$_2$ 的平均链长与特征值的相关性正好与之相反；Fb$_3$ 的平均链长与特征值的相关性均未达到显著水平。群体支链淀粉的链长分布及平均链长与胶稠度关系不密切。直链淀粉含量与 Fa 所占的比率达到了极显著的正相关，与 Fb$_2$ 和 Fb$_3$ 所占的比率、Fb$_1$ 及整个支链淀粉链长的平均值呈显著和极显著的负相关。

支链淀粉结构与蒸煮食味品质各性状的相关分析显示，其中 Fb$_1$ 所占的比率与硬度达到了显著的负相关，与外观、平衡度及食味值都达到了显著的正相关，Fa 的平均链长与外观、黏度、平衡度及食味值达到了显著和极显著的正相关，与硬度达到了极显著的负相关；Fb$_2$ 的平均链长除了与硬度达到了极显著的正相关外，与蒸煮食味品质其他性状达到了极显著的负相关；Fa、Fb$_2$ 和 Fb$_3$ 所占的比率，Fb$_1$、Fb$_3$ 链及整个支链淀粉链的平均链长与蒸煮食味品质的相关性均未达到显著水平。

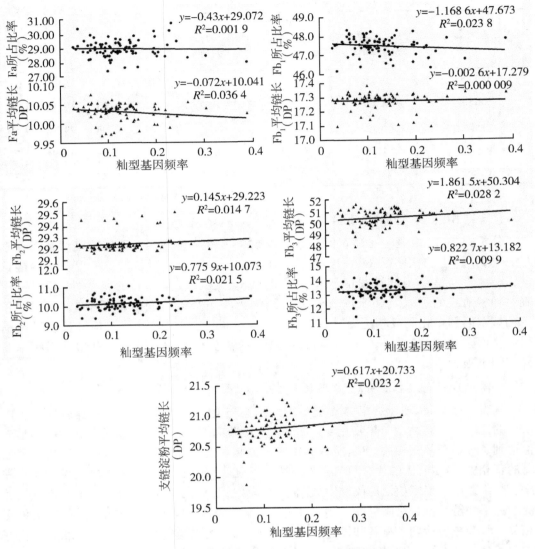

图 2-17 籼型基因频率与支链淀粉结构的关系

表 2-12 支链淀粉结构与理化特性和蒸煮食味品质的关系

性状	∑Fa	∑Fb₁	∑Fb₂	∑Fb₃	ACLFa	ACLFb₁	ACLFb₂	ACLFb₃	ACLAP
最高黏度	−0.540**	0.248*	0.166	0.305**	0.478**	0.376**	−0.381**	0.011	0.361**
热浆黏度	−0.472**	0.263*	0.095	0.257*	0.371**	0.287**	−0.269*	−0.057	0.269*
崩解值	−0.408**	0.129	0.204	0.234*	0.453**	0.349**	−0.396**	0.107	0.337**
冷胶黏度	−0.503**	0.223*	0.166	0.284**	0.393**	0.311**	−0.275**	−0.020	0.321**
回复值	−0.091	−0.099	0.227*	0.054	0.092	0.067	−0.028	0.107	0.139

（续表）

性状	∑Fa	∑Fb₁	∑Fb₂	∑Fb₃	ACLFa	ACLFb₁	ACLFb₂	ACLFb₃	ACLAP
峰值时间	-0.199	0.143	-0.064	0.145	0.094	0.045	-0.002	-0.127	0.070
起始糊化温度	0.026	-0.011	0.144	-0.114	-0.084	-0.035	0.063	0.084	-0.034
消减值	0.330**	-0.165	-0.079	-0.189	-0.372**	-0.288**	0.349**	-0.047	-0.243*
胶稠度	0.058	0.031	-0.077	-0.049	0.009	0.007	-0.074	0.092	-0.017
直链淀粉含量	0.364**	0.026	-0.269*	-0.282**	-0.213	-0.219*	0.108	-0.032	-0.337**
外观	-0.020	0.225*	-0.128	-0.101	0.276**	0.190	-0.319**	-0.042	-0.083
硬度	0.033	-0.250*	0.109	0.120	-0.315**	-0.210	0.343**	0.082	0.103
黏度	-0.007	0.190	-0.169	-0.059	0.232*	0.153	-0.276**	0.006	-0.047
平衡度	-0.014	0.218*	-0.146	-0.090	0.270*	0.179	-0.309**	-0.033	-0.075
食味值	-0.015	0.214*	-0.144	-0.087	0.267*	0.179	-0.308**	-0.029	-0.072

注：* 和 ** 分别表示 0.05 和 0.01 水平上显著相关。

（五）综合分析

1. 籼型基因频率与蒸煮食味品质的偏相关分析

综合第3、第4、第5节的研究，发现外观品质中的长宽比，营养品质中的醇溶蛋白含量，RVA谱特征值中的最高黏度、崩解值、回复值、消减值、起始糊化温度以及胶稠度与籼型基因频率和蒸煮食味品质都达到显著和极显著的相关。同时籼型基因频率与蒸煮食味品质各性状呈极显著的负相关，所以排除长宽比、醇溶蛋白等这些因素的影响，进行籼型基因频率与蒸煮食味品质各性状的偏相关分析（图2-18），结果表明两年的相关性均未达到显著水平，说明籼型血缘的引入对蒸煮食味品质的影响是通过其他因素间接作用的。

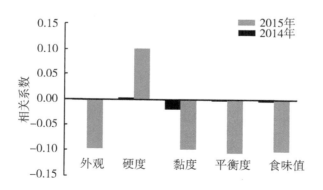

图 2-18　籼型基因频率与蒸煮食味品质的偏相关分析

2. 籼型基因频率与相关品质性状的偏相关分析

进一步进行籼型基因频率与长宽比、醇溶蛋白等一些性状的偏相关分析（表2-

13)，发现 2014 年籼型基因频率与最高黏度呈显著的负相关，崩解值、回复值、起始糊化温度和消减值与最高黏度达到了显著和极显著的相关性。2015 年籼型基因频率与最高黏度呈显著的负相关，与起始糊化温度和消减值呈显著的正相关，最高黏度与崩解值和消减值呈极显著的相关性，消减值与崩解值和回复值也有极显著的相关性。所以综合两年分析认为，籼粳稻杂交后代籼型血缘的引入是通过影响 RVA 谱特征值，从而间接降低了稻米的蒸煮食味品质。

表 2-13　2014 年和 2015 年籼型基因频率与相关品质性状的偏相关分析

指标	籼型基因频率	长宽比	醇溶蛋白	胶稠度	最高黏度	崩解值	回复值	起始糊化温度	消减值
籼型基因频率	1	0.123	—	-0.067	-0.231*	-0.199	0.115	0.241*	0.245*
长宽比	0.204	1	—	-0.040	-0.068	-0.020	-0.100	-0.105	-0.029
醇溶蛋白	0.131	0.239*	1	—	—	—	—	—	—
胶稠度	-0.128	-0.084	-0.021	1	-0.180	-0.031	-0.150	0.059	0.090
最高黏度	-0.240*	-0.088	-0.177	-0.004	1	0.697**	0.006	-0.182	-0.705**
崩解值	-0.168	-0.093	-0.301**	-0.079	0.551**	1	0.246*	-0.162	-0.898**
回复值	0.125	-0.108	0.011	0.024	-0.344**	-0.003	1	0.089	0.281**
起始糊化温度	0.008	-0.135	0.155	-0.045	0.237*	-0.059	-0.050	1	0.206
消减值	0.207	0.030	0.269*	0.081	-0.648**	-0.876**	0.484**	0.028	1

注：* 和 ** 分别表示 0.05 和 0.01 水平上显著相关。

三、讨　论

（一）籼稻和粳稻间支链淀粉结构的差异

支链淀粉是稻米淀粉的主要成分，它由许多短链构成，这些短链在还原端通过 α-1，6-糖苷键连接在一起，这使得支链淀粉成了高度分支、结构较复杂的大分子葡聚糖。一般来说，籼稻含有更多的长链支链淀粉，而短链（$6 \leqslant DP \leqslant 11$）比率较少，中链（$12 \leqslant DP \leqslant 24$）比率较多（Nakamura et al.，2002b；Umemoto et al.，2002）。蔡一霞等（2006）研究表明，支链淀粉的长链比率表现为：籼糯>粳糯；杂交稻>常规稻；陆稻品种>水稻品种。Huang et al.（2014）也证实了籼糯比粳糯含有更多的长链，而短链比率少这一研究结果。水稻支链淀粉的平均链长 19~23，籼稻支链淀粉的链长、外链长和内链长高于粳稻（Hanashiro et al.，1996；Lu et al.，1997）。本研究表明，在支链淀粉链长分布方面，Sasanishiki DP6~15 明显高于 Habataki，DP16~33 明显低于 Habataki，DP34~45 和 DP46~65 分别略高于和低于 Habataki，DP65 以后两者差异非常小。在支链淀粉平均链长方面，两个亲本的平均链长差异特别小，整个支链淀粉的平均链长在 21 左右。

（二）籼粳稻杂交后代亚种分化与支链淀粉结构的关系

淀粉是稻米的最主要成分，分为直链淀粉和支链淀粉。过去研究大多侧重水稻品种间支链淀粉链长分布的差异，试材非籼即粳。本研究试材是 Sasanishiki 和 Habataki 杂交后又与亲本 Sasanishiki 回交 2 次形成的 BILs，籼型基因频率在 0.028~0.390，遗传背景大同小异，既与籼粳稻杂交育种引进籼稻血缘而保持粳稻遗传背景的北方粳稻现状相对应，同时又避免了以育成品种为试材遗传背景多样性使问题复杂化。彭小松等（2014）利用 RILs 作为试验材料，运用程氏指数法进行株系籼粳分类的试验表明，群体中支链淀粉短链（6≤DP≤11）分配比率表现为籼型<偏籼型<偏粳型<粳型，中链（12≤DP≤24）分配比率表现为籼型>偏籼型>偏粳型>粳型，存在极少量短链分配率较高而中链分配率较低的籼型株系。目前关于支链淀粉结构的研究多集中在链长分布上，对平均链长的研究很少，用 BILs 来进行平均链长的研究更是少之又少。本研究表明，群体籼型基因频率在 0.028~0.390 范围内，支链淀粉链长分布以及平均链长与籼型基因频率相关性不显著。Xu et al.（2020）在不同生态区利用 RILs 研究表明，整体上籼型基因频率与支链淀粉的链长分布没有显著的相关性，但是在不同地区籼型基因频率与支链淀粉的链长分布的相关性不一致，表明支链淀粉的链长分布受环境因素影响较大。今后应该深入研究环境因素对支链淀粉精细结构的影响。

（三）籼粳稻杂交后代支链淀粉结构与理化特性和蒸煮食味品质的关系

前人关于水稻支链淀粉结构与理化特性关系的研究很多，主要集中在支链淀粉的链长分布与理化特性的关系上，因使用的材料、方法以及种植地点的不同，得出的结论也不尽相同。蔡一霞等（2006）和 Han et al.（2001）研究认为支链淀粉的链长分布与 RVA 谱中的最高黏度和崩解值有关；赵春芳等（2019）认为链长分布与胶稠度、热浆黏度、最终黏度有关，支链淀粉分支结构主要影响回生特性，较多 A 链和较少 B1 链的分支链比例可以降低回生度；也有学者认为支链淀粉的链长分布与胶稠度和 RVA 谱特征值关系不密切（贺晓鹏等，2010；Vandeputte et al.，2003a）。本研究发现支链淀粉的链长分布和平均链长与 RVA 谱关系密切，但是具体的相关性与前人稍有不同。本试验采用的是国际上通用的 FACE 方法测定稻米支链淀粉的结构，试验材料是回交重组自交系群体，与本试验材料最接近的就是彭小松等利用 RILs 作为试验材料，该研究指出群体中支链淀粉短链分配率、中链分配率与糊化温度分别呈极显著的负相关和正相关，长链分配率与消减值呈极显著负相关，而支链淀粉链长分布与胶稠度和 RVA 谱其他特征值的相关性因种植地点不同而有差异。表明支链淀粉结构与淀粉理化特性的关系比较复杂，受环境因素的影响也较大，再加上籼粳属性分类方法的不同，使本试验支链淀粉结构与理化特性关系的研究结果与文献不完全一致。

表观直链淀粉含量相似的品种之间米饭质地尤其是口感出现明显的差异，研究者认为这种差异是由支链淀粉精细结构（如分支化度、链长分布、平均链长等）的差异所引起的（Ong et al.，1995；Han et al.，2001；Li et al.，2017）。相关研究认为支链淀粉长链多且短链少的水稻品种，其米饭质地较硬，反之其米饭质地就越软（Ong et al.，1995；Takeda et al.，1999；Mar et al.，2015；Li et al.，2016）。金丽晨等（2011）用凝胶层析法分析淀粉中直链淀粉、支链淀粉和中间成分的链长分布对食味品质的影响，指出稻米的食味品质是淀粉各组分链长结构的综合表现，其中支链淀粉的链长结构对于稻米的食味品质起到了决定性作用，其他组分对食味值的影响相对较小。本试验的研究发现，Fb$_1$链所占的比率与蒸煮食味品质达到了显著的相关性，但是相关系数较小，Fa链的平均链长与外观、黏度、平衡度及食味值达到了显著和极显著的正相关，与硬度达到了极显著的负相关；Fb$_2$的平均链长除了与硬度达到了极显著的正相关外，与蒸煮食味品质的其他性状达到了极显著的负相关。相比之下，在本研究中 Fa、Fb$_2$链的平均链长对蒸煮食味品质的影响较大。链淀粉的精细结构还涉及分支度以及内/外链比例等，这些因素对稻米的淀粉的形成及食味品质的影响有待于进一步的研究。

第六节 品质相关性状的 QTL 分析

稻米品质性状是复杂的数量性状，对品质相关 QTL 的鉴定与分析可以帮助人们深入了解水稻品质性状的遗传基础，加快稻米品质遗传改良的进程。得益于水稻全基因组学的快速发展和新型分子标记的开发，目前关于稻米品质性状分子机理研究已取得一定的成就，学者们利用重组自交系、染色体片段置换系等不同类型的遗传群体，已经定位到一些相关的 QTL（姚晓芸等，2016；Zhang et al.，2008；Tian et al.，2009；Xu et al.，2019）。但是稻米品质性状本就较复杂，由多基因控制，还易受环境等因素的影响，使得定位到的 QTL 较多，但是克隆的基因相对较少。因此，需要通过构建不同遗传群体，挖掘更多稻米品质性状相关 QTL，再通过分子聚合育种培育高产优质的品种。本试验以籼粳稻回交重组自交系为试验材料，利用 QTL IciMapping 软件对控制稻米品质性状进行 QTL 分析，以期为优质水稻育种提供理论基础和基因资源。

一、材料与方法

（一）材料与种植

详见本章第二节：材料与种植。

（二）试验方法

分子标记连锁图谱共有 236 个 RFLP 标记，覆盖水稻基因组约 951.3 cM，平均每条染色体覆盖长度 79.28 cM，平均每条染色体上含 19.7 个标记，标记间平均距离为 4.03 cM（Nagata et al.，2002）。采用 QTL ICI Mapping 3.0 的完备区间作图方法进行分析，以 LOD 值 2.0 为阈值，当实际求得的 LOD 值大于阈值时，则该区段存在一个 QTL，同时估算每个 QTL 和贡献率大小和加性效应值，QTL 的命名遵循 McCouch et al.（1997）的命名原则。利用 MapChart 软件进行作图。

二、结果与分析

（一）营养品质和蒸煮食味品质的 QTL 分析

1. 营养品质的 QTL 分析

2014 年在 4 和 12 号染色体上检测到 6 个控制蛋白组分含量的 QTL。LOD 值在 2.02~4.42，单个 QTL 的贡献率在 10.89%~41.75%（表 2-14，图 2-19）。共检测到 3 个控制醇溶蛋白含量的 QTL，分别在 4 号和 12 号染色体上，3 个位点的联合贡献率为 67.27%。其

中 $qPLA12{-}1$ 的贡献率最大，为 41.75%。共检测到 3 个控制谷蛋白含量的 QTL，分别在 4 号和 12 号染色体上，3 个位点的联合贡献率为 38.78%。$qPLA4$ 与 $qGLT4$，$qPLA12{-}2$ 与 $qGLT12{-}2$ 位置分别相邻，$qPLA12{-}1$ 和 $qGLT12{-}1$ 被定位到了同一区间，说明醇溶蛋白和谷蛋白的关系比较密切。醇溶蛋白和谷蛋白含量的增效等位基因都来自 Habataki。

表 2-14　控制营养品质性状的 QTL（2014 年）

性状	位点	染色体	标记区间	标记遗传距离（cM）	LOD 值	贡献率（%）	加性效应值
醇溶蛋白含量	$qPLA4$	4	R288-C891	15.8	2.09	14.63	-0.04
	$qPLA12{-}1$	12	R1957-C1336	13.2	4.42	41.75	-0.05
	$qPLA12{-}2$	12	C1069-G1406	9.0	2.41	10.89	-0.02
谷蛋白含量	$qGLT4$	4	S2713-R288	2.9	2.02	11.04	-0.37
	$qGLT12{-}1$	12	R1957-C1336	13.2	2.40	15.07	-0.35
	$qGLT12{-}2$	12	R1709-C1069	6.5	2.25	12.57	-0.28

2. 蒸煮食味品质的 QTL 分析

共检测到 27 个控制稻米蒸煮食味品质性状的 QTL（表 2-15，图 2-19）。控制外观和硬度的 QTL 分别有 4 个，位置都相同，分别位于 3 号、5 号、11 号和 12 号染色体上，外观 LOD 值在 2.21~3.32，单个 QTL 的贡献率为 10.44%~17.98%。硬度的 LOD 值在 2.08~3.23，单个 QTL 的贡献率在 9.73%~14.61%。控制黏度和平衡度的 QTL 相同，有 6 个，都分别位于 3 号、4 号、5 号、6 号和 12 号染色体上，3 号染色体的不同位置检测到了两个 QTL。黏度 LOD 值在 2.07~2.89，单个 QTL 的贡献率在 8.27%~22.99%，平衡度的 LOD 值在 2.02~3.14，单个 QTL 的贡献率在 7.98%~28.16%。共检测到 7 个 QTL 控制食味值，分别位于 3、4、5、6、11 和 12 号染色体上，3 号染色体的不同位置都检测到了两个 QTL。食味值 LOD 值在 2.03~3.12，单个 QTL 的贡献率在 9.67%~27.51%。除了硬度的增效等位基因来自 Habataki 外，其他性状都来自 Sasanishiki。12 号染色体上的 S1436-R1709 区间连续两年都检测到控制外观、硬度、黏度、平衡度及食味值的 QTL，同时在 3 和 5 号染色体上都检测到了同时控制 5 个性状的 QTL。

表 2-15　控制蒸煮食味品质性状的 QTL

性状	位点	染色体	标记区间	标记遗传距离（cM）	年份	LOD 值	贡献率（%）	加性效应值
外观	$qCAP3$	3	C1452-R2170	1.2	2015 年	3.32	14.80	0.74
	$qCAP5$	5	C1447-C1230	1.8	2014 年	2.78	13.20	0.86
	$qCAP11$	11	G320A-C535	3.5	2014 年	2.21	10.44	0.73
	$qCAP12$	12	S1436-R1709	17.1	2014 年	2.53	11.49	0.63
					2015 年	2.96	17.98	0.66

（续表）

性状	位点	染色体	标记区间	标记遗传距离（cM）	年份	LOD 值	贡献率（%）	加性效应值
硬度	qCHD3	3	C1452-R2170	1.2	2015 年	3.23	14.38	-0.33
	qCHD5	5	C1447-C1230	1.8	2014 年	2.81	13.20	-0.39
	qCHD11	11	G320A-C535	3.5	2014 年	2.08	9.73	-0.32
	qCHD12	12	S1436-R1709	17.1	2014 年	2.62	11.93	-0.29
					2015 年	3.17	14.61	-0.27
黏度	qCSK3	3	C721-R2778	27.1	2014 年	2.58	22.99	1.18
	qCSK3	3	C1452-R2170	1.2	2015 年	2.89	13.02	0.71
	qCSK4	4	C1100-R514	8.3	2015 年	2.19	10.53	0.59
	qCSK5	5	C1447-C1230	1.8	2014 年	2.69	12.86	0.91
	qCSK6	6	C1003B-R2869	1.8	2015 年	2.07	8.27	0.45
	qCSK12	12	S1436-R1709	17.1	2014 年	2.26	10.18	0.64
					2015 年	2.85	13.66	0.58
平衡度	qCED3	3	C721-R2778	27.1	2014 年	2.05	26.33	1.08
	qCED3	3	C1452-R2170	1.2	2015 年	3.14	14.12	0.74
	qCED4	4	C1100-R514	8.3	2015 年	2.11	9.76	0.57
	qCED5	5	C1447-C1230	1.8	2014 年	2.76	13.11	0.90
	qCED6	6	C1003B-R2869	1.8	2015 年	2.02	7.98	0.44
	qCED12	12	S1436-R1709	17.1	2014 年	2.40	10.84	0.64
					2015 年	3.02	28.16	0.87
食味值	qCTV3	3	C721-R2778	27.1	2014 年	2.03	25.97	6.76
	qCTV3	3	C1452-R2170	1.2	2015 年	3.12	13.98	4.63
	qCTV4	4	C1100-R514	8.3	2015 年	2.09	9.67	3.56
	qCTV5	5	C1447-C1230	1.8	2014 年	2.77	13.15	5.63
	qCTV6	6	C1003B-R2869	1.8	2015 年	2.02	7.80	2.76
	qCTV11	11	G320A-C535	3.5	2014 年	2.04	9.78	4.66
	qCTV12	12	S1436-R1709	17.1	2014 年	2.48	11.18	4.10
					2015 年	3.05	27.51	5.40

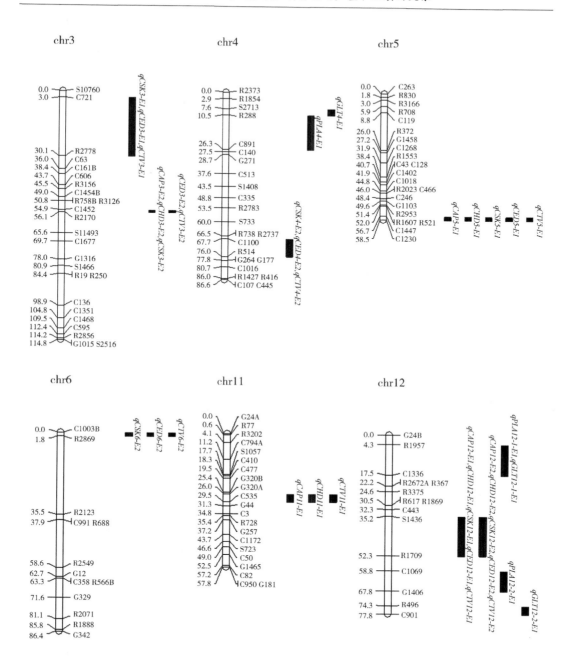

图 2-19 控制营养品质和蒸煮食味品质的 QTL 在染色体上的分布

（E_1 表示 2014 年；E_2 表示 2015 年。下同）

（二）K，Mg 含量和理化特性的 QTL 分析

1. K，Mg 含量的 QTL 分析

两年间共检测到 5 个 QTL 控制 K 含量，分别位于 1 号、3 号和 6 号染色体上（表

2-16，图 2-20）。2014 年检测到一个位点，2015 年检测到 4 个。1 号染色体上检测到 3 个位点，其中 qK1-1 和 qK1-2 位点临近。K 含量 LOD 值在 2.06~3.67，单个 QTL 的贡献率在 11.76%~20.3%，增效等位基因都来自 Habataki。2014 年和 2015 年在 2 号染色体上临近的位置检测到两个控制 Mg 含量的 QTL，增效等位基因都来自 Habataki。2014 年在 8 号染色体上检测到一个控制 Mg/K 的 QTL，LOD 值为 2.10，贡献率 12.25%，增效等位基因来自 Sasanishiki。

表 2-16　控制 K、Mg 含量以及 Mg/K 的 QTL

性状	位点	染色体	标记区间	标记遗传距离（cM）	年份	LOD 值	贡献率（%）	加性效应值
	qK1	1	G393-C813	4.7	2014 年	2.31	12.89	-0.06
	qK1-1	1	R1944-R3192	1.8	2015 年	2.53	11.83	-0.05
K 含量	qK1-2	1	R3192-S14085	7.1	2015 年	3.67	20.30	-0.07
	qK3	3	C606-R3156	1.8	2015 年	2.29	11.76	-0.04
	qK6	6	R566B-G329	8.3	2015 年	2.06	13.43	-0.05
Mg 含量	qMg2	2	G1340-R1843	7.7	2014 年	2.17	10.96	-0.02
	qMg2	2	G227-R712	7.1	2015 年	2.18	11.87	-0.02
Mg/K	qMKR8	8	R202-S14074	5.3	2014 年	2.10	12.25	0.03

2. 理化特性的 QTL 分析

两年间共检测到 32 个控制稻米理化特性的 QTL（表 2-17，图 2-20）。其中 RVA 谱特征值中有 6 个位点在两年间都被检测到。控制最高黏度的位点有 4 个，分别位于 1 号和 7 号染色体上。qPKV7-1 和 qPKV7-2 两年间都被检测到，为主效基因。控制热浆黏度的位点有 4 个，分别位于 1 号和 7 号染色体上，7 号染色体上两年间检测到 3 个不同的位点，qHPV7-2 位点的贡献率为 24.2%。控制崩解值的 qBDV10，两年间都被检测到，贡献率分别为 13.09% 和 17.17%。2015 年在 7 号染色体检测到 2 个控制冷胶黏度的位点，分别与 qHPV7-1 和 qHPV7-2 所在区间一致。2014 年和 2015 年分别在 7 号和 3 号染色体检测到一个控制回复值的位点，贡献率分别为 17.10% 和 19.94%。控制峰值时间的位点为 qPeT7，两年间都被检测到，并且与 qHPV7-2 和 qCPV7-2 的区间相同。两年间共检测到 6 个控制起始糊化温度 QTL，分别位于 3、4、5、7 和 12 号染色体上，LOD 值在 2.15~11.38，单个 QTL 的贡献率在 11.61%~61.50%，其中 qPaT12 的 LOD 值为 11.38，贡献率为 61.5%。两年间共检测到 4 个控制消减值的 QTL，分别位于 5 号、7 号、10 号染色体上，qSBV5 和 qSBV10 位点两年间都被检测到，7 号染色体的位点与 qCSV7、qPaT7 定位到同一区间。最高黏度、热浆黏度、崩解值、冷胶黏度以及峰值时间的增效等位基因都来自 Sasanishiki，回复值、起始糊化温度和消减值的增效等位基因都来自 Habataki。

　　两年检测到 5 个控制直链淀粉含量的位点，分别位于 1 号、2 号、3 号、7 号、10 号染色体上。2 号染色体的位点 qAAC2 与 qMg2 定位到同一区间，3 号染色体的位点 qAAC3 与 qPaT3 定位到同一区间，7 号染色体的 qAAC7 与 qHPV7 定位到同一区间，同时 10 号染色体的 qAAC10 与 qBDV10 和 qSBV10 定位到同一个区间。1 号、7 号和 10 号染色体的增效等位基因来自 Habataki，2 号和 3 号染色体的增效等位基因来自 Sasanishiki。检测到 4 个控制胶稠度的 QTL，分别位于 3 号、5 号、8 号、9 号染色体上。LOD 值在 2.15~4.65，单个 QTL 的贡献率在 11.72%~24.21%。3 号染色体的位点与 qAAC3、qPaT3 定位到同一区间。3 号和 8 号染色体的增效等位基因来自 Habataki，5 号和 9 号染色体的增效等位基因来自 Sasanishiki。

表 2-17　控制理化特性的 QTL

性状	位点	染色体	标记区间	标记遗传距离（cM）	年份	LOD 值	贡献率（%）	加性效应值
最高黏度	qPKV1	1	C1370-G393	4.7	2014 年	3.96	17.12	140.92
	qPKV1	1	R1928-R3072	8.9	2015 年	4.17	13.92	153.56
	qPKV7-1	7	C145-R646	2.9	2014 年	3.23	12.01	105.59
	qPKV7-1	7	C145-R646	2.9	2015 年	5.43	17.87	154.76
	qPKV7-2	7	C847-R1789	7.1	2014 年	3.91	15.77	133.22
	qPKV7-2	7	C847-R1789	7.1	2015 年	6.13	20.23	184.43
热浆黏度	qHPV1	1	R2159-R1928	1.9	2015 年	2.20	7.17	84.35
	qHPV7-1	7	C383-G1068	0.6	2015 年	3.16	10.86	88.71
	qHPV7	7	R2394-R2677	4.7	2014 年	3.36	16.42	113.13
	qHPV7-2	7	R1245-C847	1.8	2015 年	6.70	24.20	153.99
崩解值	qBDV10	10	R2174-C148	5.3	2014 年	2.41	13.09	84.45
	qBDV10	10	R2174-C148	5.3	2015 年	3.28	17.17	76.69
冷胶黏度	qCPV7-1	7	C383-G1068	0.6	2015 年	2.93	12.25	94.43
	qCPV7-2	7	R1245-C847	1.8	2015 年	3.57	14.97	121.67
回复值	qCSV3	3	C721-R2778	27.1	2015 年	3.20	17.10	-43.04
	qCSV7	7	R1440-R2394	19.9	2014 年	2.71	19.94	-53.60
峰值时间	qPeT7	7	R1245-C847	1.8	2014 年	2.31	12.30	0.07
	qPeT7	7	R1245-C847	1.8	2015 年	3.86	18.89	0.08

（续表）

性状	位点	染色体	标记区间	标记遗传距离（cM）	年份	LOD 值	贡献率（%）	加性效应值
起始糊化温度	qPaT3	3	R250-C136	14.5	2015 年	2.77	30.56	-3.95
	qPaT3	3	C1468-C595	2.9	2014 年	2.49	12.01	-0.87
	qPaT4	4	C1100-R514	9.3	2014 年	4.10	21.14	-1.11
	qPaT5	5	G1103-R2953	11.8	2015 年	2.90	11.61	-1.62
	qPaT7	7	R1440-R2394	19.9	2015 年	2.15	28.62	-3.10
	qPaT12	12	R1957-C1336	13.2	2015 年	11.38	61.50	-4.65
消减值	qSBV5	5	C1447-C1230	1.8	2014 年	2.37	12.12	-110.30
	qSBV5	5	C1447-C1230	1.8	2015 年	2.18	9.28	-69.15
	qSBV7	7	R1440-R2394	19.9	2015 年	2.10	15.38	-76.63
	qSBV10	10	R2174-C148	5.3	2014 年	2.53	13.52	-103.30
	qSBV10	10	R2174-C148	5.3	2015 年	3.76	19.65	-88.67
直链淀粉含量	qAAC1	1	R1485-R886	4.1	2014 年	2.13	8.83	-0.45
	qAAC2	2	G1340-R1843	7.1	2014 年	2.24	13.79	0.63
	qAAC3	3	R250-C136	14.5	2014 年	3.38	19.26	1.05
	qAAC7	7	R2394-R2677	4.7	2015 年	2.84	12.57	-0.63
	qAAC10	10	R2174-C148	5.3	2014 年	2.03	9.42	-0.49
胶稠度	qGC3	3	R250-C136	14.5	2015 年	2.15	15.74	-0.35
	qGC5	5	C466-C246	2.4	2014 年	2.33	12.28	0.51
	qGC8	8	R1394A-G1073	6.5	2015 年	2.64	11.72	-0.28
	qGC9	9	R1164-R1751	24.8	2015 年	4.65	24.21	0.39

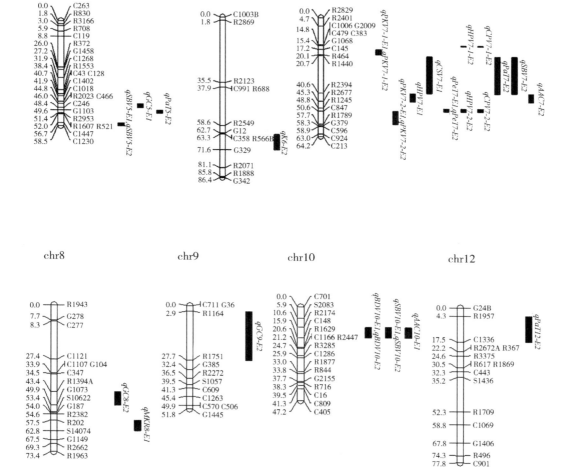

图 2-20　控制 K，Mg 含量和理化特性的 QTL 在染色体上的位置

（三）支链淀粉结构的 QTL 分析

共检测到 15 个控制支链淀粉结构的 QTL，其中控制链长分布的 QTL 有 9 个（表 2-18，图 2-21）。控制 ΣFa 位点有 3 个，分别位于 1 号、7 号和 8 号染色体上，LOD 值在 2.10~2.59，单个 QTL 的贡献率在 12.9%~14.29%。1 号染色体的位点与 $qPKV1$ 的位点定位到同一区间。控制 ΣFb_1 位点有 3 个，分别位于 1 号、2 号和 7 号染色体上，LOD 值在 2.08~3.15，单个 QTL 的贡献率在 8.75%~23.5%。在 8 号染色体上检测到 2 个控制 ΣFb_2 的位点，位置很相近，中间隔着 $qPFa1$。只在 2 号染色体上检测到一个控制 ΣFb_3 的位点，LOD 值为 2.52，QTL 的贡献率为 15.23%。

控制支链淀粉平均链长的位点有 6 个（表 2-18，图 2-21）。7 号染色体上检测到一个控制 ACLFa 的位点，与 $qPFb$Ⅰ7 在同一区间，LOD 值为 2.17，贡献率为 12.39%。检测到控制 $ACLFb_1$ 的 QTL 有 3 个，分别位于 2 号、3 号、8 号染色体上。2 号染色体上的位点 $qCLFb$Ⅰ2 与 $qPFb$Ⅰ2 在同一区间，3 号染色体上的 $qCLFb$Ⅰ3 与 $qCSV3$ 在同一区间，8 号染色体上的 $qCLFb$Ⅰ8 与 $qPFb$Ⅱ8-2 在同一区间。同时发现 $qCLFb$Ⅰ2、$qCLFb$Ⅰ3 的 LOD 值为 9.99 和 8.89，贡献率分别达到 76.15%，79.32%。3 号染色体上检测到一个控制 $ACLFb_3$ 的 QTL，LOD 值为 2.16，贡献率为 11.53%。检测到一个控制整个支链淀粉平均链长的 QTL，位于 2 号染色体上，LOD 值为 2.0，贡献率为 15.42%。$\sum Fa$ 和 $\sum Fb_3$ 的增效等位基因来自 Habataki，$\sum Fb_2$，Fa、Fb_1、Fb_3 以及整个支链淀粉的平均链长的增效等位基因来自 Sasanishiki。$\sum Fb_1$ 的增效等位基因有来自 Habataki 的，也有来自 Sasanishiki 的。

表 2-18　控制支链淀粉结构的 QTL

性状	位点	染色体	标记区间	标记遗传距离（cM）	年份	LOD 值	贡献率（%）	加性效应值
	$qPFa1$	1	C1370-G393	5.9	2015 年	2.59	14.29	-0.34
$\sum Fa$	$qPFa7$	7	R2401-C1006	10.1	2015 年	2.10	13.86	-0.32
	$qPFa8$	8	S14074-G1149	4.7	2015 年	2.32	12.90	-0.35
	$qPFb$Ⅰ1	1	R3203-C742	1.2	2015 年	2.08	8.75	-0.27
$\sum Fb_1$	$qPFb$Ⅰ2	2	R418-C1221	19.8	2015 年	2.93	23.50	0.37
	$qPFb$Ⅰ7	7	C924-C213	1.2	2015 年	3.15	15.74	0.36
$\sum Fb_2$	$qPFb$Ⅱ8-1	8	R202-S14074	5.3	2015 年	2.02	10.82	0.19
	$qPFb$Ⅱ8-2	8	G1149-R2662	1.8	2015 年	2.55	12.94	0.20
$\sum Fb_3$	$qPFb$Ⅲ2	2	R1843-S2063	11.4	2015 年	2.52	15.23	-0.32
ACLFa	$qCLFa7$	7	C924-C213	1.2	2015 年	2.17	12.39	0.01
	$qCLFb$Ⅰ2	2	R418-C1221	19.8	2015 年	9.99	76.15	0.07
$ACLFb_1$	$qCLFb$Ⅰ3	3	C721-R2778	27.1	2015 年	8.89	79.32	0.08
	$qCLFb$Ⅰ8	8	G1149-R2662	1.8	2015 年	2.19	11.63	0.03
$ACLFb_3$	$qCLFb$Ⅲ3	3	S1466-R19	3.5	2015 年	2.16	11.53	0.45
ACLAP	$qCLAP2$	2	R1843-S2068	11.4	2015 年	2.60	15.42	-0.16

三、讨　论

（一）营养品质和蒸煮食味品质的 QTL 分析

稻米蛋白质含量是一种典型的数量性状，不同品种间蛋白质含量差异较大，具有较为丰富的遗传变异，而且容易受环境因素的影响（Chen et al.，2012）。国内外研究者利用不同的遗传作图群体定位了多个调控稻米蛋白质含量的 QTL，这些 QTL 遍布于水

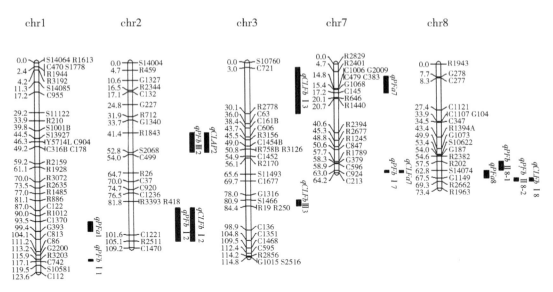

图 2-21　控制支链淀粉结构的 QTL 在染色体的分布

稻的 12 条染色体（彭波等，2017；Yu et al.，2009）。由于蛋白质含量的遗传比较复杂，而且众多环境因素能够对蛋白质含量产生较大影响，目前仅有 2 个调控蛋白质含量的基因被克隆，即 *OsAAP*6 和 *OsGluA*2（Peng et al.，2014；Yang et al.，2019）。本试验没有定位到控制蛋白质含量的 QTL，这可是与试验材料的遗传背景有关。目前关于蛋白组分含量的 QTL 研究较少。本试验检测到 3 个控制醇溶蛋白的 QTL，3 个控制谷蛋白的 QTL，分布在 4 号和 12 号染色体上，研究发现控制醇溶蛋白和谷蛋白含量的位点不是临近就是相同，相关分析又表明醇溶蛋白与谷蛋白含量呈极显著的正相关，说明醇溶蛋白和谷蛋白的关系比较密切，可能有相同的遗传机制，这与前人的研究结果一致（Nakase et al.，1996；Zhang et al.，2008）。同时 *qPLA*12-1 贡献率达到 41.75%，说明 12 号染色体与醇溶蛋白和谷蛋白关系密切，后续应该进一步对其精细定位分析。

较多学者对蒸煮食味品质性状进行相关性分析和 QTL 定位分析，发现大量相关调控基因或主效 QTL，且各性状间存在互作效应（邵高能等，2009；晁园等，2012）。吴长明等（2003b）以 RILs 为实验材料，将控制黏度的 QTL 定位到了 2 号和 4 号染色体上，食味值定位到了 2 号、4 号、11 号染色体上，硬度定位到 2 和 11 号染色体。Takeuchi（2011）在 3 号染色体短臂末端定位到了控制光泽、味道、硬度、黏度和综合的 QTL，在 6 号染色上检测到了控制黏度的 QTL。姚晓芸等（2016）在 6 号染色体上检测到了控制食味值的 QTL。本试验在 3 号染色体 C721-R2778 处，6 号染色体 C1003B-R2869 处检测到了控制黏度、平衡度和食味值的 QTL，可能是与 6 号染色体该区域存在的 *Wx* 和 *SS* Ⅱ *a* 基因有关。许多研究者也在的 *Wx* 基因附件区检测到与蒸煮食味品质相关的 QTL 位点（邵高能等，2009；Wan et al.，2004）。本研究发现与蒸煮食味品质相关的"多效性"QTL 位点，位于第 3 号、4 号、5 号、6 号、11 号和 12 号染色体上，每个位点至少控制蒸煮食味品质中的 3 个性状，证明了水稻中 QTL 的多效性。在 12 号染色体的 S1436-R1709 区间，两年都检测到了控制外观、硬度、黏度、平衡度以及食味值的 QTL，从而表明 12 号染色体可能存在控制蒸煮食味品质的基因，后续进一步进行定位分析。

（二）K、Mg 含量和理化特性的 QTL 分析

K、Mg 含量对稻米品质有重要的影响。前人关于 K，Mg 含量的分子标记也做了一些相关研究。刘杰等（2010）利用 RILs 在 3 号染色体上检测到控制 Mg 含量的 QTL，在 1 号和 6 号染色体上检测到控制 K 含量的 QTL。本试验两年间共检测到 5 个 QTL 控制 K 的含量，分别位于 1、3 和 6 号染色体上。其中 $qK1-1$ 和 $qK1-2$ 位点相邻，与刘杰等（2010）在 1 号染色体上检测到的 QTL 位置接近。2 号染色体上临近的位置检测到两个控制 Mg 含量的 QTL，在 8 号染色体上检测到一个控制 Mg/K 的 QTL。试验发现两年间没有检测到相同的 QTL 位点，可能环境对 K，Mg 含量的影响较大，使得不同年份的检测结果有差异，应该多点多年进一步验证，从而了解矿质元素的分子机理。

前人对稻米理化特性尤其是 RVA 谱特征值的 QTL 研究较多。本研究两年间共检测到 32 个控制稻米理化特性的 QTL。控制 RVA 谱特征值的 QTL 分别位于 1 号、3 号、4 号、5 号、7 号、10 号和 12 号染色体上。$qPaT12$ 与杨亚春等（2012）定位在相同区间，$qCSV3$ 和 $qCSV7$ 与杨亚春等定位在相近位点，$qPKV1$ 与姚晓芸等定位在相同区间。$qPKV7-1$，$qPKV7-2$，$qBDV10$，$qPeT7$，$qSBV5$，$qSBV10$ 六个位点两年间都被检测到，说明这些位点有较好的稳定性。王小雷等（2020）以染色体片段代换系为试材，共检测到 4 个控制胶稠度的 QTL，分布于第 5、6 和 9 染色体上，本试验在 3 号、5 号、8 号、9 号染色体上检测到 4 个控制胶稠度的 QTL，这可能与对胶稠度有微效作用的 $ISA1$ 基因位于 8 号染色体上有关（Tian et al.，2009）。

稻米的直链淀粉含量主要受 Wx 基因控制，传统的籼稻品种大多是 Wx^a 基因型，粳稻品种则大多为 Wx^b 基因型，糯稻中只有 wx 基因（Sano，1984；Mikami et al.，1999；Nakamura et al.，2018），含不同 Wx 基因型稻米的直链淀粉含量含量高低排序为 Wx^a > Wx^b > wx（陈专专等，2020）。前人的研究表明，控制直链淀粉的主效基因 Wx 和控制胶稠度的主效基因 gel 都位于 6 号染色体上（Wang et al.，1995；Tian et al.，2009），但是本试验检测到 5 个控制直链淀粉含量的 QTL，位于 1 号、2 号、3 号、7 号、10 号染色体上。分析原因可能是两个亲本都含有的是 Wx^b 等位基因，使得后代中直链淀粉含量和胶稠度的差异不大。本试验在 7 号染色体检测到了除崩解值和胶稠度外控制其他理化特性的位点，并且有些位点同时控制多个性状，这与张昌泉等（2013）研究相似，从而说明 7 号染色体可能存在控制稻米理化特性的基因。

稻米理化特性主要反映的是淀粉的特性，而 Yan et al.（2011）研究指出 17 个淀粉合成相关基因中，有 10 个参与了调控 RVA 谱特征值，所以今后应该深入研究淀粉合成相关基因对 RVA 谱特征值的影响。数量性状受环境因素的影响较大，甚至相同的群体在不同的年份 QTL 检测结果也有差异（于永红等，2006），同时由于材料遗传背景存在的差异可能导致了本试验的一些 QTL 与他人的试验结果不同。

（三）支链淀粉结构的 QTL 分析

大量的研究表明支链淀粉的结构对稻米的食味品质有重要的影响。Umemoto et al. （2002）将控制籼粳稻支链淀粉结构［（DP≤11）／（12≤DP≤24）］差异的基因 acl、胶稠度基因 gel、糊化温度基因 alk 定位在第 6 染色体的同一位点上，并与 SSⅡa 基因位置相同，因而表明 SSⅡa 位点等位基因的差异是籼粳亚种间支链淀粉结构即短链（DP≤11）与中等长度链（12≤DP≤24）比例不同的主要原因。随后 Nakamura et al. （2005）通过体外表达和转基因试验验证了 Umemoto 的结论。Tanaka et al. （1995）成功地从水稻中分离了 SSⅠ基因，该基因位于第 6 染色体上，与 Wx 基因距离仅 5 cM，研究表明 SSⅠ基因主要负责支链淀粉结构中短链（DP≤12）的合成，等位基因间的变异导致籼粳稻之间支链淀粉结构产生差异（Yoko et al.，2006）。被定位到 8 号染色体上的 SSⅢ-a 基因主要负责支链淀粉长 B 链的合成，同时也参与了短 A 链和短 B 链的合成（Hirose et al.，2004）。被定位到 2 号染色体的 BEⅡb 与支链淀粉短链的合成有关（Nishi et al.，2001）。ISA1 参与了支链淀粉簇状结构的维持，主要的功能是修饰支链淀粉中由 BEs 形成的多余的分支链（Nakamura et al.，2005），编码 ISA1 的基因被定位在水稻 8 号染色体（Fujita et al.，1999）。

Xu 等（2019）利用 RILs 群体，在 3 种不同的环境共定位了 6 个控制支链淀粉链长的 QTL 位点，分别位于 1 号、3 号、9 号和 12 号染色体上，研究推测 dep1 基因通过调节支链淀粉的链长分布来降低稻米的蒸煮食味品质。本研究共检测到 15 个控制支链淀粉结构的 QTL，其中控制支链淀粉链长分布的位点有 9 个，分别位于 1 号、2 号、7 号和 8 号染色体上。控制支链淀粉平均链长的位点有 6 个，分别位于 2 号、3 号、7 号和 8 号染色体上。研究发现，在同一区间或临近位置检测到了控制不同性状的位点，qPFbⅡ8-1、qPFbⅡ8-2 中间隔着 qPFa8；qPFbⅢ2 与 qCLAP2，qCLFbⅠ2 与 qPFbⅠ2，qCLFbⅠ3 与 qCSV3，qPFbⅠ7 与 qCLFa7，qCLFbⅠ8 与 qPFbⅡ8-2 在同一区间。1 号染色体上的位点 qPFa1 与 SSIV-1 基因所在的位置重叠，2 号染色体 qPFbⅠ2、qCLFbⅠ2 与 SSⅡ-2 基因所在的位置重叠，同时发现 qCLFbⅠ3 的 LOD 值和贡献率分别为 8.89 和 79.32%，推测此处可能存在控制支链淀粉结构的基因。

从以上的分析中可以看出，本试验在一个区间检测到多个控制不同品质性状的基因簇，这是基因的一因多效或者是由紧密连锁的综合效应引起的，还需要进一步通过构建它们的近等基因系进行精细定位和克隆，才能够真正地了解。前人对与蛋白组分含量、K、Mg 含量以及支链淀粉结构的 QTL 研究很少，本试验也只是一个初定位，今后应进行多年多点试验，利用染色体片断置换系对其进行验证和环境稳定性分析，从而为分子标记辅助选择育种奠定基础。

第三章　北方粳稻穗重指数及理想穗型模式研究

第一节　北方粳稻穗重指数及其与产量品质关系的研究

角田重三郎（1990）通过对水稻、大豆和甘薯的研究首次提出株型的概念。Donald（1968）首次提出作物理想株型的概念。松岛（1973）详细提出水稻理想株型的特征。水稻株型包含基本型和生态型两个部分，基本型是理想株型水稻的共有性状，生态型是因生态环境条件和栽培因素的影响而与之相适应的株型性状（陈温福等，1995）。IRRI超级稻新株型模式（Peng et al.，1994）、袁隆平（1997）超级杂交稻株型模式及沈阳农业大学直立穗株型模式（Chen et al.，2001）中根、茎、叶部性状基本相同，只是超级杂交稻株型模式叶片更长。因此，可以推断水稻超高产株型模式的基本型相似。对应于不同的生态条件，3种成功的株型模式中对穗部的形态、数量、空间位置和姿态的要求差异很大。因此，可以推断水稻超高产株型模式生态型的差异主要在于穗。

研究者出于不同研究目的，对水稻穗型有各种分类方法，如据单穗重分为重穗型、中穗型和轻穗型（马均等，2002），据颈穗弯曲度分为直立穗型、半直立穗型及弯曲穗型（徐正进等，2007），据着粒密度划分为紧穗型、半紧穗型、半散穗型及散穗型（Yamamoto et al.，1996），据穗型指数划分为上部优势型、中部优势型、下部优势型（徐正进等，2007），并且提出了相应的分类标准。这些穗型分类方法注重穗部形态特征、空间分布及其相互关系，但缺乏一个能够与穗型、茎蘖相联系的综合指标。日本水稻研究中常用穗数型和穗重型进行株型分类，借以反映分蘖多寡、植株高矮、穗子大小，其与高产栽培技术有密切关系，但是没有明确分类指标的综合概念。

杨守仁提出将水稻产量构成因素简化穗数与穗大（穗粒数和千粒重）的乘积，但是两者又存在矛盾，只有协调好两者的关系才能达到理想的增产效果（杨守仁等，1996），并主张以分蘖力来协调穗数与穗大的矛盾。据此本文提出用穗重指数反映穗数与穗大的关系，定义穗重指数（Panicle weight index，PWI）为单穗重量与每穴穗数之比，据此进行品种分类，并且研究了穗重指数与产量、品质、穗部性状、维管束性状及叶部性状的关系，以期为水稻超高产育种和栽培提供理论依据。

一、材料与方法

2006年、2007年、2008年和2011年于辽宁、吉林、黑龙江省进行试验。2006年和2007年试验材料采用辽宁沈阳、吉林公主岭和黑龙江五常水稻区域试验品种（系）；

2008 年采用辽宁沈阳、吉林公主岭、黑龙江五常和黑龙江佳木斯大面积推广品种；2011 年在黑龙江省八五六农场进行试验，以黑龙江三级温带主栽品种为试验材料，基本情况见表 3-1。

表 3-1　试验基本情况

试验地点	年份	品种数	小区面积（m²）	播种日期（月-日）	播量（kg/m²）	移栽日期（月-日）	行株距（cm×cm）
辽宁沈阳	2006	13	12.6	4-12	0.20	5-20	30×13.3
	2007	14	11.5	4-13	0.25	5-25	30×16.7
	2008	18	10.0	4-13	0.25	5-22	30×13.3
吉林公主岭	2006	12	14.7	4-11	0.20	5-21	30×20.0
	2007	16	15.0	4-10	0.25	5-23	30×20.0
	2008	17	10.0	4-13	0.25	5-24	30×13.3
黑龙江五常	2006	10	18.0	4-15	0.30	5-17	30×13.3
	2007	16	18.0	4-13	0.25	5-15	30×16.7
	2008	10	10.0	4-13	0.25	5-20	30×13.3
黑龙江佳木斯	2008	21	22.0	4-13	0.25	5-16	30×13.3
黑龙江八五六农场	2011	34	21.0	4-12	0.25	5-19	30×12.0

试验按随机区组设计，3 次重复。齐穗期每小区取 3 点，每点中等茎 5 个，采用徒手切片法于解剖镜下观察穗颈和倒 2 节间的大、小维管束数。齐穗后第 20d 在每个小区取 3 点，每点 5 个中等茎，测定颈穗弯曲度（剑叶叶枕到穗尖的连线与茎秆的夹角）（徐正进等，1990），上部三叶基角（叶片基部挺直部分与茎秆的夹角）和张角（叶枕至叶尖的连线与茎秆的夹角），上部三叶长、宽。

成熟期收获前，计数每小区除边行之外长势均匀的 1 行的穗数，然后按平均穗数取有代表性的中等植株 5 株，测定穗重并调查所有穗的一次枝梗数，按一次枝梗数众数取其中 10 穗。将一次枝梗按穗轴自下而上编号，分别计数每个一次枝梗上着生的二次枝梗数和一二次枝梗的实粒数和空秕粒数，分别计算一二次枝梗结实率、二次粒率（二次枝梗粒数占总粒数的百分比）、穗型指数（二次枝梗粒数最多的一次枝梗编号与一次枝梗数之比，Panicle type index，PTI）（徐正进等，2007）、单穗重、着粒密度、穗粒数、结实率、千粒重等。

水稻收获后自然风干，脱粒测定小区产量。种子室温下储藏 1 个月后测定相应品质指标。糙米率、精米率、整精米率和碱消值的测定方法参照中华人民共和国国家标准《优质稻谷》（GB/T 17891—2017）执行。各样品测定前统一等风量风选；垩白粒率、垩白度和白度采用日本静冈制机株式会社生产的大米外观品质判别仪（ES-1000）测定。徐正进等（2007）的研究结果显示，近红外线食味分析仪蛋白质和直链淀粉含量的测定结果与常规测定结果极显著正相关，可以使用近红外线食味分析仪测定大米蛋白质和直链淀粉含量。本试验参照上述测定方法，采用近红外透过式 PS-500 食味分析仪（日本静冈机械制造有限公司）测定精米的蛋白质、直链淀粉含量及糙米的游离脂肪酸含量。仪器的定标和矫正参考李红宇等（2011）的方法。食味值采用日本佐竹公司生产的 STA1A 型米饭食味计测定。文中上三叶基角、张角、长宽为 2007 年和 2008 年数据，其他除特别说明外均为 4 年平均值。

采用 SPSS13.0 和 Microsoft Excel 软件进行数据处理，计算各品种试验指标的平均值，以品种类型为处理，类型内各品种试验指标平均值为重复观察值，采用组内观察值不等的单向分组资料的方差分析方法进行方差分析。

二、结果与分析

（一）参试品种的穗重指数

参试品种平均穗重指数 0.155 g/穗，变异系数为 37.40%，极差达 0.234 g/穗，且品种间穗重指数差异达极显著水平（表 3-2）。穗重指数与颈穗弯曲度和穗型指数呈显著或极显著负相关，与单穗重和着粒密度呈极显著正相关（表 3-3），表明穗重指数与常用的穗型分类方法的对应关系较好。

表 3-2 参试品种的穗重指数

年份	样本容量	穗重指数（g/穗）	标准差（g/穗）	变异系数（%）	极差（g/穗）	最小值（g/穗）	最大值（g/穗）	99%置信区间	F 值
2006	35	0.141	0.051	35.88	0.223	0.085	0.308	0.055~0.227	18.30 **
2007	46	0.155	0.058	37.19	0.254	0.074	0.328	0.069~0.241	8.88 **
2008	48	0.196	0.061	30.86	0.214	0.085	0.299	0.108~0.284	3.17 **
2011	34	0.119	0.043	36.36	0.207	0.074	0.255	0.045~0.193	27.84 **
总计	163	0.155	0.058	37.40	0.234	0.074	0.308	0.109~0.200	11.65 **

注：* 和 ** 分别表示 0.05 和 0.01 显著水平。下同。

表 3-3 穗重指数与穗型分类的关系

相关系数	颈穗弯曲度	单穗重	着粒密度	穗型指数
穗重指数	-0.51 **	0.96 **	0.76 **	-0.21 *

（二）穗重指数与穗型分类的关系

依据生产实践和穗重指数的聚类分析及 99%置信区间 ［0.109，0.200］（表 3-2），将北方粳稻分为穗重型（穗重指数>0.2）、中间型（0.1<穗重指数<0.2）和穗数型（穗重指数<0.1），三者分别占总品种数的 19.6%（32 个）、56.4%（92 个）和 23.9%（39 个）。穗重和着粒密度呈穗重型>中间型>穗数型，差异极显著；颈穗弯曲度和穗型指数呈穗重型<中间型<穗数型，穗数型与中间型的颈穗弯曲度和穗型指数差异不显著，二者极显著高于穗重型（图 3-1）。

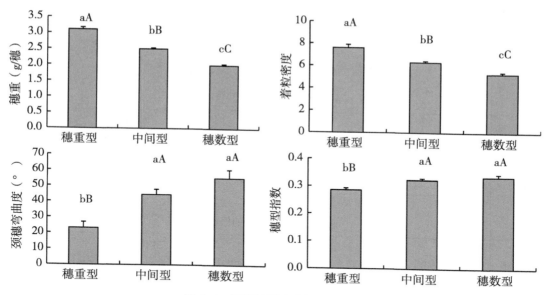

图 3-1　不同穗型分类指标的比较

注：图中不同大写小写字母表示 0.01 和 0.05 水平差异。

（三）穗重指数与产量及相关性状的关系

表 3-4 结果显示穗重指数与产量、穗粒数和生物产量极显著正相关，与单位面积穗数及经济系数极显著负相关，与结实率和千粒重无显著关系；穗粒数和经济系数呈穗重型>中间型>穗数型的趋势，不同类型间穗数差异极显著，穗重型与中间型经济系数差异不显著，二者显著低于穗数型。产量和穗粒数以穗重型最高、中间型次之、穗数型最低（表 3-5）。

表 3-4　穗重指数与产量及其相关性状的关系

相关系数	产量 （t/hm²）	穗数 （个/m²）	穗粒数	结实率 （%）	千粒重 （g）	生物产量 （kg/m²）	经济系数
穗重指数	0.34**	-0.67**	0.71**	0.04	0.04	0.43**	-0.21**

表 3-5　产量及其相关性状的比较

类　型	产量 （t/hm²）	穗数 （个/m²）	穗粒数	结实率 （%）	千粒重 （g）	生物产量 （kg/m²）	经济系数
穗重型	8 642.5aA	284.3cC	138.1aA	87.0aA	25.49aA	1 693.6aA	0.560bB
中间型	8 406.6abA	352.2bB	110.4bB	87.2aA	25.54aA	1 683.2aA	0.577bAB
穗数型	8 213.1bA	439.1aA	88.73cC	84.1aA	25.10aA	1 665.3aA	0.603aA

注：数字后大小写字母分别表示 0.01 和 0.05 水平差异。下同。

　　除一次枝梗千粒重、二次枝梗结实率和二次枝梗千粒重外，穗重指数与其他性状显著或极显著正相关（表3-6）。表3-7方差分析结果显示，节数、一次枝梗千粒重、二次枝梗结实率及二次枝梗千粒重不同类型之间差异不显著，其他性状均表现为穗重型>中间型>穗数型，并且穗重型与穗数型间差异均达到极显著水平。

表3-6　穗重指数与穗部性状的关系

相关系数	穗长	节数	一次枝梗				二次枝梗				二次枝梗粒率（%）
			个/穗	粒/穗	结实率（%）	千粒重（g）	个/穗	粒/穗	结实率（%）	千粒重（g）	
穗重指数	0.34**	0.47**	0.69**	0.68**	0.20**	0.05	0.68**	0.59**	0.04	0.13	0.14*

表3-7　穗部性状的比较

类型	穗长	节数	一次枝梗				二次枝梗				二次枝梗粒率（%）
			个/穗	粒/穗	结实率（%）	千粒重（g）	个/穗	粒/穗	结实率（%）	千粒重（g）	
穗重型	18.22aA	8.39aA	11.32aA	70.58aA	93.2aA	26.83aA	24.43aA	74.18aA	81.59aA	23.86aA	50.49aA
中间型	17.8aAB	8.16aA	9.93bB	56.53bB	92.8aAB	26.67aA	18.56bB	54.54bB	81.02aA	24.20aA	48.31aAB
穗数型	17.02bB	7.94aA	8.74cC	47.86cC	90.6bB	26.25aA	14.27cC	40.85cC	76.73aA	23.38aA	44.69bB

（四）穗重指数与维管束性状的关系

　　穗重指数与穗颈大维管束数、穗颈小维管束数、倒2节间大维管束数及倒2节间小维管束数极显著正相关（表3-8）。图3-2方差分析结果与相关分析结果相符，穗颈大维管束数、穗颈小维管束数、倒2节间大维管束数及倒2节间小维管束数均以穗重型最高、中间型次之、穗数型最低，相互差异极显著。

表3-8　穗重指数与维管束性状的关系

相关系数	穗颈大维管束数	穗颈小维管束数	倒2节间大维管束数	倒2节间小维管束数
穗重指数	0.71**	0.67**	0.73**	0.69**

（五）穗重指数与主要品质指标的关系

　　穗重指数与加工品质负相关，其中与精米率和整精米率显著或极显著负相关；与外观品质相关不显著；与蛋白质、直链淀粉和游离脂肪酸极显著正相关，与碱消值显著负相关，导致穗重指数与食味值显著或极显著负相关（表3-9）。糙米率、精米率、整精米率和食味值呈穗重型<中间型<穗数型的趋势，且穗重型显著或极显著低于穗数型。蛋白质和直链淀粉含量呈穗重型>中间型>穗数型的趋势，且穗重型极显著高于穗数型（表3-10）。

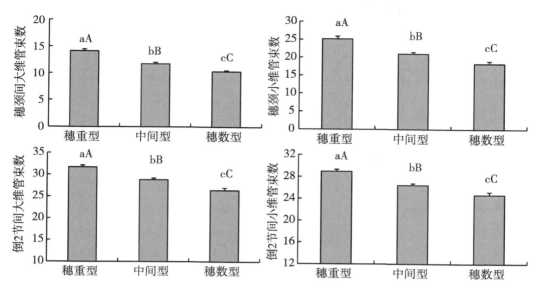

图 3-2 维管束性状的比较

表 3-9 穗重指数与品质指标的相关关系

品质指标	糙米率	精米率	整精米率	垩白粒率	垩白度	蛋白质	直链淀粉	碱消值	游离脂肪酸	食味值
相关系数	-0.06	-0.25**	-0.22**	-0.11	-0.08	0.19**	0.48**	-0.41*	0.47**	-0.46**

表 3-10 品质的比较

类型	糙米率 (%)	精米率 (%)	整精米率 (%)	垩白粒率 (%)	垩白度 (%)	蛋白质 (%)	直链淀粉 (%)	碱销值	游离脂肪酸 (%)	食味值
穗重型	80.38bB	67.38bB	59.35bB	15.02aA	8.28aA	8.10aA	20.10aA	4.42aA	0.72aA	72.51bA
中间型	80.81abAB	69.93aAB	62.95aAB	18.22aA	9.56aA	7.94abAB	18.58bB	4.90aA	0.83aA	73.55abA
穗数型	81.32aA	71.38aA	66.35aA	16.14aA	7.49aA	7.69bB	18.51bB	4.99aA	0.77aA	0.70aA

（六）穗重指数与株高和叶部性状的关系

穗重指数与株高、叶面积指数和上部三片叶的长宽极显著正相关，与剑叶基角和张角显著负相关（表3-11）。与相关分析结果相对应，株高、叶面积指数和上部三片叶的长宽呈穗重型>中间型>穗数型的趋势，并且多表现为穗重型显著或极显著高于穗数型；穗重型剑叶基角和上2叶基角显著小于穗数型，中间型与二者差异不显著；其他性状类型间差异不显著（表3-12）。

表 3-11　穗重指数与株高及叶部性状的相关关系

项目	株高	剑叶基角	上2叶基角	上3叶基角	剑叶张角	上2叶张角	上3叶张角
穗重指数	0.540**	-0.332*	-0.021	-0.097	-0.332*	-0.060	-0.122
相关系数	叶面积指数	剑叶长	上2叶长	上3叶长	剑叶宽	上2叶宽	上3叶宽
穗重指数	0.441**	0.371**	0.393**	0.504**	0.832**	0.801**	0.773**

表 3-12　株高及叶部性状的比较

类型	株高（cm）	剑叶基角（°）	上2叶基角（°）	上3叶基角（°）	剑叶张角（°）	上2叶张角（°）	上3叶张角（°）
穗重型	98.6aA	15.1bA	15.1bA	13.2aA	13.5aA	21.6aA	21.6aA
中间型	91.0bAB	19.7abA	19.7abA	13.7aA	14.8aA	23.1aA	23.1aA
穗数型	87.2bB	21.9aA	21.8aA	10.2aA	10.8aA	20.7aA	20.7aA

类型	叶面积指数	剑叶长（cm）	上2叶长（cm）	上3叶长（cm）	剑叶宽（cm）	上2叶宽（cm）	上3叶宽（cm）
穗重型	5.52aA	24.4aA	33.5aA	37.5aA	1.90aA	1.66aA	1.46aA
中间型	5.13abA	24.2aA	33.2abA	36.2abAB	1.46bB	1.25bB	1.11bB
穗数型	4.54bA	21.9aA	30.6bA	33.9bB	1.23cC	1.05cB	0.93cB

三、结论与讨论

（一）北方粳稻的穗重指数

水稻产量构成因素可简化为单位面积穗数与穗大（穗粒数和千粒重）的乘积，但两者又存在矛盾（杨守仁等，1996），必须协调好两者关系才能取得理想的增产效果，而一般生产上所说的穗数型或多穗型、穗重型或大穗型以及穗粒兼顾型等分类方法，通常是品种的综合特性描述，与品种分蘖能力密切相关，或者是在一定生态、品种、生产条件下发挥最大产量潜力的产量结构特征，与栽培技术措施有直接关系（徐正进等，2007），没有明确的分类指标。本研究提出以穗重指数作为品种的综合分类指标，将北方粳稻分为穗重型（穗重指数>0.2）、中间型（0.1<穗重指数<0.2）和穗数型（穗重指数<0.1）。参试材料穗重指数分布在0.074~0.308 g/穗，并且与颈穗弯曲度、单穗重、着粒密度和穗型指数4个穗型分类指标及穗数显著相关、与生物产量、产量、穗粒数及决定穗粒数的穗部性状（一二次枝梗数、二次枝梗粒率）、穗颈及倒2节间大小维管束数显著正相关，与加工品质、营养食味品质指标及叶片着生角度和长宽关系密切，本研究结果进一步表明穗重指数是综合反映穗数与穗大（穗粒数和千粒重）的较好指标。

（二）穗重型水稻的源库特性及再高产的途径

水稻籽粒灌浆物质60%~100%来源于抽穗后光合产物。产量越高，抽穗后光合产物对产量的贡献率越大（Matsuo，1990；杨守仁等，1996）。水稻上部三叶作为生殖生长阶段主要功能叶，其着生角度和面积对获得高产至关重要。本文研究结果表明，穗重指数与株高、叶面积指数、上部三叶长宽极显著正相关，与剑叶基角和张角显著负相关，穗重型品种剑叶及上 2 叶基角显著小于穗数型，叶面积指数及上 2 叶、上 3 叶叶长和上部三片叶宽显著或极显著大于穗数型，因此穗重品种叶源的数量和质量较好。穗重指数与穗颈及倒 2 节间大小维管束数极显著正相关，导致穗重型穗颈及倒 2 节间大小维管束数极显著高于穗数型品种，这是一种"流畅"的表现。穗重指数与穗粒数及一二次枝梗数、粒数极显著正相关，使得穗粒数呈穗重型>中间型>穗数型的趋势，表明穗重型品种"库大"。因此，穗重型品种"源库流"较为协调，产量显著高于穗数型。另外，穗重指数与结实率和千粒重相关不显著，与穗粒数呈极显著正相关，与单位面积穗数呈极显著负相关，表明穗重型品种产量较高主要是穗粒数的贡献。穗重型品种单位面积穗数仅为 284.3 穗/m²，较穗数型品种低 35.3%，所以，稳定单穗重的基础上，提高单位面积穗数，以适当降低穗重指数，可能是进一步提高产量的有效途径。

（三）北方粳稻品质改良的途径

一般认为重穗型或大穗型或直立大穗型品种产量较高，但品质较差（徐正进等，2005；曹萍等，2008；贾宝艳等，2004）。本研究结果也显示，穗重指数与精米率和整精米率显著或极显著负相关；与外观品质相关不显著；与蛋白质、直链淀粉和游离脂肪酸极显著正相关，与碱消值显著负相关，进而与食味值显著或极显著负相关，即重穗型品种加工和营养食味品质较差，穗数型品种最好，中间型品种介于二者之间。因此，以品质为第一育种目标时，选育穗数型品种较好；而以产量品质兼顾为目标时，选育中间型品种是较好的选择。

第二节 寒地水稻理想穗型模式

穗是水稻株型性状的重要组成部分，随着生产的发展和研究的深入，穗的形态与机能成为超级稻株型模式的重要研究内容。穗型是按穗部性状将水稻划分的类型，穗部性状包括穗的多少、大小、形态等（长度、姿态、着粒情况）（Yamamoto，1996）。

不同超高产株型模式均不同程度的对穗部性状进行了量化。如 IRRI 的新株型模式要求每株 3~4 个分蘖，没有无效分蘖；大穗，每穗总粒数在 200~250 粒（马均，2002）。袁隆平超级杂交稻株型模式要求穗长 25 cm 左右，穗尖离地面 60 cm 左右，冠层只见挺立的稻叶而不见稻穗，剑叶高出穗尖 20 cm 以上，单穗重 5 g 左右，每平方米 270 穗左右（Donald，1968）。沈阳农业大学提出了水稻理想穗型的概念，初步建立了辽宁水稻超高产理想穗型参数，即穗长<17 cm，颈穗弯曲度<40°，穗颈长 3~4 cm，直径>2 mm，大维管束数和一次枝梗数>15 个/穗，一次枝梗粒数>80 粒/穗，二次枝梗籽粒偏向穗轴中上部分布，穗型指数>0.5（贾宝艳，2004）。理想穗型是在特定生态条件下与丰产性有关的各种穗部性状及其与环境互作关系的最佳组配。笔者研究表明，我国东北地区穗长和颈穗弯曲度表现为辽宁<吉林<黑龙江，穗粒数、一次枝梗数、一次枝

梗粒数、穗颈大维管束数表现为辽宁>吉林>黑龙江，相互差异显著或极显著（Peng，1994；袁隆平，1997）。在寒地极端的气候生态环境下，水稻品种特性较为独特，其理想穗型模式需要深入研究。

一、材料与方法

试验于 2017 年在黑龙江省农业科学院佳木斯水稻所（佳木斯，第三积温带）和黑龙江省农业科学院耕作栽培研究所（哈尔滨，第一积温带）进行。试验采用随机区组设计，3 次重复。佳木斯水稻所参试品种 39 个，插秧规格 30 cm×13.3 cm；耕作栽培所参试品种 46 个，插秧规格 30 cm×16.7 cm。

成熟期收获前，计数每小区除边行之外长势均匀的 1 行的穗数，然后按平均穗数取有代表性的中等植株 5 株，测定穗重并调查所有穗的一次枝梗数，按一次枝梗数众数取其中 10 穗。将一次枝梗按穗轴自下而上编号，分别计数每个一次枝梗上着生的二次枝梗数和一、二次枝梗的实粒数和空秕粒数，分别计算一、二次枝梗结实率、二次粒率（二次枝梗粒数占总粒数的百分比）、穗型指数（二次枝梗粒数最多的一次枝梗编号与一次枝梗数之比，Panicle type index，PTI）（徐正进等，2007）、单穗重、着粒密度、穗粒数、结实率、千粒重等。

水稻收获后自然风干，脱粒测定小区产量。种子室温下储藏 1 个月后测定相应品质指标。糙米率、精米率、整精米率和碱消值的测定方法参照中华人民共和国国家标准《优质稻谷》（GB/T 17891—2017）执行。各样品测定前统一等风量风选；垩白粒率、垩白度和白度采用日本静冈制机株式会社生产的大米外观品质判别仪（ES-1000）测定。徐正进等（2005）的研究结果显示，近红外线食味分析仪蛋白质和直链淀粉含量的测定结果与常规测定结果极显著正相关，可以使用近红外线食味分析仪测定大米蛋白质和直链淀粉含量。本试验参照上述测定方法，采用近红外透过式 PS-500 食味分析仪（日本静冈机械制造有限公司）测定精米的蛋白质、直链淀粉含量。仪器的定标和矫正参考李红宇等（2011）的方法。食味值采用日本佐竹公司生产的 STA1A 型米饭食味计测定。

采用 SPSS13.0 和 Microsoft Excel 软件进行数据处理，计算各品种试验指标的平均值，以品种类型为处理，类型内各品种试验指标平均值为重复观察值采用组内观察值不等的单向分组资料的方差分析方法进行方差分析。

二、结果与分析

（一）参试品种产量的聚类分析

依据参试第一积温带品种的产量，利用类平均法进行聚类分析，在欧氏距离 4.89 处分为高产、中产和低产 3 种类型。高产类型包括'一上 S03''一上 S05''一上 S06''一上 S04''一上香 S02''一下 S04''一下 S02''松粳 7''龙稻 14''一上 S01''一下 S06''龙稻 5'12 个材料；中产类型包括'一下香 S03''一下 S05''中龙粳 2 号''松粳 10''一上 S07''松粳 15''五优稻 1 号''一上香 S03''一下 S03'9 个材料；低产类型包括'龙稻 13''松粳香 2 号''松粳 16''一上 S02''松粳 11''松粳 9''一下香 S02''松粳 8''五优稻 4 号''龙稻 16''松粳 3''一下 S01''松粳 12''松粳 13''龙稻 9''松粳 6''一下香 S01''松粳 14'18 个材料（图 3-3）。

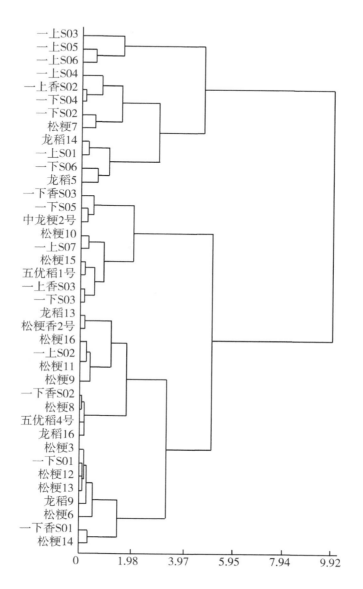

图 3-3 第一积温带品种基于产量的聚类分析

依据参试第三积温带品种的产量，利用类平均法进行聚类分析，在欧氏距离 2.53 处分为高产、中产和低产 3 种类型。高产类型包括'垦粳 2''垦稻 18''龙粳 36''龙粳 20''垦粳 3''垦稻 21''龙丰 757''龙粳 27''垦稻 17''龙粳 39''龙交 07-2411''龙粳 31'12 个材料；中产类型包括'建 A182''鉴稻 6''北稻 3''龙粳 40''龙粳 30''龙粳 29''龙粳 23''龙粳 24''龙粳香 1 号''龙粳 26''龙交 192'

'龙生04042''龙粳32''垦稻20''龙粳25''龙交07-1963''绥粳10'17个材料；低产类型包括'龙粳21''垦粳4''龙生03011''北稻2''空育131''龙交2110''绥粳9''龙生0206323''龙粳18''绥粳8''松粳10''绥粳3''北稻5''龙花04426''垦稻12''绥粳13''莲稻1号'17个材料（图3-4）。

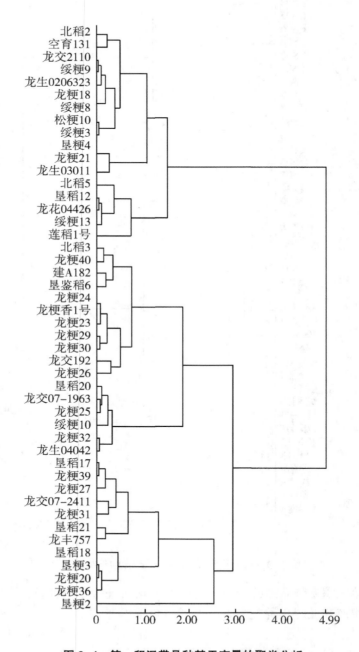

图3-4　第一积温带品种基于产量的聚类分析

（二）不同产量类型产量及其构成因素的比较

表 3-13 结果表明，黑龙江省第一积温带水稻穗数呈高产>中产>低产的趋势，类型间差异不显著，高产、中产、和低产类型穗数的 95% 置信区间分别为 303.18~366.35 穗/m²、284.27~371.33 穗/m²、300.33~345.24 穗/m²。穗粒数呈高产>中产>低产的趋势，高产类型与中产类型差异不显著，极显著高于低产类型，其 95% 置信区间分别为 111.74~139.34 粒/穗、91.72~145.95 粒/穗、88.75~104.68 粒/穗。结实率产量类型间差异不显著，高产、中产和低产类型结实率的分布区间分别为 75.09%~95.70%、70.81%~92.78%、78.12%~96.08%，95% 置信区间分别为 82.27%~91.01%、80.07%~91.46% 和 86.21%~91.79%。千粒重产量类型间差异不显著，高产、中产和低产类型千粒重的分布区间分别为 21.46%~28.20%、22.26%~28.38%、19.85%~27.47%，95% 置信区间分别为 23.37~25.63%、22.74%~25.63% 和 23.24%~25.12%。产量呈高产>中产>低产的趋势，类型间差异极显著，高产、中产和低产类型穗数的 95% 置信区间分别为 9 041.56~10 404.39 kg/hm²、7 868.22~8 260.9 kg/hm²、6 689.75~7 128.34 kg/hm²。

表 3-13　第一积温带产量类型间产量及其构成因素的比较

性状	产量类型	观测数	均值	标准差	变异系数（%）	最小值	最大值	置信度（95.0%）
穗数（穗/m²）	高产类型	12	334.77aA	49.71	14.85	259.60	411.40	31.58
	中产类型	9	327.80aA	56.64	17.28	259.60	429.00	43.53
	低产类型	18	322.79aA	45.15	13.99	248.60	459.80	22.45
穗粒数（粒/穗）	高产类型	12	125.54aA	21.72	17.30	89.70	157.90	13.80
	中产类型	9	118.83aAB	35.27	29.68	76.00	178.65	27.11
	低产类型	18	96.71bB	16.02	16.57	68.10	121.80	7.97
结实率（%）	高产类型	12	86.64aA	6.88	7.94	75.09	95.70	4.37
	中产类型	9	85.76aA	7.41	8.64	70.81	92.78	5.70
	低产类型	18	89.00aA	5.61	6.31	78.12	96.08	2.79
千粒重（g）	高产类型	12	24.50aA	1.78	7.26	21.46	28.20	1.13
	中产类型	9	24.18aA	1.88	7.76	22.26	28.38	1.44
	低产类型	18	24.18aA	1.89	7.84	19.85	27.47	0.94
产量（kg/hm²）	高产类型	12	9 722.97aA	1 072.47	11.03	8 687.08	11 771.04	681.42
	中产类型	9	8 064.56bB	255.43	3.17	7 759.98	8 430.43	196.34
	低产类型	18	6 909.05cC	440.98	6.38	6 206.22	7 625.27	219.29

表 3-14 结果表明，黑龙江省第三积温带水稻穗数呈中产>高产>低产的趋势，类型间差异显著，中产与高产差异不显著，显著高于低产类型。高产、中产和低产类型穗数

的 95% 置信区间分别为 426.04 ~ 493.02 穗/m²、421.23 ~ 508.89 穗/m²、376.67 ~ 441.04 穗/m²。穗粒数、结实率和千粒重产量类型间差异不显著，其高产类型的 95% 置信区间分别为 86.1 ~ 107.42 粒/穗、85.88% ~ 91.05%、25.95 ~ 27.37 g。产量呈高产 > 中产 > 低产的趋势，类型间差异极显著，高产、中产和低产类型穗数的 95% 置信区间分别为 9 920.57 ~ 10 584.88 kg/hm²、9 277.97 ~ 9 766.77 kg/hm² 和 8 212.78 ~ 8 754.39 kg/hm²。

表 3-14　第三积温带产量类型间产量及其构成因素的比较

性状	产量类型	观测数	均值	变异系数（%）	标准差	最小值	最大值	置信度（95.0%）
穗数（穗/m²）	高产类型	12	459.53abA	11.47	52.71	358.34	548.31	33.49
	产类型	17	465.06aA	18.33	85.25	327.57	688.55	43.83
	低产类型	17	408.85bA	15.31	62.60	262.77	503.16	32.18
穗粒数（粒/穗）	高产类型	12	96.76aA	17.34	16.77	77.10	133.81	10.66
	中产类型	17	87.23aA	16.25	14.18	57.83	114.15	7.29
	低产类型	17	90.47aA	16.59	15.01	72.02	134.12	7.72
结实率（%）	高产类型	12	88.46aA	4.60	4.07	79.36	92.90	2.59
	中产类型	17	89.84aA	4.80	4.31	82.22	97.47	2.22
	低产类型	17	88.43aA	7.42	6.56	68.92	97.76	3.38
千粒重（g）	高产类型	12	26.66aA	4.19	1.12	24.58	28.93	0.71
	中产类型	17	26.39aA	5.30	1.40	23.89	29.11	0.72
	低产类型	17	26.47aA	5.10	1.35	24.20	29.15	0.69
产量（kg/hm²）	高产类型	12	10 252.73aA	5.10	522.78	9 405.84	11 001.00	332.16
	中产类型	17	9 522.37bB	4.99	475.35	8 756.80	10 400.45	244.40
	低产类型	17	8 483.59cC	6.21	526.70	7 655.77	9 474.48	270.80

（三）不同产量类型穗型分类指标的比较

表 3-15 结果表明，第一积温带不同产量类型穗重指数呈高产类型 > 中产类型 > 低产类型的趋势，高产类型穗重指数与中产类型差异不显著，显著高于低产类型，其穗重指数的 95% 置信区间分别为 0.17 ~ 0.24、0.14 ~ 0.22、0.14 ~ 0.18。单穗重也呈高产类型 > 中产类型 > 低产类型的趋势，相互之间差异显著或极显著，其单穗重的 95% 置信区间分别为 2.73 ~ 3.19 g/穗、2.21 ~ 2.82 g/穗、2.02 ~ 2.34 g/穗。高产类型着粒密度与中产类型差异不显著，二者显著高于低产类型，其 95% 置信区间分别为 5.66 ~ 7.79 粒/cm、5.29 ~ 8.39 粒/cm、5.00 ~ 5.96 粒/cm。穗型指数呈高产类型 < 中产类型 < 低产类型，其 95% 置信区间分别为 0.27 ~ 0.38、0.33 ~ 0.42、0.37 ~ 0.43。

表 3-16 结果表明，第三积温带不同产量类型穗重指数、单穗重、着粒密度和穗型

指数均差异不显著。从穗重指数方面分析，高产类型品种主要为穗数型和平衡型，中产类型和低产类型品种穗重型、平衡型和穗数型均有分布。参试品种单穗重分布范围在1.494~3.447 g/穗，按照马均等（2002）划分重穗型、中穗型和轻穗型的标准4.5 g以上、3.0~4.5 g和3.0 g以下的划分标准，大部分品种为轻穗型，少数品种为中穗型。参试品种着粒密度4.047~7.685 粒/cm，按照着粒密度<4.5、4.6~6.0、6.1~7.5 和>7.6 粒/cm 划分为散穗型、半散穗型、半紧穗型和紧穗型的标准，参试品种主要是半散穗型，少部分为半紧穗型。穗型指数分布范围在0.251~0.491，按照上部优势型≥0.6、0.4≤中部优势型<0.6 和下部优势型<0.4 的标准，多数品种为下部优势型，少数品种为中部优势型。

表3-15 第一积温带产量类型间穗型分类指标的比较

性状	产量类型	观测数	均值	变异系数（%）	标准差	最小值	最大值	置信度（95.0%）
穗重指数	高产类型	12	0.206aA	26.52	0.055	0.126	0.290	0.035
	中产类型	9	0.178abA	30.69	0.055	0.098	0.271	0.042
	低产类型	18	0.156bA	26.54	0.041	0.073	0.260	0.021
单穗重（g/穗）	高产类型	12	2.96aA	12.16	0.360	2.244	3.541	0.229
	中产类型	9	2.52bB	15.79	0.397	1.879	3.199	0.305
	低产类型	18	2.18cB	14.68	0.320	1.531	2.919	0.159
着粒密度（粒/cm）	高产类型	12	6.72aA	24.99	1.681	4.621	10.190	1.068
	中产类型	9	6.84aA	29.51	2.018	4.471	9.781	1.551
	低产类型	18	5.48bA	17.56	0.962	4.031	8.292	0.479
穗型指数	高产类型	12	0.328bA	25.56	0.084	0.227	0.539	0.053
	中产类型	9	0.372abA	16.41	0.061	0.322	0.500	0.047
	低产类型	18	0.397aA	15.32	0.061	0.278	0.519	0.030

表3-16 第三积温带产量类型间穗型分类指标的比较

性状	产量类型	观测数	均值	变异系数（%）	标准差	最小值	最大值	置信度（95.0%）
穗重指数	高产类型	12	0.127aA	24.80	0.032	0.078	0.190	0.020
	中产类型	17	0.117aA	35.25	0.041	0.048	0.203	0.021
	低产类型	17	0.125aA	39.58	0.050	0.074	0.255	0.025
单穗重（g/穗）	高产类型	12	2.410aA	13.11	0.316	2.032	3.205	0.201
	中产类型	17	2.260aA	17.89	0.404	1.494	3.072	0.207
	低产类型	17	2.310aA	16.90	0.391	1.823	3.447	0.201

（续表）

性状	产量类型	观测数	均值	变异系数（%）	标准差	最小值	最大值	置信度（95.0%）
着粒密度（粒/cm）	高产类型	12	5.820aA	20.03	1.166	4.047	7.685	0.741
	中产类型	17	5.380aA	11.84	0.636	4.118	6.907	0.327
	低产类型	17	5.480aA	15.24	0.835	4.148	7.089	0.429
穗型指数	高产类型	12	0.339aA	22.85	0.078	0.251	0.491	0.049
	中产类型	17	0.347aA	13.51	0.047	0.268	0.435	0.024
	低产类型	17	0.351aA	11.82	0.041	0.300	0.443	0.021

（四）不同产量类型穗部性状的比较

表 3-17 结果表明，第一积温带品种穗部性状产量类型间仅一次枝梗数和二次枝梗数表现出显著差异。一次枝梗数和二次枝梗数呈高产类型>中产类型>低产类型的趋势，高产类型和中产类型差异不显著，二者显著高于低产类型，其高产类型分布范围分别为 8.52~11.72 个/穗，11.70~29.70 个/穗，其 95%置信区间分别为 9.41~10.76 个/穗、19.4~25.89 个/穗。高产类型一次枝梗粒数、一次枝梗结实率和一次枝梗千粒重 95%置信区间分别为 5.16~5.54 粒/枝梗、91.12%~96.7%、24.64~26.84 g。高产类型二次枝梗粒数、二次枝梗结实率和二次枝梗千粒重 95%置信区间分别为 2.97~3.23 粒/枝梗、72.36%~87.93%、21.87~24.57 g。二次粒率呈高产类型>中产类型>低产类型的趋势，处理之间差异不显著，参试材料的二次粒率分布范围在 33.19%~64.88%，高产类型的 95%置信区间在 50.75%~60.75%。

表 3-18 结果表明，第三积温带品种穗部性状产量类型间仅二次粒率表现出显著差异，呈高产类型>中产类型>低产类型的趋势，高产类型和中产类型差异不显著，显著高于低产类型，其高产类型分布范围为 40.28%~64.01%，95%置信区间为 43.76%~52.23%。一次枝梗数、一次枝梗粒数、一次枝梗结实率、一次枝梗千粒重的 95%置信区间分别为 8.27~10.09 个/穗、5.35~5.59 粒/枝梗、91.36%~94.94%、27.28~28.67 g。二次枝梗数、二次枝梗粒数、二次枝梗结实率、二次枝梗千粒重的 95%置信区间分别为 13.51~17.85 个/穗、2.82~3.00 粒/枝梗、78.20%~87.65%、24.10~25.76 g。

表 3-17 第一积温带产量类型间穗部性状的比较

性状	产量类型	观测数	均值	标准差	变异系数（%）	最小值	最大值	置信度（95.0%）
穗长（cm）	高产类型	12	18.98aA	9.11	1.73	15.52	21.33	1.10
	中产类型	9	17.51aA	10.89	1.91	14.50	19.67	1.47
	低产类型	18	17.76aA	10.52	1.87	12.51	19.75	0.93

（续表）

性状	产量类型	观测数	均值	标准差	变异系数（%）	最小值	最大值	置信度（95.0%）
一次枝梗数（个/穗）	高产类型	12	10.09aA	10.54	1.06	8.52	11.72	0.68
	中产类型	9	9.63aAB	16.28	1.57	7.39	12.33	1.21
	低产类型	18	8.66bB	11.75	1.02	6.98	10.55	0.51
一次枝梗粒数（粒/枝梗）	高产类型	12	5.35aA	5.56	0.30	4.78	5.66	0.19
	中产类型	9	5.52aA	4.75	0.26	5.18	5.90	0.20
	低产类型	18	5.31aA	3.91	0.21	4.72	5.59	0.10
一次枝梗结实率（%）	高产类型	12	93.91aA	4.68	4.39	83.18	97.12	2.79
	中产类型	9	94.67aA	2.89	2.73	88.86	97.18	2.10
	低产类型	18	95.31aA	3.06	2.91	85.03	98.03	1.45
一次枝梗千粒重（g）	高产类型	12	25.74aA	6.72	1.73	22.73	28.46	1.10
	中产类型	9	25.59aA	8.01	2.05	23.38	29.29	1.58
	低产类型	18	25.81aA	6.47	1.67	23.11	28.81	0.83
二次枝梗数（个/穗）	高产类型	12	22.64aA	22.55	5.10	11.70	29.70	3.24
	中产类型	9	20.68abA	35.19	7.28	12.70	33.30	5.59
	低产类型	18	16.95bA	24.16	4.10	10.60	23.50	2.04
二次枝梗粒数（粒/枝梗）	高产类型	12	3.10aA	6.56	0.20	2.62	3.39	0.13
	中产类型	9	3.09aA	7.58	0.23	2.74	3.38	0.18
	低产类型	18	2.95aA	5.22	0.15	2.59	3.12	0.08
二次枝梗结实率（%）	高产类型	12	80.14aA	15.29	12.25	55.35	94.97	7.79
	中产类型	9	77.54aA	17.56	13.61	46.95	91.89	10.46
	低产类型	18	82.34aA	12.05	9.92	67.01	96.09	4.93
二次枝梗千粒重（g）	高产类型	12	23.22aA	9.16	2.13	19.74	28.06	1.35
	中产类型	9	22.70aA	9.91	2.25	19.59	27.04	1.73
	低产类型	18	22.43aA	9.72	2.18	16.85	26.36	1.08
二次粒率（%）	高产类型	12	55.75aA	14.12	7.87	33.19	63.10	5.00
	中产类型	9	53.29aA	13.03	6.94	42.70	64.88	5.34
	低产类型	18	51.24aA	13.26	6.79	38.01	61.92	3.38

表 3-18 第三积温带产量类型间穗部性状的比较

性状	产量类型	观测数	均值	变异系数 (%)	标准差	最小值	最大值	置信度 (95.0%)
穗长 (cm)	高产类型	12	16.78aA	9.05	1.52	14.43	20.01	15.82~17.75
	中产类型	17	16.24aA	10.51	1.71	13.07	18.81	15.36~17.12
	低产类型	17	16.59aA	11.00	1.83	13.11	20.36	15.65~17.52
一次枝梗数 (个/穗)	高产类型	12	9.18aA	15.59	1.43	6.99	11.82	8.27~10.09
	中产类型	17	8.75aA	15.21	1.33	6.93	12.52	8.07~9.44
	低产类型	17	9.50aA	10.99	1.04	8.45	11.88	8.96~10.04
一次枝梗粒数 (粒/枝梗)	高产类型	12	5.47aA	3.52	0.19	5.21	5.90	5.35~5.59
	中产类型	17	5.44aA	5.34	0.29	4.96	6.24	5.29~5.59
	低产类型	17	5.49aA	3.87	0.21	5.18	5.93	5.39~5.60
一次枝梗结实率 (%)	高产类型	12	93.15aA	3.02	2.81	86.48	96.12	91.36~94.94
	中产类型	17	93.98aA	2.31	2.17	90.14	97.72	92.86~95.10
	低产类型	17	92.85aA	3.74	3.47	82.81	98.34	91.07~94.63
一次枝梗千粒重 (g)	高产类型	12	27.97aA	3.92	1.10	25.94	30.06	27.28~28.67
	中产类型	17	27.21aA	5.48	1.49	24.51	30.16	26.44~27.98
	低产类型	17	27.67aA	6.07	1.68	24.92	30.96	26.81~28.53
二次枝梗数 (个/穗)	高产类型	12	15.68aA	21.76	3.41	11.17	23.44	13.51~17.85
	中产类型	17	13.75aA	26.82	3.69	7.80	22.23	11.85~15.65
	低产类型	17	13.41aA	23.13	3.10	8.90	20.19	11.82~15.01
二次枝梗粒数 (粒/枝梗)	高产类型	12	2.91aA	4.91	0.14	2.71	3.21	2.82~3.00
	中产类型	17	2.83aA	5.18	0.15	2.55	3.03	2.76~2.91
	低产类型	17	2.81aA	4.86	0.14	2.62	3.15	2.74~2.88
二次枝梗结实率 (%)	高产类型	12	82.92aA	8.97	7.44	69.36	91.97	78.20~87.65
	中产类型	17	85.08aA	9.00	7.65	69.35	97.00	81.15~89.02
	低产类型	17	82.04aA	14.25	11.69	48.41	97.05	76.03~88.05
二次枝梗千粒重 (g)	高产类型	12	24.93aA	5.25	1.31	23.38	27.69	24.10~25.76
	中产类型	17	25.20aA	7.29	1.84	22.34	28.16	24.26~26.14
	低产类型	17	24.46aA	4.07	1.00	22.67	26.49	23.95~24.98
二次粒率 (%)	高产类型	12	47.99aA	13.89	6.67	40.28	64.01	43.76~52.23
	中产类型	17	44.94abAB	15.80	7.10	31.31	55.99	41.29~48.59
	低产类型	17	40.98bB	11.68	4.79	30.95	48.40	38.52~43.44

三、结论与讨论

（一）关于试验方法和参数确定方法

黑龙江水稻历来以高产优质而著称，其气候特点是有效积温少，生育期短，适宜水稻生长地区纬度跨度大。本研究选取黑龙江省有代表性的第一积温带和第三积温带设置试验点，比较有效积温相差较大的两个生态环境的品种特点，取高产类型相关性状95%置信区间的上限，作为寒地水稻高产理想穗型参数。

（二）关于寒地水稻高产理想穗型产量构成因素参数

产量结构也属于穗部性状，研究一定生态和产量条件下产量构成因素的最佳组合，即优化产量结构，是实现超高产的必要条件。在产量结构运筹上，一般的趋势是在保持或适当降低穗数的基础上，较大幅度提高每穗粒数和适当增加千粒重，求得产量的较大幅度提高。黑龙江省第一积温带实现 800 kg/亩以上产量的产量构成参数为穗数>370 穗/m^2、穗粒数>140 粒/穗、结实率>90%、千粒重>26 g。黑龙江省第三积温带实现 800 kg/亩以上产量的产量构成参数为穗数>500 穗/m^2、穗粒数>100 粒/穗、结实率>90%、千粒重>27 g。

（三）关于寒地水稻高产理想穗型穗部指标的确定

水稻产量构成因素可简化为穗数与穗重的乘积，必须协调好两者关系才能取得理想的增产效果，而一般生产上所说的穗数型或多穗型、穗重型或大穗型以及穗粒兼顾型等分类方法，通常是品种的综合特性描述，与品种分蘖能力密切相关，或者是在一定生态、品种、生产条件下发挥最大产量潜力的产量结构特征，与栽培技术措施有直接关系（杨守仁等，1996）。因此，需要一个能够描述穗数和穗重协调统一关系的穗型分类指标。本研究以穗重指数作为品种的综合分类指标，定义穗重指数为单穗重量与每穴穗数之比，以此描述穗数和穗重的关系。

每穗粒数特别是在穗轴上分布的差异主要由二次枝梗粒数决定，其在穗轴上分布特点主要受遗传控制，与结实性有密切关系。本研究以穗型指数描述籽粒在穗轴上的分布特点。

另外，一次枝梗是二次枝梗的附着对象，主要受遗传控制，对二次枝梗数量有一定决定作用，也是穗粒数的重要决定因素，而二次枝梗结实率一般显著低于一次枝梗，对结实率的影响大于一次枝梗。因此，一次枝梗数、一次枝梗粒数和二次枝梗结实率也作为高产理想穗型的指标。

（四）关于寒地水稻高产理想穗型穗部参数

黑龙江省第一积温带水稻高产理想穗型穗部参数为穗重指数>0.20（穗重型）、穗型指数>0.40、一次枝梗数>11 个/穗、一次枝梗粒数 6 粒/穗、二次枝梗结实率>88%。黑龙江省第三积温带水稻高产理想穗型穗部参数为穗重指数<0.15（平衡型或穗数型）、穗型指数>0.40、一次枝梗数>10 个/穗、一次枝梗粒数 5.5 粒/穗、二次枝梗结实率>88%。

第四章 北方粳稻生育界限期及产量品质稳定性研究

第一节 文献综述

一、黑龙江省气温和积温变化情况

（一）黑龙江省气温变化

全球气候变化对农业影响显著，日益受到学术界的关注（Science Press，2007）。根据 IPCC 第三次评估报告可知，全球范围大气中 CO_2 浓度已经从 18 世纪的工业革命时期的 280 $\mu mol/mol$ 快速升高至 20 世纪下半叶的 400 $\mu mol/mol$ 左右（IPCC，2001），如果不及时采取适当的限制措施，大气 CO_2 浓度的增加速度将不断加快，到 2050 年 CO_2 浓度将达到 550 $\mu mol/mol$，2100 年有望达到 750 $\mu mol/mol$，大气的温度也会相应增加 2~4 ℃（IPCC，2007）。

近百年来，在全球变暖的气候背景下，我国平均气温上升了 0.4~0.5 ℃，平均气温升高值略低于全球平均温度的 0.6 ℃（丁一汇，1994；左洪超，2004）。在全球气温变暖的趋势下，地区差异突出，我国变暖最明显的地区在西北、华北和东北地区，其中西北的北部升温幅度最高（左洪超，2002），近 50 年来平均升温达到 1.4 ℃，明显高于全国平均气温值；东北、华北次之，升温幅度为 0.3~0.7 ℃，长江以南地区变暖趋势不太明显（杨建平，2004）。从季节分布来看，我国冬季增温幅度最明显。中国主要农作物品种的布局随气候变化而发生变化，气候变暖使中国东北、西北地区农作物种植结构发生改变（魏凤英，2003）。水稻是中国乃至亚洲的主要粮食作物之一（Huang et al.，2010；IRRI，2002；Wang et al.，2010），水稻对高温响应的研究，是关系到全球气候变化对未来粮食安全问题的潜在影响及其制定适应策略的重要依据（Long et al.，2006；杨连新，2010）。

黑龙江省是我国重要的农林业和生态资源省份，也是我国重要的农业大省和商品粮生产基地。而黑龙江垦区水稻面积约占黑龙江省水稻总面积的 41.6%，在全省水稻生产中占有重要地位。一些学者对黑龙江省的温度变化曾做过相关的分析，研究表明，近几十年来黑龙江省的气候变化极有可能对农、林业和生态建设带来一定的影响，其气候变化和自然灾害对全省的农业生产影响较大（国世友，2003；刘玉莲，2004；潘华盛，2002；王石立，2003；张桂华，2004）。黑龙江省气温日较差大，是我国热量资源最少的省份之一（姜丽霞，2006）。加之气候等原因，黑龙江省比较适宜种植粳稻。在全球气候变暖的大背景下，黑龙江省暴雨、洪涝、干旱等灾害频繁发生（王萍，2005），严重影响了黑龙江省粳稻的产量形成和生长发育，阻碍了产量的提高。目前，对黑龙江省近年气候变化特征的研究较多，但在其对寒地水稻生长发育和粳稻产量方面的研究相对较少。

近50年来，黑龙江省气温趋于增高的趋势，各地作物生长季气温变化趋势程度存在着空间上的差异，这种气温变化趋势程度的空间差异，对各地水稻产量变化趋势程度的空间分布具有重要影响，但不同地区影响程度不同。近50年来黑龙江省气温趋于增高，是促使水稻产量趋势增加的主要原因，黑龙江省水稻模拟产量变化趋势百分率10年的平均值为6.37%（陈莉，2001）。黑龙江省气温趋势增高对水稻模拟产量趋势增加的作用显著，特别是中部、东部和北部水稻种植区；而松嫩平原西部热量资源丰富的齐齐哈尔、大庆和哈尔滨西部以及伊春地区北部的局部温凉区域，气温趋势增高对水稻模拟产量趋势增加的作用次之；仅在松嫩平原西南部的泰来县、泰康县和肇源县三县交界的热量资源丰富的局部区域，气温趋势增高对水稻模拟产量趋势增加的作用呈减少趋势（刘玉莲，2004）。

（二）黑龙江省活动积温及其变化

1. 黑龙江省活动积温及积温带划分标准

在作物所需要的其他因子都得到基本满足时，在一定的温度范围内，温度对作物生长起主导作用，作物开始生长发育要求一定的下限温度，作物完成某一生长发育期需要一定量的积温，它表明作物在其全生育期或某一生育期热量的总需求，积温不足，作物就不能正常生育。活动积温是指某一时段内活动温度的总和。活动温度是指高于生物学下限温度（植物有效生长的下限温度）的日平均温度。活动积温是热量资源的主要标志，是农业气候区划的重要指标之一，是作物与品种特性的重要指标之一（毛恒青，2002）。计算公式如下。

$$Y = \sum t_i \ (t_i > B)$$

式中，Y 代表活动积温；t_i 代表第 i 天的日平均气温；B 代表生物学下限温度，即为三基点温度中的最低温度。

黑龙江省地处中国最北部，跨越11个纬度，地域辽阔，既有广阔的松嫩平原、三江平原，还有北部的大小兴安岭和南部的张广才岭、老爷岭，地形复杂。80%保证率下大于10℃积温在海拔高度400 m以下分布由南向北变化范围为2 850~1 400 ℃·d，黑龙江省大部分主栽作物在2 700 ℃·d以上为晚熟品种，2 500~2 700 ℃·d为中晚熟品种，2 300~2 500 ℃·d为中熟品种，2 100~2 300 ℃·d为早熟品种，1 900~2 100 ℃·d为极早熟品种，配合主栽作物的熟性，确定黑龙江省积温带区划的标准见表4-1。

表4-1　积温带的划分标准

积温带	活动积温范围（℃）
第一积温带	>2 700

（续表）

积温带	活动积温范围（℃）
第二积温带	2 500~2 700
第三积温带	2 300~2 500
第四积温带	2 100~2 300
第五积温带	1 900~2 100
第六积温带	<1 900

2. 黑龙江省活动积温变化

在 20 世纪后半叶全球变暖异常突出的背景下，区域响应明显，气候带北移，活动积温增加（毛恒青，2002；孙风华，2005；孙凤华，2005）、作物生长期变长（符淙斌，2003；Ye，2003；杨建平，2002）。黑龙江省热量资源同样发生了变化。研究黑龙江省积温的时空变化，不仅有助于进一步了解黑龙江省热量变化情况和热量分布，而且对于气候资源的综合开发利用、种植结构合理布局等均有指导意义。

黑龙江省农作物生长期的热量资源增加，源于活动积温的变化。这有利于农作物耕种范围扩大，中、晚熟品种的适宜区增多，喜温作物面积增加，可以大幅提高作物产量。例如，位于松嫩平原北部的富裕县目前中晚熟品种已经得到广泛种植，而在 20 世纪 60—70 年代只能种早熟玉米品种。但是由于温度升高，使得蒸发量显著增加，加之降水量减少，黑龙江省干旱程度加剧，过去的十年九旱变成现在的十年十旱，有时可能出现春夏连旱；据王萍等（2005）研究表明，黑龙江省近年春旱发生的频率加快，松嫩平原西部连年春旱，春旱持续时间加长，春旱的范围扩大。

二、气温与水稻产量品质的关系

（一）气温与产量及其相关因素的关系

影响农业生产的未来气候变化将从正反两方面进行。迄今为止，在研究气候变化对农作物影响的试验中，大多依然采用如温度升高 1.0 ℃ 或 2.0 ℃、CO_2 倍增等单因子水平进行研究（秦大河，2005），但由于农作物所处的生态系统非常复杂，其产量要受到环境、品种、栽培技术的共同影响，所以农作物对气候变化的响应也难以确切模拟。同一模型，不同研究者针对同一对象模拟结果存在较大差异，不同作物模型模拟结果不同，甚至截然相反，使得作物模型难以准确分析气候变化的影响。产生这种情况的原因主要有以下几种。首先，作物模型对物候发育、产量等指标有较强的定性模拟能力，但定量分析精度仍有待于提高。其次，未来 CO_2 的肥效作用和温度升高对作物的影响，与作物生长环境、品种、气候以及管理等条件相关，其影响机制、影响程度等方面尚需深入研究（谭凯炎，2009）。随着 CO_2 升高，呼吸作用和气孔导度下降，作物光合速率及蒸腾速率有上升趋势，产量有所提高，品质将会降低，但研究仍有不确定性（杨连新，2010）。CO_2 变化对不同光合途径（C_3 或 C_4）作物的响应不一致且存在短期和长期效应。普遍认为大气温度升高抑制作物光合作用，致使作物产量下降（房世波，2010）。现有的研究多采用模型或模拟试验的方法研究气候变化对作物产量的影响，但研究发现模型研究结果与模拟试验研究结果有差异，不同学者对产量的评估结果也不同。最新研究认为温度对作物产量影响成非线性，当温度高于关键温度后产量会迅速下降。现阶段大部分模拟试验均在气室中研究，与野外实际情况差异较大，并不能真实地反映野外的气候条件，结论仍需进一步验证（季彪俊，2005）。

影响水稻产量的主要气象因子是气温，在一定范围内，气温越高水稻产量越高（王萍，2005）。水稻生长过程中，一定范围内较高的气温、较多的日照和较强的辐射有利于水稻的生长发育和产量的提高；降雨导致气温降低，同时加之日照与辐射较少，抑制了水稻的正常生长，降低了水稻产量。因此，气温、日照、雨量成为影响水稻生长发育的重要环境因素（杨树明，2009）。对环境因素方面考虑较少，其原因一是一些量化数据难以准确获取，二是环境因子难以量化，这在一定程度上影响了育种目标的选定和适宜品种的推广（彭俊华，1991）。水稻产量会随每年4—9月平均温度的升高与降低而波动，低温随着太阳黑斑活动每3~5年发生一次，有周期性变化。局部阶段性低温每年都有，只是低温的发生时期或强弱不同，较强的阶段性低温也能给水稻造成严重减产。专业气象部门可根据低温周期性变化做出预报用以指导生产，从而合理安排种植结构。通过合理安排品种，合理施肥与灌水，减轻低温造成损失（季彪俊，2005）。

近20年来黑龙江省粮食的种植结构和总产量均发生重大变化，水稻已成为黑龙江省在种植面积上仅次于玉米而在总产上居第一位的作物（矫江，2002；王萍，2008），气候变化和技术因素对粮食单产的贡献的问题存在争议，对此深入探讨具有必要性，特别是在技术飞速发展和全球气候变暖的今天，两者的区分问题尤其显得重要。黑龙江省是近20年气候显著变暖的区域之一（Sha et al., 2002）。而水稻生长是对气温要求比较高，对气温变化比较敏感的作物，黑龙江省生长季的气温又处于水稻（粳稻）生长适宜温度的下限附近，所以探讨寒地水稻生产与气温的关系显得尤为重要（Series et al., 2002）。

目前，在气候变暖的趋势下，东北地区作物生长季内气温如何变化。尤其是作物生育期及其对产量形成起关键作用时期的温度变化，引起人们普遍的关注。许多研究表明：全球气候变暖，我国东北地区是增暖十分明显的地区之一，但这种增暖主要表现为冬季气温升高，增暖明显，而夏季（6—8月）增暖并不明显（陈隆勋，1991；顾节经，1991；王惠清，1991）。东北地区纬度较高，热量资源不很丰富，且年际变化较大，一些年份在作物生育过程中出现低温，导致热量不足因而粮食大幅度减产（徐南平，1991）。因此，东北地区作物生长季（5—9月）的气温变化，是决定粮食产量高低的主要因素。东北地区作物生长季气温的升高，热量条件得到改善，可使有效积温增加，也可使晚熟品种播种面积大，提高粮食生产的潜力促进粮食增产。因此，东北地区气温升高可能有利于粮食增产。另外，作物生长发育及产量形成受光、温、水等气象条件的综合影响，有关气候环境的变化与粮食生产持续发展的关系还有需进一步研究。北方寒地种植水稻与气候条件密切相关，由于高寒地区热量资源不足，水稻的生长发育及产量的形成对气候变化尤其是温度变化十分敏感。为使黑龙江垦区水稻产量逐年稳定增产，提高水稻生产效益，还需进一步加强水稻生产与气候适应性的研究。

（二）气温与品质的关系

水稻是我国第一大粮食作物，总产量达我国粮食总产量的40%（程式华，2008；胡锋，2009），全国约60%的人口以稻米为主食，稻米是人们饮食结构中重要的组成部分。相比于其他国家，我国稻米品质相对较差（吕文彦，2000；徐正进，2004）。随着生活水平的大幅度提高，人们对稻米品质的要求也越来越高。所以加强研究环境条件与水稻品质的关系，探索其影响机理，可以促进适应未来气候变化的水稻生理生化方面的研究，为水稻品质改良和育种工作提供技术导向和依据，对水稻育种规划与制订生产计划具有重要的理论指导意义。

作物良好品质的形成，是品种良好的遗传特性和适宜的环境条件综合作用的结果（孟亚利，1997）。稻米品质的优劣受品种本身遗传基因所控制，同时环境因素对稻米品质性状也有很大的影响。灌浆结实期的气候生态因子是影响稻米品质性状最为重要的环境因子，大量研究表明，水稻生育期的温度是影响稻米品质的一个极为重要的因素（房世波，2010；李智念，2001；吴春赞，2006；王守海，1987；郑竞贵，1979；赵式英，1983）。水稻灌浆结实期间的气温是影响稻米品质的首要环境因子（郭建平，2001）。大量研究表明：抽穗期至成熟期间的日均最低气温对精米率和胶稠度具有正相关作用，糙米率和垩白率具有负相关作用；日平均气温差对精米率和胶稠度具有负相关作用；日平均气温差对垩白面积具有正相关作用；日平均最低气温对整精米率具有正相关作用；日平均最高气温对透明度具有正相关作用；日平均气温对糊化温度具有正相关作用；日均最低气温差对长宽比和直链淀粉含量具有负相关作用（蔡一霞，2002）。

在环境因子作用下，氮、碳和脂肪3种代谢相互协调、变化，达到平衡，生理上则表现为影响稻株和颖果的生理过程（徐富贤，1994）。施肥量、土壤水分、气候条件及其他农艺措施都在一定程度上影响稻米的品质（鲍根良，1997；秦阳，2004；秦阳，2004；吴殿星，1999；严文潮，1993）。同时，水稻不同生育时期的温度、光照、水分等生态气候条件对稻米品质也有很大影响（张国发，2004；莫惠栋，1993；张云江，2000）。

从稻米的营养品质方面分析，据不完全统计表明，我国人均蛋白质摄入量为67 g，明显低于发达国家平均100 g水平（程方民，2001），在我国稻米产区中，稻米可以提供人们所需能量的75%和蛋白质的50%~60%，因此，稻米中蛋白质含量的高低和质量的优、劣直接关系到人们的健康水平。与其他农作物相比，稻米蛋白质含量较低（一般为8%~10%），但稻米蛋白质中各种氨基酸的组成相对平衡，生物价高，被认为是一种优质的蛋白（符文英，1997）。水稻不同品种间蛋白质含量差异比较大，不同气象条件和栽培技术对稻米蛋白质含量有较大影响，同一品种在不同栽培条件和气候条件下其蛋白质含量最大变幅为6个百分点，温度过高导致稻米蛋白质含量下降，其中人体必需氨基酸下降的幅度更大（贺浩华，1997；廖红，2003）。目前，人们对稻米营养品质从育种和施肥两个方面进行研究的较多，而且多集中在蛋白质含量上。一直以来，人们主要采用传统的育种方法来培育高蛋白含量的水稻新品种，但由于种质资源贫乏和种间差异性的限制，普遍存在高变异株系不丰产，远源杂交不亲和以及后代疯狂分离等问题而收效不大。但由于人们长期不懈的努力,也取得了一些显著成果,IRRI分析了7 760个水稻品种,筛选出6个蛋白质含量超过14%的品种;近年来,随着生物技术和科学方法的飞速发展和不断完善,采用细胞工程、分子育种和基因工程等方法和手段进行水稻蛋白质改良已逐步变为现实,显示出了喜人的前景。中国农业科学院作物科学研究所采用染色体加倍技术,使几个水稻品种的蛋白质含量由10.5%提高到12.86%,17种氨基酸总含量也得以提高达到25.23%,赖氨酸含量提高30%。张旭指出,用秋水仙碱处理水稻获得同源四倍体材料对选育高蛋白水稻也尤为重要,一般情况下可使蛋白质含量从6%~10%提高到10%~14%。目前,环境因素对蛋白组分影响的研究报道很少(贺浩华,1997)。

三、寒地水稻计划栽培管理模式现状

水稻在我国的栽培历史已有8 000年以上,它起源于南方,是喜温短日照作物。然而,随着水稻的不断进化和演变,以及大范围的引种和长期的人工选择,水稻种植区域界限不断北移。即使在位于寒地的黑龙江省,水稻栽培历史已有160多年,在黑龙江垦区种植水稻也有60余年。作物栽培受环境条件所制约,尤以气象条件对作物生产的产量起主导作用(王伯伦,2008)。寒地水稻品种感温性强,在所有的生态环境因子中,影响产量的最大因素是气温,低温导致热量不足,是水稻稳产高产的主要限制因素。因此,认真分析研究当地气温的变化,选育和栽培适宜的品种,有计划的栽培管理水稻,主动的充分利用当地的水稻生育有效期间和高温时间,使水稻安全成熟,是寒地稻作防御低温冷害,获取水稻稳产高产的有效途径之一。一般来讲,遗传因素决定寒地水稻主茎的总叶数,比较稳定。但寒地水稻在本田营养生长期间常有减叶现象的发生,很可能是由于寒地水稻所处的栽培环境的和品种特性引起的(顾春梅,2012)。

高纬寒地气温变化剧烈,昼夜温差大,水稻一生受低温等因素影响,形成了适应高纬寒地自然特点的特殊稻作体系。其关键技术的核心是选用极早熟耐寒品种为前提,以旱育壮秧为基础,以早发、足肥、定穗为原则,走壮个体、稀群体,确保有效穗数,提高千粒重和结实率的增产途径。计划栽培就是按当地的热量条件选定栽培品种,并根据品种全生育期所需积温合理安排安全播种期、安全抽穗期和安全成熟等适宜时期,使水稻生长发育的各个阶段均能在充分利用当地热量资源的条件下有计划地完成。根据高纬寒地的种稻环境和品种特点,在栽培技术上要严格掌握水稻不同生育阶段,充分利用当地有限生育期间热量资源,实行计划栽培,防御低温和早霜危害,实现稳产高产。

自20世纪80年代起,黑龙江农垦系统的各大农场在水稻生产上开始实施"寒地水稻旱育稀植三化栽培技术",但由于技术措施不到位,特别是旱育、稀播、农时不到位,增产效果不明显。到了90年代初,在黑龙江省国营农场总局、黑龙江省农垦科学院有关水稻专家的指导下,开始推广寒地水稻旱育稀植"三化"栽培技术(简称"三化"栽培),严格执行计划栽培管理模式,收到了较好的增产效果。"寒地水稻三化栽培技术"包括旱育秧田规范化、旱育秧苗模式化和本田管理指标计划化(张玉发,1995)。现已发展的"三化"栽培技术为水稻"三化一管"栽培技术,内容为"旱育壮苗模式化、全程生产机械化、品种早熟优质化、叶龄诊断计划管理",其中品种早熟优质化不断完善为"产品品质优质化""稻谷品质优质化"和"稻谷品质安全化"。

截至目前，国内外对水稻生育期生长特征及其适宜的气候特点等研究较为透彻，但由多年日平均气温推算本地水稻生长过程中界限期的日期却少见报道。黑龙江省农垦科学院水稻研究所对佳木斯市近20年的气温实测资料做了统计分析，并计算出当地水稻主栽品种各生育阶段的活动积温，结合水稻生育界限温度等资料，绘制了水稻计划栽培图。以安全抽穗期为中心，确定了当地水稻栽培各主要生育阶段的界限时期、提出了适宜种植品种，以便充分利用当地热能资源，防御低温冷害，为水稻生产安全成熟、提高品质和产量奠定了理论基础。

四、水稻产量和品质稳定性研究进展

（一）产量及其相关因素稳定性研究现状

自然界的一切物种，通过自然选择，适者生存，否则将被淘汰。良好的物种是在自然选择和人工选择双重作用下形成的，这里由于人工选择的作用，品种的适应性和稳定程度差异很大。适应的概念中，包括了适应的程度和适应的环境范围。而某一基因型的物种或品种，对环境的适应程度用数值来表示，则这些数值称为适应值（Adaptive Value）。适应值是在某一特定环境中与其他基因型相比较的一个相对的适应程度指标或参数。作物品种适应性和产量的稳定性与作物的其他性状特性一样，也是受遗传的控制，而其性状的发育和表现，是基因型与环境互相作用的结果。适应性和稳定性均与产量潜力一样，也是不同性状及其性状间交互作用的综合性表现，它们是在不同环境下与其他基因型的表现相比较而反映出来的。很多研究指出，产量、适应性和稳定性三者不是一因多效，很可能是受不同的遗传体系控制的。所以在品种的杂种后代中，有可能选到产量、适应性和稳定性三者不同组合的品种类型。

影响适应性和稳定性的外界环境因素很多，对于可预知的环境因素来说，就要针对当地的主要逆境条件，培育抗逆性强的品种，稳定性显得尤为重要。稳定性意义并非指在变化的环境范围内作物表型保持恒定，而是指和农业生产有关的表型性状，例如产量、品质以及生育期等，在变化环境里保持稳定状态。这样就使所需品种表现出在农业重要性状上具有低的遗传型与环境互作，这种稳定性佳的品种有时称为具有优良缓冲性品种。

选用栽培品种既要注意产量稳定性即稳产性（也可以称为适应—稳产能力），又要注意产量潜力，两者共同作用形成一定的产量表现，特别是目前自然条件在产量的形成中仍占有很重要作用的情况下，稳产性应该是首先要考虑的，在选用品种和制定育种目标时应遵循在稳产的基础上求高产的原则。产量表现包括稳产性和丰产性两个方面，它们是杂交水稻重要的育种目标（田佩占，1975；杨振玉，1998）。不同水稻品种的产量构成在不同环境下可表现出不同的稳定性特征（刘文江，2002；严明建，2002）。水稻稳产和高产还依赖于合理的农田管理措施，同一作物品种的产量在不同施肥制度下也会表现不同的年际波动（Cai，2006；林葆，1994；王凯荣，2004）。目前，产量和产量性状的遗传规律及相关研究方面已开展了较多的工作（Kumar，1975；彭俊华，1996；王才林，1986；周开达，1982），对产量和产量性状的稳定性遗传也有一些研究报道（蒋开锋，1998；蒋开锋，1999），但以往的研究大多集中于评价方法（Crossa，1990；刘大群，1988；李国章，1994）、组合（品种）产量和产量性状的稳定性（谭震波，1990；仲维功，1988），而对水稻产量及产量构成稳定性，尤其是在寒地的相关研究尚未见报道。

水稻种植业是黑龙江省的支柱产业之一，也是农民收入的最主要来源之一。2008年黑龙江省提出了实现"千亿斤粮食产能工程"的目标，对粮食生产提出了更高的要求。水稻产量的形成涉及生态环境和栽培技术措施等多项因素。因此，研究不同环境条件下寒地水稻产量及产量构成稳定性，发掘对环境钝感的优质水稻品种（系），是加快优质水稻品种培育与推广应用的有效途径。作物品种区域化试验旨在鉴定品种的丰产性、稳定性和适应性（Mastauo，1997；曾德初，1996）。参加区试的品种在不同地点的产量表现往往是不一致的，这表明品种的基因型和环境互作效应的存在。

（二）品质稳定性分析现状

近年来，随着我国经济的迅猛发展，人民生活水平日益提高，对稻米品质及安全性要求越来越高（张洪程，2003），我国自2001年加入世界贸易组织（WTO）以来，稻米是目前我国大众粮食中具有相对价格优势的农产品，提高稻米品质稳定性，增强稻米市场竞争力，已成为水稻当今研究的热点。

加工品质是稻米品质的一个重要指标，包括糙米率、精米率和整精米率3项品质性状，它关系到稻米产量和商品价值。前人研究表明（杨化龙，2001；游晴如，2006），加工品质除主要受遗传因素控制外，还受环境条件的影响，这给优质稻的育种和推广利用都带来一定的影响。因此，对稻米加工品质进行稳定性分析研究，既有利于培育加工品质，也有利于水稻品种的合理推广应用。稻米品质是分析水稻进行品质育种及其优质栽培的重要保证之一（李欣，2000）。

稻米外观品质主要包括粒长、粒宽、长宽比、垩白率、垩白大小以及垩白度等指标（Shi et al.，1999；Shi et al.，1994；Tan et al.，2000），它主要影响加工品质和食用品质、稻米的商品价值（Yang et al.，2001）。多数研究认为，稻米外观品质是既受基因控制又受环境影响的数量性状（Chen et al.，1998；Miura et al.，2002）。因此，对环境钝感的水稻品种外观品质进行稳定性分析研究，既有利于培育稻米品质，也有利于优质水稻品种的合理布局及相应栽培调控措施的制订。

营养和食味品质是众多稻米品质性状中最重要的指标之一，也是稻米品质改良的最终目标（程方民，2001）。水稻食味品质的形成和优质品种的高效化利用都涉及生态环境和栽培技术措施等多项因素。因此，研究不同环境条件下稻米品质的品种稳定性，发掘对环境钝感的优质水稻品种（系），是加快优质水稻品种培育与推广应用的有效途径。稻米品质性状多表现为易受环境影响的质量—数量性状，这使优质水稻的育种和推广利用都受到一定的影响（孟亚利，1997；石春海，1998；徐正进，1993）。李红宇等研究表明，我国东北三省水稻产量和品质性状差异较大，总体趋势为由北至南，穗数和结实率减少、穗粒数和株高增加，黑龙江省地处高寒地区，水稻的形态生理特性较为特殊（李红宇，2012）。

（三） AMMI 模型的应用

区域试验（简称区试）是水稻品种选育推广不可缺少的重要环节，通过区试试验，可以对水稻品种做出客观的评价，包括其丰产性、适应性、抗逆性和稳定性等，明确新品种的适应区域、生产利用价值，对水稻品种今后的合理布局以及保障粮食安全起到至关重要的作用（杨仕华，2009）。

水稻品种区域试验就是在一定的试验区和一定的时间范围内鉴定参试水稻品种的丰产性、稳定性和适应性。因此，合理设置区域试验区是提高水稻品种区试工作成效的重要内容，对参试水稻品种具有良好的辨别力是选择区域试验区的重要标准。在作物品种区域试验中，不同品种在不同地点的产量和品质差异决定了品种的基因型和环境互作效应的必然存在。要对品种全面合理地评价，除了需要准确、可靠和有代表性的试验资料外，也离不开合理有效的试验分析模型和方法。传统上常采用变异系数或线性回归系数的判断和分析方法，但由于变异系数是以作物表现型为对象，而表现型则以基因型（品种）、环境（试验区）和交互作用综合的结果，其参数估计不是环境的独立估计；线性回归分析是基于环境指数与基因型假定有很强的线性关系的基础上，因而不能很好地解释基因型与环境的互作效应（蒋开锋，2001；Piepho et al.，1997；吴元奇，2005）。

前人在研究作物品种产量和品质稳定性和基因型与环境互作分析方面做了大量工作，提出和分析了众多的稳定性分析统计模型和方法（胡秉民，1993；胡希远，2009；冀建华，2012；Piepho et al.，1999；张群远，2002）。其中，AMMI 模型（Additive Main Effects and Multiplicative Interaction）即加性主效应和乘积交互作用模型把方差分析和主成分分析结合在一起，充分利用试验所获得的信息，最大限度地反映互作变异，通过从加性模型的互作项中进一步分离出若干个乘积项之和，提高估计的准确性，该模型与方差分析模型、线性回归模型相比，其应用范围更广且更有效，已被广泛应用于不同作物品种区试评价中（高海涛，2003；刘文江，2002；施万喜，2009；苏振喜，2010；吴为人，2000；余本勋，2010；姚霞，2005），在分析品种稳定性的众多数学模型中，AMMI 模型分析效果最好，通过各试验区的方差同质性检验表明，各试验区数据误差同质，在此基础上对测定指标进行联合方差分析。AMMI 模型在高寒地区水稻产量和品质方面的研究较少。

AMMI 模型起源于社会学和物理学领域（Gollob et al.，1968），Gauch 最早将这一模型用于多点产量试验的资料分析（Gauch et al.，1988）。AMMI 是目前分析作物新品种区域试验数据非常有效的模型，利用双标图直观地描述品种、地点的产量及互作效应的大小，应用稳定性参数 D 可以定量地描述各品种稳定性的差异以及各试验区对品种鉴别力的大小。作为一种基因型和环境互作的统计方法，近些年来受到越来越多的国内外育种家的关注。

第二节　黑龙江垦区气温变化分析与研究

黑龙江省是我国重要的商品粮生产基地，水稻是黑龙江省的主要粮食作物之一，大米的品质也在全国享有盛誉（张桂华，2004）。20 世纪 90 年代以来，水稻的种植面积不断增加，2011 年黑龙江省委农村工作会议上提出，黑龙江省水稻种植面积将达到 4 800万亩，黑龙江已经成为我国北方水稻种植面积最多的省份，2012 年达到 5 585万亩，而黑龙江垦区水稻面积约占黑龙江省水稻总面积的 1/3 以上，在全省水稻生产中占有尤为重要的地位。

在气候变化影响的诸多领域中，农业生产是对气候变化比较敏感的产业，在全球气候变暖的背景下，黑龙江垦区各大农场的气温发生了明显变化，整体呈现升温趋势（国世友，2003）。从农业气象角度来看，黑龙江垦区发展水稻生产必须研究主要气候条件（温、光、水、气）对水稻生长发育、产量及品质形成的影响规律，根据气候资源科学区划水稻种植区域，尽量避开限制水稻生长的不利气候因素，为科学利用气候资源，最大限度地减少和避免由于气候因素引起的经济损失，确保水稻生产的可持续健康发展。基于这种情况，及时把握气候、物候的波动与变化，对农业生产中作物进行气候区划、品种选择与改良以及对作物产量和生产潜力等相关研究都显得尤为重要和必要。

为此，本研究主要以黑龙江省垦区气温为研究对象，利用 2001—2012 年的水稻生育期月平均气温分别与 2000 年以前历年月平均气温进行比较，并用气温差值进行聚类分析。本研究还利用近 30 年各农场大于 10 ℃活动积温平均值进行积温变化研究，为科学利用寒地热量资源，更好地确保黑龙江垦区水稻生产持续稳定的发展奠定坚实基础，对黑龙江垦区水稻在引种、育种方面均起到理论指导意义。研究黑龙江省积温的时空变化，不仅有助于进一步了解黑龙江省热量变化情况和热量分布，而且对于气候资源的综合开发利用、种植结构合理布局等均有指导意义。

一、材料与方法

（一）气象资料

黑龙江省各农场气温和活动积温数据资料，由黑龙江农垦总局农业局气候科提供，气候数据现已汇编成册——《气象资料》。

（二）研究方法

利用聚类分析方法对黑龙江垦区水稻主产区 44 个农场 2001—2012 年气温变化进行分类研究；利用>10 ℃历年平均活动积温，列表并图示黑龙江垦区 85 个农场的修订后的积温带。

（三）数据分析

聚类图基于马氏距离、应用最短距离方法，利用 DPS 软件生成；图片采用 Photoshop 软件处理。

二、结果与分析

（一）黑龙江垦区 2001—2012 年气温变化

1. 2001—2012 年与 2000 年以前农场有气温记录年份 4—10 月平均气温比较

通过对表中 44 个农场平均 36 年的月平均气温数据进行统计，结果表明，4—10 月平均气温均呈正态分布（表4-2），其中，7月的平均气温最高，为21.6 ℃。此时，水稻正处于幼穗分化至抽穗期，抽穗期如遇20 ℃以下气温，抽穗进程变慢，抽穗期延长，甚至花粉不发芽，形成空壳。

表4-2　2000年以前农场有气温记录年份4—10月平均气温均值　　　　（单位：℃）

试验区	样本容量（n）	4月	5月	6月	7月	8月	9月	10月
二九零	44	4.7	12.6	18.4	21.8	20.0	13.6	4.3
绥滨	44	5.0	13.0	18.6	22.0	20.2	13.7	4.5
江滨	35	5.1	12.9	18.7	22.1	20.0	13.4	4.3
军川	37	5.1	12.9	18.4	21.8	19.9	13.3	4.2
名山	34	5.3	13.0	18.7	22.0	20.0	13.4	4.2
延军	37	5.0	12.6	18.1	21.4	19.5	13.0	4.2
共青	34	5.2	12.7	18.3	21.7	19.6	12.9	3.9
宝泉岭	45	5.1	12.9	18.4	21.6	19.9	13.3	4.2
新华	46	5.3	13.0	18.5	21.7	20.0	13.5	4.7
普阳	28	5.3	13.0	18.7	22.0	20.0	13.8	4.5
梧桐河	46	5.0	12.9	18.6	21.9	20.2	13.7	4.6
克山	44	4.1	12.6	18.6	21.0	19.0	12.4	2.9
查哈阳	45	5.1	13.7	19.9	21.9	19.8	13.1	3.6
八五九	36	5.1	12.7	18.2	21.7	20.1	13.7	5.2
胜利	30	4.8	12.3	18.0	21.5	19.8	13.4	4.6
勤得利	40	4.7	12.3	18.0	21.3	19.7	13.5	4.6
大兴	32	5.1	12.6	18.2	22.5	20.9	14.2	4.4
创业	30	4.8	12.5	18.5	21.8	20.1	13.6	4.4
前哨	22	4.4	12.2	18.1	21.3	19.9	13.2	4.1
前锋	10	4.9	12.6	18.2	21.7	20.0	13.8	5.3
洪河	19	4.9	12.5	18.2	21.6	20.4	13.5	4.4
二道河	10	4.7	12.4	18.1	21.6	19.9	13.7	5.0
浓江	10	4.9	12.9	18.6	22.0	20.1	13.8	4.7
友谊	45	5.5	13.3	18.8	22.0	20.6	14.2	5.3
五九七	34	6.5	13.8	19.0	22.4	20.8	14.7	6.1
八五二	43	4.9	12.2	17.5	21.0	20.0	13.7	5.1
八五三	42	5.5	13.0	18.2	21.6	20.5	14.2	5.6

（续表）

试验区	样本容量 （n）	4月	5月	6月	7月	8月	9月	10月
红旗岭	30	5.4	12.8	18.3	21.7	20.1	13.5	4.8
饶河	34	4.9	12.1	17.4	21.1	19.6	13.1	4.5
二九一	40	5.7	13.4	18.8	22.1	20.5	14.0	5.0
江川	31	5.6	13.4	19.1	22.5	20.6	14.1	4.9
北兴	40	5.2	12.5	17.6	20.9	19.6	13.0	4.5
七星泡	43	3.2	11.7	17.7	20.3	18.2	11.4	1.8
八五零	34	5.3	12.5	17.8	21.4	20.5	14.1	5.3
八五四	41	4.8	12.1	17.5	21.1	20.2	13.6	4.8
八五五	44	5.2	12.7	17.8	21.2	20.0	13.6	4.8
八五六	42	5.0	12.4	17.6	21.2	20.6	14.4	5.7
八五七	45	5.2	12.6	17.8	21.4	20.7	14.5	5.9
八五八	38	5.7	13.0	18.0	21.6	20.8	14.4	5.9
八五一一	37	5.5	12.6	17.7	21.3	20.8	13.8	5.4
云山	37	5.6	12.6	17.6	21.0	20.3	14.1	5.9
庆丰	36	5.2	12.5	17.7	21.3	20.4	14.1	5.6
兴凯湖	44	4.4	12.2	17.5	21.2	20.8	14.9	6.5
建设	25	4.5	12.5	18.3	21.3	19.3	12.3	3.0
平均	36	5.1	12.7	18.2	21.6	20.1	13.6	4.7

注：n 为农场气温统计总年数。下同。

通过黑龙江垦区水稻主产农场 2000 年以前农场有气温记录 4—10 月平均气温的描述统计可知，4 月 95% 置信区间温度为 4.9~5.2 ℃，99% 置信区间温度为 4.9~5.3 ℃；5 月 95% 置信区间温度为 12.6~12.8 ℃，99% 置信区间温度为 12.6~12.9 ℃；6 月 95% 置信区间温度为 18.1~18.4 ℃，99% 置信区间温度为 18.0~18.4 ℃；7 月 95% 置信区间温度为 21.4~21.7 ℃，99% 置信区间温度为 21.4~21.8 ℃；8 月 95% 置信区间温度为 20.0~20.2 ℃，99% 置信区间温度为 20.0~20.3 ℃；9 月 95% 置信区间温度为 13.4~13.8 ℃，99% 置信区间温度为 13.4~13.9 ℃；10 月 95% 置信区间温度为 4.4~4.9 ℃，99% 置信区间温度为 4.4~5.1 ℃（表4-3）。

表4-3　2000 年以前农场有气温记录年份 4—10 月平均气温的描述统计

月份	均值 （℃）	样本容量 （n）	极差 （d）	标准差 （d）	变异系数 （%）	95%置信区间	99%置信区间
4	5.1	44	3.3	0.501 4	0.099 2	4.9~5.2	4.9~5.3
5	12.7	44	2.1	0.424 5	0.033 4	12.6~12.8	12.6~12.9

（续表）

月份	均值 （℃）	样本容量 （n）	极差 （d）	标准差 （d）	变异系数 （%）	95%置信区间	99%置信区间
6	18.2	44	2.5	0.513 3	0.028 2	18.1~18.4	18.0~18.4
7	21.6	44	2.2	0.451 8	0.020 9	21.4~21.7	21.4~21.8
8	20.1	44	2.7	0.507 9	0.025 3	20.0~20.2	20.0~20.3
9	13.6	44	3.5	0.640 1	0.047 0	13.4~13.8	13.4~13.9
10	4.7	44	4.7	0.874 7	0.185 7	4.4~4.9	4.4~5.1

通过对黑龙江省水稻主产区 44 个农场 2001—2012 年 4—10 月平均气温数据进行统计，结果表明，4—10 月平均气温均呈正态分布（表 4-4），其中，7 月的平均气温最高，为 21.7 ℃。

表 4-4　2001—2012 年 4—10 月平均气温均值　　　　　　　（单位：℃）

试验区	4 月	5 月	6 月	7 月	8 月	9 月	10 月
二九零	5.4	14.0	19.8	22.0	20.5	14.2	5.3
绥滨	5.7	14.2	20.2	22.3	20.8	14.6	5.5
江滨	5.8	14.2	20.0	22.2	20.6	14.2	5.2
军川	5.4	13.9	19.9	21.8	20.1	13.9	5.0
名山	5.5	14.1	20.1	22.2	20.6	14.2	5.0
延军	5.8	14.0	19.7	21.3	20.1	14.5	5.5
共青	5.0	13.4	19.4	21.6	20.1	13.4	4.5
宝泉岭	5.9	14.3	20.0	22.1	20.7	14.4	5.4
新华	6.0	14.3	19.9	22.0	20.6	14.5	5.6
普阳	5.8	14.4	20.7	22.4	20.7	14.5	5.5
梧桐河	5.6	14.3	20.1	22.1	20.6	14.4	5.3
克山	5.3	13.8	20.4	21.7	19.8	13.9	4.5
查哈阳	6.1	14.6	21.0	22.3	20.3	13.9	4.8
八五九	5.4	13.6	19.5	21.6	20.4	14.7	5.9
胜利	4.3	12.9	19.0	21.5	20.1	14.0	5.1
勤得利	5.3	13.6	19.7	21.6	20.5	14.4	5.6
大兴	6.1	14.1	20.0	21.7	20.8	14.5	5.3
创业	5.5	14.1	20.2	21.8	20.5	14.5	5.3
前哨	4.5	13.1	19.1	21.6	20.0	13.8	4.9

（续表）

试验区	4 月	5 月	6 月	7 月	8 月	9 月	10 月
前锋	4.9	13.6	19.5	21.9	20.2	14.0	5.3
洪河	4.9	13.4	19.1	21.3	20.1	13.9	5.1
二道河	4.8	13.2	19.2	21.8	20.0	13.9	5.1
浓江	5.2	13.6	19.7	21.3	20.6	14.1	5.2
友谊	6.1	14.6	20.3	22.2	20.8	15.0	6.1
五九七	6.8	15.0	20.4	22.4	21.2	15.9	7.3
八五二	5.4	13.9	19.7	21.8	20.5	14.4	5.5
八五三	6.2	14.0	19.7	22.1	21.0	15.3	6.6
红旗岭	5.4	13.8	19.7	21.8	20.5	14.5	5.6
饶河	5.0	13.0	18.5	21.1	19.8	13.8	5.4
二九一	6.2	14.9	20.6	22.4	20.9	14.9	6.0
江川	6.0	14.3	20.5	22.5	21.1	14.9	6.1
北兴	5.4	13.4	19.0	20.9	19.9	14.1	5.1
七星泡	4.4	12.9	19.5	21.0	19.0	13.0	3.3
八五零	5.6	13.4	19.0	21.2	20.6	14.8	6.2
八五四	5.7	13.6	19.3	21.5	20.7	14.7	5.9
八五五	5.8	13.9	19.6	21.4	20.7	14.8	5.9
八五六	5.8	13.6	19.2	21.3	21.1	15.4	6.7
八五七	5.9	13.5	19.1	21.4	21.1	15.5	6.8
八五八	5.8	13.8	19.3	21.6	19.7	13.9	6.4
八五一一	5.9	13.5	19.1	21.2	20.7	14.9	6.3
云山	5.9	13.7	19.1	21.3	21.0	15.4	6.7
庆丰	5.9	13.7	19.3	21.2	20.8	15.2	6.6
兴凯湖	5.3	13.3	19.0	21.1	21.2	15.6	7.3
建设	5.1	13.6	19.8	21.6	19.8	13.6	4.4
平均	5.5	13.8	19.7	21.7	20.5	14.5	5.6

　　通过黑龙江垦区水稻主产农场 2001—2012 年 4—10 月平均气温的描述统计表明，4月 95% 置信区间温度为 5.4~5.7 ℃，99% 置信区间温度为 5.3~5.8 ℃；5 月 95% 置信区间温度为 13.7~14.0 ℃，99% 置信区间温度为 13.6~14.0 ℃；6 月 95% 置信区间温度为 19.5~19.8 ℃，99% 置信区间温度为 19.5~19.9 ℃；7 月 95% 置信区间温度为21.6~21.8 ℃，99% 置信区间温度为 21.5~21.9 ℃；8 月 95% 置信区间温度为 20.3~

20.6 ℃，99%置信区间温度为20.3~20.7 ℃；9月95%置信区间温度为14.3~14.6 ℃，99%置信区间温度为14.3~14.6 ℃；10月95%置信区间温度为5.4~5.8 ℃，99%置信区间温度为5.3~5.9 ℃（表4-5）。

表4-5　2001—2012年4—10月平均气温均值的描述统计

月份	均值（℃）	样本容量（n）	极差（d）	标准差（d）	变异系数（%）	95%置信区间	99%置信区间
4	5.5	44	2.5	0.515 0	0.093 0	5.4~5.7	5.3~5.8
5	13.8	44	2.1	0.494 0	0.035 7	13.7~14.0	13.6~14.0
6	20.0	44	2.5	0.550 9	0.028 0	19.5~19.8	19.5~19.9
7	21.7	44	1.6	0.432 6	0.019 9	21.6~21.8	21.5~21.9
8	20.5	44	2.2	0.469 2	0.022 9	20.3~20.6	20.3~20.7
9	14.5	44	2.9	0.617 0	0.042 7	14.3~14.6	14.3~14.6
10	5.6	44	4.0	0.791 6	0.141 5	5.4~5.8	5.3~5.9

从表4-6中数据可以看出，在黑龙江垦区44个农场中，73%的农场2001—2012年与2000年以前农场有气温记录4—10月平均气温变幅在0 ℃或0 ℃以上，23%的农场有1个月的月平均气温有所降低，降幅在0.1~0.7 ℃，4%的农场有2个月的月平均气温有所下降，降幅在0.1~1.1 ℃，但所有农场月平均气温总变幅均为正值，增幅范围在1.1~8.8 ℃。水稻生育期间各个农场的月平均气温总变幅的比较结果表明，七星泡和克山农场总增幅最大，达8.8 ℃；其次是宝泉岭、八五四和延军农场，增幅分别为7.4 ℃、7.3 ℃和7.1 ℃；增幅最小的是八五八农场，仅为1.1 ℃；增幅较小的是洪河农场，增幅为2.3 ℃。

比较4—10月所有农场月平均气温平均变幅可知，7月和8月升温幅度相对较小，分别为0.1 ℃和0.4 ℃，即气温相对炎热的月，月平均气温增幅较小；水稻生育期的4月、5月、6月、9月和10月升温幅度均达到0.5 ℃或0.5 ℃以上，增温最高的月是6月，平均升温1.5 ℃。

表4-6　2001—2012年较2000年以前农场有气温记录4—10月平均气温的变幅（单位：℃）

试验区	4月	5月	6月	7月	8月	9月	10月	4—10月总变幅
二九零	0.7	1.4	1.4	0.2	0.5	0.6	1.0	5.8
绥滨	0.7	1.2	1.6	0.3	0.6	0.9	1.0	6.3
江滨	0.7	1.3	1.3	0.1	0.6	0.8	0.9	5.7
军川	0.3	1.0	1.5	0.0	0.6	0.8	0.8	4.4
名山	0.2	1.1	1.4	0.2	0.6	0.8	0.8	5.1
延军	0.8	1.4	1.6	-0.1	0.6	1.5	1.3	7.1

（续表）

试验区	4月	5月	6月	7月	8月	9月	10月	4—10月 总变幅
共青	-0.2	0.7	1.1	-0.1	0.5	0.5	0.6	3.1
宝泉岭	0.8	1.4	1.6	0.5	0.8	1.1	1.2	7.4
新华	0.7	1.1	1.4	0.3	0.6	1.0	0.9	6.0
普阳	0.5	1.4	2.0	0.4	0.5	0.7	1.0	6.5
梧桐河	0.6	1.4	1.5	0.2	0.4	0.7	0.7	5.5
克山	1.2	1.2	1.8	0.7	0.8	1.5	1.6	8.8
查哈阳	0.9	0.9	1.2	0.4	0.4	0.8	1.2	5.8
八五九	0.3	0.9	1.3	-0.1	0.3	1.0	0.7	4.4
胜利	-0.5	0.6	1.0	0.0	0.3	0.6	0.5	2.5
勤得利	0.6	1.3	1.7	0.3	0.8	0.9	1.0	6.6
大兴	1.0	1.5	1.8	-0.8	-0.1	0.3	0.9	4.6
创业	0.7	1.6	1.7	0.0	0.4	0.9	0.9	6.2
前哨	0.1	0.9	1.0	0.3	0.1	0.6	0.8	3.8
前锋	0.0	1.0	1.3	0.2	0.2	0.2	0.0	2.9
洪河	0.0	0.9	0.9	-0.3	-0.3	0.4	0.7	2.3
二道河	0.1	0.8	1.1	0.2	0.1	0.2	0.1	2.6
浓江	0.3	0.7	1.1	-0.7	0.5	0.3	0.5	2.7
友谊	0.6	1.3	1.5	0.2	0.2	0.8	0.8	5.4
五九七	0.3	1.2	1.4	0.0	0.4	1.2	1.2	5.7
八五二	0.5	1.7	2.2	0.8	0.5	0.7	0.4	6.8
八五三	0.7	1.0	1.5	0.5	0.5	1.1	1.0	6.3
红旗岭	0.0	1.0	1.4	0.1	0.4	1.0	0.8	4.7
饶河	0.1	0.9	1.1	0.0	0.2	0.7	0.9	3.9
二九一	0.5	1.5	1.8	0.3	0.4	0.9	1.0	6.4
江川	0.4	0.9	1.4	0.0	0.5	0.8	1.2	5.2
北兴	0.2	0.9	1.4	0.0	0.3	1.1	0.6	4.5
七星泡	1.2	1.2	1.8	0.7	0.8	1.6	1.5	8.8
八五零	0.3	0.9	1.2	-0.2	0.1	0.7	0.9	3.9
八五四	0.9	1.5	1.8	0.4	0.5	1.1	1.1	7.3
八五五	0.6	1.2	1.8	0.2	0.7	1.3	1.1	6.9

（续表）

试验区	4月	5月	6月	7月	8月	9月	10月	4—10月总变幅
八五六	0.8	1.2	1.6	0.1	0.5	1.0	1.0	6.2
八五七	0.7	0.9	1.3	0.0	0.4	1.0	0.9	5.2
八五八	0.1	0.8	1.3	0.0	-1.1	-0.5	0.5	1.1
八五一一	0.4	0.9	1.4	0.0	0.5	1.1	0.9	5.2
云山	0.3	1.1	1.5	0.3	0.7	1.3	0.8	6.0
庆丰	0.7	1.2	1.6	-0.1	0.4	1.1	1.0	5.9
兴凯湖	0.9	1.1	1.5	-0.1	0.3	0.7	0.8	5.2
建设	0.6	1.1	1.5	0.3	0.5	1.3	1.4	6.7
平均	0.5	1.1	1.5	0.1	0.4	0.8	0.9	5.8

通过 2001—2012 年与 2000 年以前农场有气温记录 4—10 月平均气温变幅的描述统计可知（表 4-7），4 月 95% 置信区间温度为 0.4~0.6 ℃，99% 置信区间温度为 0.3~0.6 ℃；5 月 95% 置信区间温度为 1.0~1.1 ℃，99% 置信区间温度为 1.0~1.2 ℃；6 月 95% 置信区间温度为 1.4~1.5 ℃，99% 置信区间温度为 1.3~1.6 ℃；7 月 95% 置信区间温度为 0~0 ℃，99% 置信区间温度为 0~0.2 ℃；8 月 95% 和 99% 置信区间温度均为 0.3~0.5 ℃；9 月 95% 和 99% 置信区间温度均为 0.7~1.0 ℃；10 月 95% 和 99% 置信区间温度均为 0.8~1.0 ℃（表 4-7）。

表 4-7　2001—2012 年较 2000 年以前农场有气温记录 4—10 月平均气温变幅的描述统计

月份	均值（℃）	样本容量（n）	极差（d）	标准差（d）	变异系数（%）	95%置信区间	99%置信区间
4	0.5	44	1.7	0.362 8	0.749 4	0.4~0.6	0.3~0.6
5	1.1	44	1.1	0.259 9	0.232 5	1.0~1.1	1.0~1.2
6	1.5	44	1.3	0.277 2	0.189 7	1.4~1.5	1.3~1.6
7	0.1	44	1.6	0.309 2	2.387 0	0~0	0~0.2
8	0.4	44	1.9	0.326 5	0.840 2	0.3~0.5	0.3~0.5
9	0.8	44	2.1	0.392 5	0.468 0	0.7~1.0	0.7~1.0
10	0.9	44	1.6	0.316 9	0.358 5	0.8~1.0	0.8~1.0

2. 2001—2012 年水稻主产区月平均气温变化聚类分析

基于马氏距离，应用最短距离方法，对 2001—2012 年月平均气温增幅较大的 5 月、6 月、9 月、10 月的 44 个黑龙江垦区水稻主产区进行聚类分析。

　　由 2001—2012 年 5 月水稻主产区月平均气温变幅聚类分析图中可以看出，当横切线取值为 0.95 时，黑龙江垦区 44 个农场可分为 8 大类（图 4-1）。第一类包括八五八农场和二道河农场，增温幅度均为 0.8 ℃；第二类包括八五二农场，增温幅度为 1.7 ℃，在 44 个农场中增温幅度最大；第三类为胜利农场，增温幅度为 0.6 ℃，在 44 个农场中增温幅度最小；第四类是创业农场，增温幅度为 1.6 ℃，在 44 个农场中增温幅度位居第二；第五类包括八五四、二九一和大兴农场，增温幅度均为 1.5 ℃，也属于增温幅度较大的农场；第六类包括共青和浓江农场，增温幅度均为 0.7 ℃，在 44 个农场中增温幅度较小；第七类包括建设、兴凯湖、云山、新华和名山农场，增温幅度均为 1.1 ℃，此增幅正是各

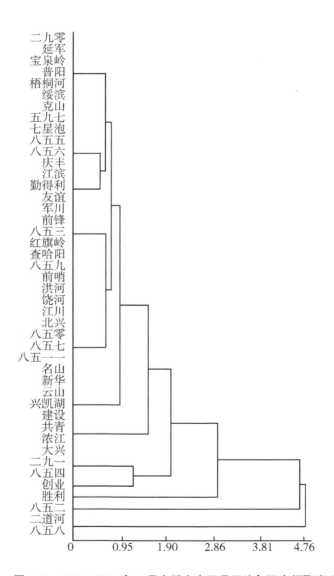

图 4-1　2001—2012 年 5 月水稻主产区月平均气温变幅聚类分析

农场 2001—2012 年 5 月增幅的平均值；第八类为余下的 29 个农场。

由 6 月水稻主产区月平均增温聚类分析图中可以看出，当横切线取值为 0.5 时，黑龙江垦区水稻主产区可分为 8 类（图 4-2）。第一类是八五二农场，其增温幅度最大达 2.2 ℃，在 44 个农场中增幅最大；第二类是洪河，增幅最小，为 0.9 ℃；第三类包括

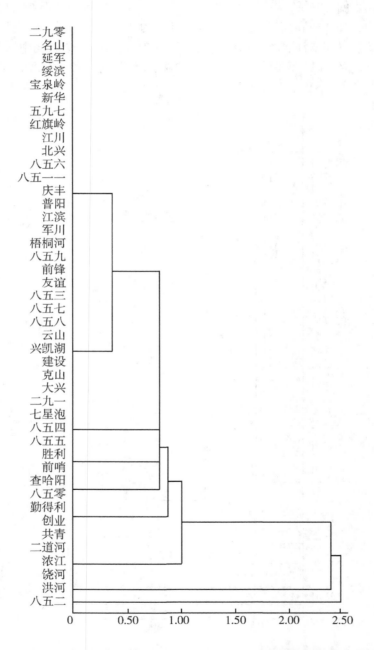

图 4-2　2001—2012 年 6 月水稻主产区月平均气温变幅聚类分析

饶河、浓江、二道河和共青农场，增幅均为 1.1 ℃；第四类包括创业和勤得利农场，增幅均为 1.7 ℃；第六类包括八五零和查哈阳农场，增幅均为 1.2 ℃；第七类包括前哨和胜利农场，增幅为 1 ℃；第八类包含八五五、八五四、七星泡、二九一、大兴和克山农场，增幅均为 1.8 ℃；余下的 27 个农场属于第九类，月平均增温范围在 1.3~1.6 ℃。

从 9 月水稻主产区月平均增温聚类分析图中可以看出，当横切线取值为 1.49 时，黑龙江垦区水稻主产区可分为 7 类（图 4-3）。第一类是洪河农场，9 月平均增温幅度为 0.4 ℃；第二类是建设、云山和八五五农场，平均增温均为 1.3 ℃；第三类是二道河和前锋农场，该月平均气温增幅均为 0.2 ℃；第四类是五九七农场，月平均增幅为

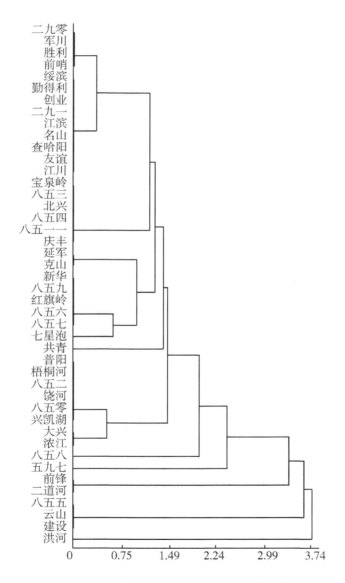

图 4-3　2001—2012 年 9 月水稻主产区月平均气温变幅聚类分析

1.2 ℃；第五类是八五八农场，月平均增幅为-0.5 ℃，属于所有本次统计的农场中月平均增幅最小的农场；第六类是浓江、大兴、兴凯湖、八五零、饶河、八五二、梧桐河和普阳农场，其余的农场划分为第七类。

由10月水稻主产区月平均增温聚类分析图中可以看出，当横切线取值为1.49时，黑龙江垦区水稻主产区可分为6类（图4-4）。第一类是八五二农场，10月平均增温幅度为0.4 ℃；第二类是前锋农场，增温幅度最小，为0 ℃；第三类是七星泡农场，该月

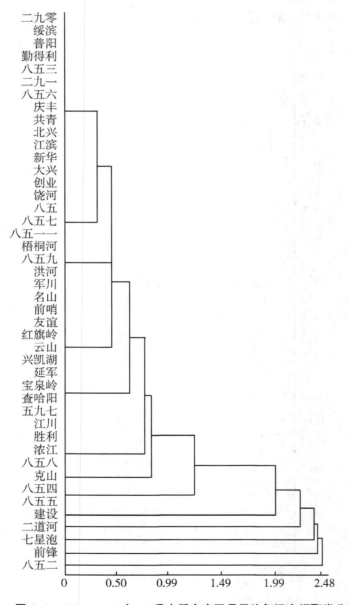

图4-4　2001—2012 年10 月水稻主产区月平均气温变幅聚类分析

表4-8　黑龙江垦区积温变化

第一积温带 (>2 700 ℃)		第二积温带 (2 500~2 700 ℃)				第三积温带 (2 300~2 500 ℃)				第四积温带 (2 100~2 300 ℃)		第五积温带 (1 900~2 100 ℃)		第六积温带 (<1 900 ℃)
农场	积温	农场	积温	农场	积温	农场	积温	农场	积温	农场	积温	农场	积温	农场
和平	3 091.9	宁安	2 694.1	八五零	2 583.3	鸭绿河	2 499.9	克山	2 385.3	嘉荫	2 288.9	龙门	2 096.6	无农场
肇源	3 032.4	江川	2 682.0	八五四	2 583.3	二道河	2 496.5	大西江	2 357.1	红星	2 285.0	尾山	2 090.1	
红兴隆	2 753.6	八五八	2 651.5	八五六	2 577.3	前锋	2 490.9	荣军	2 329.9	尖山	2 265.1	建边	2 072.4	
五九七	2 718.5	大兴	2 651.4	云山	2 574.3	前哨	2 488.3	跃进	2 323.6	锦河	2 242.8			
		二九一	2 638.1	江滨	2 574.1	延军	2 479.1	红五月	2 318.5	五大连池	2 239.8			
		友谊	2 632.0	梧桐河	2 572.5	胜利	2 473.4	鹤山	2 317.1	二龙山	2 233.6			
		依兰	2 626.5	红卫	2 555.5	前进	2 471.4	九三	2 304.8	红色边疆	2 219.4			
		创业	2 614.0	名山	2 547.6	洪河	2 469.2	赵光	2 304.2	嫩江	2 208.0			
		海林	2 614.0	宝泉岭	2 541.1	共青	2 466.1			七星泡	2 202.1			
		兴凯湖	2 613.8	庆丰	2 540.2	勤得利	2 466.0			格球山	2 201.3			
		汤原	2 612.5	新华	2 533.6	海伦	2 459.3			嫩北	2 162.7			
		绥滨	2 610.3	八五一一	2 526.9	八五二	2 458.9			引龙河	2 160.8			
		八五七	2 609.7	军川	2 525.0	青龙山	2 452.6			山河	2 157.4			
		浓江	2 606.1	红旗岭	2 521.8	铁力	2 440.7			长水河	2 154.2			
		八五九	2 601.7	二九零	2 521.2	855	2 419.7			逊克	2 141.6			
		普阳	2 591.6	建三江	2 513.7	建设	2 416.0			龙镇	2 126.3			
		八五三	2 590.8	双鸭山	2 513.1	北兴	2 412.7			襄河	2 123.2			
		查哈阳	2 587.3			饶河	2 390.8							

平均气温增幅均为 1.5 ℃；第四类是二道河农场，月平均增幅为 0.1 ℃；第五类是建设农场，月平均增幅为 1.4 ℃，其余的农场划分为第六类。

（二）黑龙江垦区农场积温变化

基于上述黑龙江垦区气温变化幅度较大，为了更利于作物品种布局，本研究利用黑龙江垦区农场近 30 年大于 10 ℃ 的活动积温平均值进行积温变化研究，结果如表 4-8。本研究共对黑龙江垦区的 85 个农场进行积温变化分析，其中，第一积温带有 4 个农场，第二积温带有 35 个农场，第三积温带有 26 个农场，第四积温带有 17 个农场，第五积温带有 3 个农场，此统计资料中无农场处于第六积温带。

参加统计的 85 个农场中，与原区划结果相比，黑龙江垦区共有 35 个农场活动积温向上增加了 1 个积温带水平，占农场总数的 41.2%（表 4-9），其中有 2 个农场从第二积温带变化至第一积温带，13 个农场由第三积温带变化至第二积温带，有 13 个农场由原来的第四积温带变化至第三积温带，有 6 个农场由第五积温带变化至第四积温带，1 个农场由原来的第六积温带变化至第五积温带。黑龙江活动积温的增加，农作物生长期的热量资源增加，有利于农作物耕种范围扩大，喜温作物面积增加，中、晚熟品种的适宜区增多，可以大幅度提高作物产量，本研究结果可以为黑龙江垦区作物布局调整提供理论参考。

表 4-9　黑龙江垦区积温变化

农　　场	原积温带	现积温带	农场数量（个）
红兴隆　五九七	第二积温带	第一积温带	2
二九零　八五八　绥滨　普阳　梧桐河 创业　军川　庆丰　八五零　八五三 八五六　八五九　云山	第三积温带	第二积温带	13
九三　大西江　红五月　跃进　荣军 红光　海伦　饶河　勤得利　青龙山 洪河　鸭绿河　赵光	第四积温带	第三积温带	13
格球山　引龙河　长水河　红星　七星泡 五大连池	第五积温带	第四积温带	6
龙门	第六积温带	第五积温带	1

三、讨　论

（一）水稻主产区气温变化

在全球气候变暖日益被关注的背景下，我们更应该充分对自己所处地域的气温变化有更深入的认识。已有研究表明，黑龙江省地理纬度较高，幅员辽阔，地形复杂，气候变化较为显著（高永刚，2007；高永刚，2007）。黑龙江垦区地理纬度位于东经 123°40′~134°40′，北纬 40°10′~50°20′，属于寒温带大陆季风气候区，冬长夏短，全年无霜期在 110~145 d。水稻起源于亚洲热带地区，历史上黑龙江地区只有小面积种植，但是随着水稻种植技术的提高，寒地高产优质水稻品种的繁育，再加之黑龙江省气温具有增温趋势，导致黑龙江垦区水稻种植面积已达 2 323万亩以上，所以深入研究水稻主产区的气温变化，对于水稻生产向着高产优质方向发展具有重要的指导意义。

本文针对黑龙江垦区以水稻为主要栽培作物的 44 个农场，比较和分析了 2001—2012 年与有气温记录至 2000 年 4—10 月的气温变幅，旨在为黑龙江垦区水稻育种、引种工作及精确栽培奠定理论基础。本研究表明，黑龙江垦区各个农场生长季月平均气温总变幅均表现为升温趋势，但由于地理位置和地理环境的不同，北部和西部农场升温幅度大于东部和南部农场，这与于梅（2007）的有关研究较一致。陈莉（2001）研究表明，从各个季节来看，冬季升温幅度最大；其次为春季；夏、秋两季升温幅度较小。而本研究结果与之基本一致，但是由于本研究只是针对作物生育期的 4—10 月的历年月平均气温增幅进行比较，故不同季节升温幅度的差异还有待于进一步研究。另外，基于马氏距离，应用最短距离方法，对近年来月平均气温增幅较大的 5 月、6 月、9 月、10 月的 44 个农场分别进行聚类分析，对不同农场同一个月份平均气温的变幅进行分类，同一类的农场，说明在此月份热量变幅相似，此类研究至今未见相关报道。

（二）黑龙江垦区农场积温变化

大于 10 ℃活动积温是农作物生长必需的指标因子，可以反映生物体对热量的要求，为地区间农作物引种和新品种推广提供依据；区域的活动积温情况决定着农作物的布局结构，可以在农业气候研究中作为分析地区热量资源、编制农业气候区划的热量指标。通过研究黑龙江垦区积温变化，可以指导黑龙江省垦区进行农作物结构的调整，为某地确定合适的作物或为作物确定适宜的试验区。

黑龙江省按照大于 10 ℃的活动积温分为 6 个积温带。2005 年，黑龙江垦区推出了"布局区域化"模式，按照优势区域布局，在黑龙江垦区的六个积温带上，因地制宜地组装集成了良种良法配套、农机农艺结合的标准化种植模式。基于黑龙江垦区对积温带在农作物区域布局方面的高度重视，本研究利用农场的近 30 年大于 10 ℃的活动积温对其进行积温变化研究，在参与修订的 85 个农场中，与原积温区划结果相比，黑龙江垦区共有 41.2% 的农场，活动积温水平增加了 1 个积温带水平，这与前人研究的近些年气温有所升高的结论一致（石剑，2005）。

由于本研究中的气温数据分别来源于各个垦区农场的气象站（台），所以可以准确分析跨度较小的农场积温。但对于下垫面较复杂或纬度跨度较大的农场，其不同地区是否可区划到不同的积温带，有待于利用多点气温数据进一步研究。为了充分利用光温资源，建议有关部门对黑龙江垦区的积温带划分标准进行调整。

四、结 论

（一）黑龙江垦区水稻主产区气温变化

本研究表明，黑龙江垦区参加统计的 44 个水稻主产农场中，2001—2012 年 4—10 月月平均气温总变幅均为正值，增幅范围在 1.1~8.8 ℃。其中，七星泡和克山农场总增幅最大，增幅为 8.8 ℃；其次是宝泉岭、八五四和延军农场，增幅在 7.1~7.4 ℃；

增幅最小的是八五八农场，增幅为 1.1 ℃，并确定了各月总变幅 95% 和 99% 的置信区间。

就作物生育期 4—10 月平均气温变幅而言，7 月和 8 月升温幅度最小，4 月、5 月、9 月和 10 月的升温幅度较小。即炎热的夏季升温幅度最小，其次是春季和秋季。

（二）黑龙江垦区农场积温变化

在参与统计的 85 个农场中，与原区划结果相比，黑龙江垦区共有 35 个农场活动积温增加了 1 个积温带水平，占农场总数的 41.2%。黑龙江垦区积温区域的变化，导致农作物种植范围向北扩大。

第三节　不同试验区水稻生育界限期的界定

水稻是喜温作物，寒地水稻品种感温性强，水稻从种子萌发到稻穗谷粒成熟，经过种子萌发、幼苗生长、分蘖、拔节、幼穗分化、孕穗、抽穗扬花、灌浆直至成熟的总天数称之为水稻的生育期（孟亚利，1997）。根据水稻器官生长发育特点，水稻生育期分为营养生长、营养生长与生殖生长并进和生殖生长 3 个阶段。营养生长阶段从水稻播种至幼穗分化开始，是水稻营养体增长的阶段，包括秧苗期和分蘖期，主要是发根、长叶、分蘖，为水稻穗数粒数奠定基础；营养生长与生殖生长并进阶段从幼穗分化开始到抽穗，主要是长茎、长穗，是决定水稻粒数的关键时期；生殖生长阶段是从抽穗开花到稻谷成熟，历经抽穗扬花、灌浆，是决定结实率和粒重的关键时期。在水稻生长的全生育期中，气温是影响其产量和品质的主要因素之一。至今为止，国内外对水稻生育期生长特征及其适宜的气候特点等研究较为透彻，但由多年日平均气温推算本地水稻生长过程中界限期的日期却少见报道。因此，认真分析研究当地气温变化规律，结合当地水稻的栽培特性，选育和栽培适宜的品种，便可主动的充分利用当地的热能资源，有计划的栽培管理水稻，这是寒地稻作防御低温冷害，获取水稻稳产高产的有效途径之一（郭建平，2001）。

黑龙江农垦科学院水稻研究所对佳木斯市近 20 年的气温实测资料做了统计分析，并计算出当地水稻主栽品种各生育阶段的活动积温，结合水稻生育界限温度等资料，绘制了水稻计划栽培图。此研究结果确定了当地水稻栽培主要生育阶段的界限时期、提出了适宜种植品种，以便充分利用当地热能资源，防御低温冷害，实行计划栽培，为水稻生产安全成熟，提高品质和产量奠定了理论基础，但针对地处不同积温带的试验区进行水稻生育界限期的研究，至今未见报道，限制了水稻计划栽培模式在不同试验区应用。

基于以上原因，本研究以肇源农场、友谊农场和洪河农场为例，利用各试验区 1993—2012 年水稻生育期间 4—10 月的实测日平均气温、当地栽培的主要水稻品种在各生育阶段所需起点温度与积算温度等农业气象资料，统计本地水稻生长过程中界限期，并绘制水稻生育界限期指导图。本研究结果有利于更好地掌握水稻生育进程，明确田间管理目标，有效促进水稻的早熟增产，也是水稻科研和生产的需要。

一、材料与方法

（一）气象资料

肇源农场、友谊农场和洪河农场近 20 年 4—10 月的日平均气温数据分别来自当地气象站历史记载资料。

（二）研究方法

本研究把连续 3 日日平均气温高于（夏季）或低于（秋季）界限温度的首日，按生产上习惯定义为水稻生育界限期。以肇源农场、友谊农场和洪河农场为研究对象，逐年逐日确定不同试验区水稻生育界限期，采用直方图方法绘制平均气温稳定通过生育界限温度日期的次数分布图，进行正态性检验，并对各界限期进行描述统计，绘制不同试验区各自的寒地水稻生育界限期指导图，对比分析不同试验区水稻生育界限期。

根据近 20 年水稻生育期间日平均气温的变化，及其在各生育阶段所需起点温度与积温，确定本地水稻生育主要几项界限期，具体如表 4-10 所示。

表 4-10　寒地水稻生育界限期

水稻生育界限期	界限温度标准
旱育秧播种最早界限期	5 ℃
旱育秧安全播种界限期	6 ℃
旱育秧中苗移栽早限期	12.5 ℃
旱育秧中苗安全移栽早限期	13 ℃
大苗安全移栽早限期	14 ℃
安全成熟适期	15 ℃
安全成熟晚限期	13 ℃
安全齐穗适期终日	自安全成熟晚限期逆推积温 900 ℃
安全齐穗晚限期	自安全成熟晚限期逆推积温 850 ℃

1. 旱育秧播种最早界限期

标准大棚旱育秧，棚内气温一般较外界提高 5~7 ℃。当春季气温稳定通过 5 ℃（连续 3 日日平均气温大于 5 ℃）时，晴天棚内气温即可达到 10 ℃ 以上，水稻芽谷即能免受冻害，正常发育、拱土、出苗，这时可以开始播种育苗。定义此时期为当地大棚旱育秧播种最早界限期。

2. 旱育秧安全播种界限期

春季日平均气温稳定通过在 6 ℃，为本地大棚旱育秧安全播种界限期。

3. 旱育秧中苗移栽早限期

寒地水稻旱育秧中苗移栽成活的起点温度为 12.5 ℃，本地日平均气温开始稳定在 12.5 ℃ 以上的始期为本地中苗移栽最早界限期。

4. 旱育秧中苗安全移栽早限期

13 ℃为稻苗移栽本田安全成活的最低温度，所以本地日平均气温稳定通过 13 ℃的始期为安全移栽早限期。

5. 大苗安全移栽早限期

旱育大苗移栽安全成活最低气温为 14 ℃，本地日平均气温开始稳定在 14 ℃以上的始期为本地大苗安全移栽早限期。

6. 安全成熟适期

在成熟末期日平均气温开始出现 15 ℃（连续 3 日日平均气温小于 15 ℃）时，水稻植株茎叶将停止合成碳水化合物，为确保水稻安全成熟、促进形成优质大米，此时为水稻安全成熟适期。

7. 安全成熟晚限期

秋季当日平均气温降到 13 ℃以下时，水稻茎叶已合成的养分将停止向穗部传送，水稻不再增产。因此，成熟末期日平均气温开始出现 13 ℃的日期，为安全成熟晚限期。

8. 安全齐穗适期终日

自本地安全成熟晚限期逆算活动积温达到 900 ℃的日期为安全齐穗适期终日。

9. 安全齐穗晚限期

自本地安全成熟晚限期逆算活动积温达到 850 ℃的日期为安全齐穗晚限期。

（三）数据统计

数据采用 DPS 和 Microsoft Excel 统计软件进行分析。

二、结果与分析

（一）肇源农场水稻界限期确定

1. 正态分布检验

通过对黑龙江省肇源农场近 20 年日平均气温的分析，确定日平均气温稳定通过平均气温界限值（5 ℃、6 ℃、12.5 ℃、13 ℃、14 ℃、秋 15 ℃和秋 13 ℃）的日期，对这些界限日期进行正态性检验，结果均呈正态分布（表 4-11）。

表 4-11　肇源农场水稻生育界限期的正态性检验

水稻生育界限期	K-S 检验	参数	U 值	P 值
旱育秧播种最早界限期	偏度	−0.916 7	−1.829 1	0.067 4
	峰度	0.985 2	1.013 7	0.310 7
旱育秧安全播种界限期	偏度	0.412 2	0.839 7	0.401 1
	峰度	−1.314 4	−1.379 6	0.167 7
旱育秧中苗移栽早限期	偏度	0.161 9	0.329 8	0.741 5
	峰度	−1.911 4	−2.006 1	0.044 8

（续表）

水稻生育界限期	K-S检验	参数	U值	P值
旱育秧中苗安全移栽早限期	偏度	−1.043 8	−2.126 1	0.033 5
	峰度	−0.433 0	−0.454 5	0.649 5
大苗安全移栽早限期	偏度	−0.794 0	−1.617 2	0.105 8
	峰度	1.472 4	1.545 4	0.122 2
安全成熟适期	偏度	−0.035 9	−0.070 1	0.944 1
	峰度	0.298 5	0.300 8	0.763 6
安全成熟晚限期	偏度	−0.295 6	−0.577 3	0.563 7
	峰度	−0.746 7	−0.752 4	0.451 8

2. 肇源农场水稻生育界限期的次数分布分析

从肇源农场水稻生育界限期的次数分布图中可以看出，4月1—5日分布次数最多，达到 11 次（图4-5a），4月21日以后平均气温均明显高于 5 ℃；从图4-5b 中可以看出，4月1—5日平均气温稳定通过 6 ℃日期的次数最多，达 10 次，其次是 4 月 16—20 日，达 5 次。

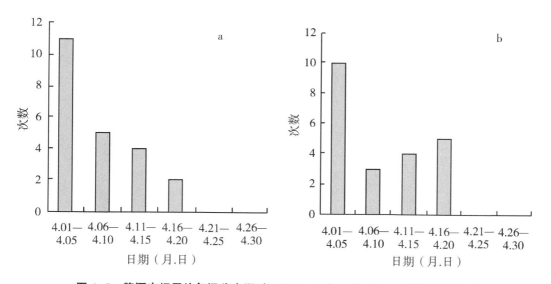

图4-5　肇源农场平均气温稳定通过 5 ℃（a）和 6 ℃（b）日期的次数分布

从肇源农场平均气温稳定通过 12.5 ℃日期的次数分布图中可以看出，5月1—5日分布次数最多，达到 11 次（图4-6a）；从图4-6b 中可以看出，5月11—15日平均气温稳定通过 13 ℃日期的次数最多，达 10 次。历年气温数据表明，肇源农场 5 月上旬平均气温即可稳定通过 13 ℃。

从肇源农场平均气温稳定通过 14 ℃日期的次数分布图中可以看出，5月11—15日

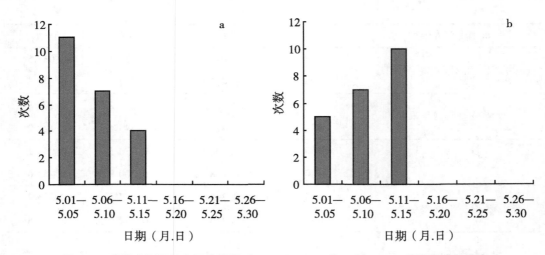

图 4-6　肇源农场平均气温稳定通过 12.5 ℃（a）和 13 ℃（b）日期的次数分布

分布次数最多，达到 10 次（图 4-7），其次是 5 月 6—10 日分布次数达 6 次。

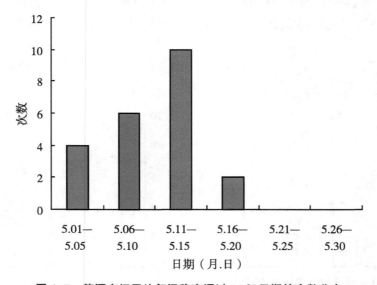

图 4-7　肇源农场平均气温稳定通过 14 ℃日期的次数分布

　　入秋以来，从肇源农场平均气温稳定通过 15 ℃日期的次数分布图中可以看出，9 月 1—5 日和 9 月 6—10 日分布次数最多，分别达到 7 次（图 4-8a），9 月 26—30 日平均气温下降较快；从图 4-8b 中可以看出，9 月 16—20 日平均气温稳定通过 13 ℃日期的次数最多，达 7 次，其次是 9 月 11—15 日，达 6 次，9 月 26—30 日平均气温均低于 13 ℃。

3. 肇源农场水稻生育界限期的描述统计

　　通过肇源农场水稻生育界限期的描述统计可知（表 4-12），日平均气温稳定通过 5 ℃的平均日期即大棚旱育秧播种最早界限期为 4 月 7 日，其 95% 和 99% 置信区间分别

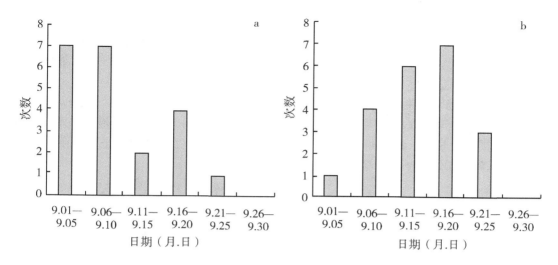

图 4-8 肇源农场秋季平均气温稳定通过 15 ℃（a）和 13 ℃（b）日期的次数分布

为 4 月 5—10 日和 4 月 4—11 日；旱育秧安全播种界限期为 4 月 9 日，95% 和 99% 置信区间分别为 4 月 6—12 日和 4 月 5—13 日；旱育秧中苗移栽早限期为 5 月 6 日，95% 和 99% 置信区间分别为 5 月 4—8 日和 5 月 3—8 日；旱育秧中苗安全移栽早限期 5 月 9 日，95% 和 99% 置信区间分别为 5 月 7—11 日和 5 月 6—11 日，分别较旱育秧中苗移栽早限期延后 3 d；大苗安全移栽早限期为 5 月 10 日，95% 和 99% 置信区间分别为 5 月 9—13 日和 5 月 9—14 日；安全成熟适期为 9 月 11 日，95% 和 99% 置信区间分别为 9 月 12—17 日和 9 月 11—18 日；安全成熟晚限期 9 月 21 日，95% 和 99% 置信区间分别为 9 月 18—24 日和 9 月 17—25 日。

表 4-12 肇源农场水稻生育界限期的描述统计

水稻生育界限期	界限温度（℃）	均值（月-日）	样本容量（n）	极差（d）	标准差（d）	变异系数（%）	95%置信区间	99%置信区间
旱育秧播种最早界限期	5	4-7	20	19	5.789 4	80.11	4.5—4.10	4.4—4.11
旱育秧安全播种界限期	6	4-9	20	19	6.963 7	79.79	4.6—4.12	4.5—4.13
旱育秧中苗移栽早限期	12.5	5-6	20	11	4.676 8	83.65	5.4—5.8	5.3—5.8
旱育秧中苗安全移栽早限期	13	5-9	20	13	4.379 5	50.44	5.7—5.11	5.6—5.11
大苗安全移栽早限期	14	5-10	20	18	4.248 8	37.39	5.9—5.13	5.9—5.14
安全成熟适期	15	9-11	20	25	5.960 2	41.25	9.12—9.17	9.11—9.18
安全成熟晚限期	13	9-21	20	21	6.018 4	29.07	9.18—9.24	9.17—9.25

4. 肇源农场水稻安全齐穗适期终日期和安全齐穗晚限期的界定

通过上述统计可知，肇源农场水稻安全成熟晚限期平均在 9 月 21 日，利用肇源农场近 20 年日平均气温值逆算水稻安全齐穗适期终日期和安全齐穗晚限期，从 9 月 21 日至 8 月 8 日的积温为 853.01 ℃，从 9 月 21 日至 8 月 5 日的积温为 921.83 ℃。故确定肇源农场安全齐穗适期终日为 8 月 5 日，安全齐穗晚限期为 8 月 8 日。

5. 肇源农场水稻生育界限期指导图

根据上述对肇源农场历年日平均气温的统计分析，绘制肇源农场水稻生育界限期指导图，如图 4-9 所示。从中可以清晰地看出肇源农场水稻生育期中的平均界限期，对于指导肇源农场水稻栽培生产具有极强的理论指导意义。

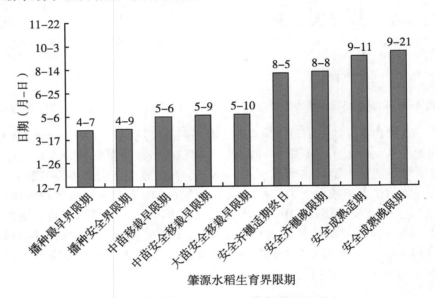

图 4-9 肇源农场水稻生育界限期指导图

（二）友谊农场水稻界限期分析

1. 正态分布检验

通过对黑龙江省友谊农场近 20 年日平均气温的分析，确定日平均气温稳定通过平均气温界限值（5 ℃、6 ℃、12.5 ℃、13 ℃、14 ℃、秋 15 ℃和秋 13 ℃）的日期，将这些界限日期进行正态性检验，结果表明，均呈正态分布（表 4-13）。

表 4-13 友谊农场水稻生育界限期的正态性检验

水稻生育界限期	K-S 检验	参数	U 值	P 值
旱育秧播种最早界限期	偏度	0.458 9	0.915 7	0.359 8
	峰度	-1.325 7	-1.364 0	0.172 6
旱育秧安全播种界限期	偏度	0.020 9	0.041 7	0.966 7
	峰度	-1.635 1	-1.682 3	0.092 5

（续表）

水稻生育界限期	K-S 检验	参数	U 值	P 值
旱育秧中苗移栽早限期	偏度	−0.121 3	−0.231 6	0.816 9
	峰度	−0.441 5	−0.435 3	0.663 4
旱育秧中苗安全移栽早限期	偏度	−0.269 3	−0.514 1	0.607 2
	峰度	−0.763 4	−0.752 7	0.451 6
大苗安全移栽早限期	偏度	0.275 9	0.526 8	0.598 4
	峰度	−0.364 2	−0.359 0	0.719 6
安全成熟适期	偏度	−0.701 2	−1.399 1	0.161 8
	峰度	0.502 5	0.517 0	0.605 2
安全成熟晚限期	偏度	−0.832 1	−1.660 3	0.096 9
	峰度	2.446 0	2.516 6	0.011 8

2. 友谊农场水稻生育界限期的次数分布分析

从友谊农场平均气温稳定通过 5 ℃日期的次数分布图中可以看出，4 月 1—5 日分布次数最多，达到 8 次（图 4-10a），4 月 16—20 日为 5 次；从图 4-10b 中可以看出，4 月 1—5 日和 4 月 16—20 日平均气温稳定通过 6 ℃日期的次数均最多，均达到 6 次，4 月 26 日以后日平均气温均高于 6 ℃。

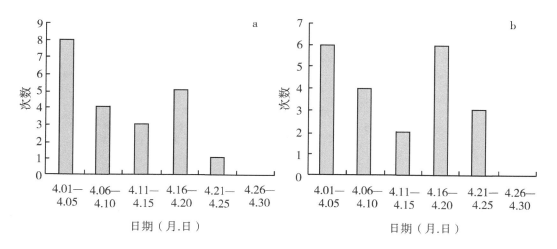

图 4-10　友谊农场平均气温稳定通过 5 ℃（a）和 6 ℃（b）日期的次数分布

从友谊农场平均气温稳定通过 12.5 ℃日期的次数分布图中可以看出，5 月 6—10 日和 5 月 11—15 日分布次数均最多，分别达到 6 次（图 4-11a），从图 4-11b 中可以看出，5 月 11—15 日平均气温稳定通过 13 ℃日期的次数最多，达 7 次，从图中还可以看出，友谊农场从 5 月 21 日以后日平均气温明显高于 13 ℃。

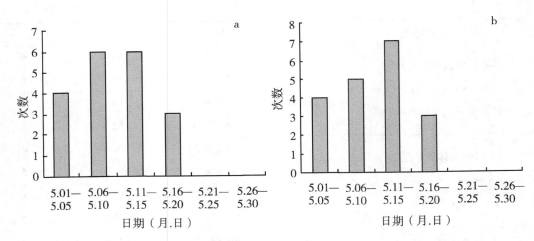

图 4-11　友谊农场平均气温稳定通过 12.5 ℃（a）和 13 ℃（b）日期的次数分布

从友谊农场平均气温稳定通过 14 ℃ 日期的次数分布图中可以看出，5 月 11—15 日分布次数最多，达到 10 次（图 4-12），友谊农场平均气温稳定通过 14 ℃ 日期的次数分布图呈现标准的正态分布。

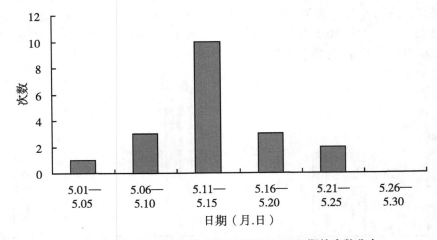

图 4-12　友谊农场平均气温稳定通过 14 ℃ 日期的次数分布

从友谊农场平均气温稳定通过 15 ℃ 日期的次数分布图中可以看出，9 月 11—15 日和 9 月 16—20 日分布次数最多，分别达到 8 次（图 4-13a），9 月 21 日以后友谊农场平均气温明显下降，日平均气温均低于 15 ℃；从图 4-13b 中可以看出，9 月 16—20 日平均气温稳定通过 13 ℃ 日期的次数最多，达 9 次，从图 4-13b 中还可以看出，9 月 1—5日有 1 年稳定通过了 13 ℃，但 9 月 6—10 日日平均气温没有稳定通过 13 ℃ 的记录，说明友谊农场在此期间气温变化不稳定。

3. 友谊农场水稻生育界限期的描述统计

通过友谊农场水稻生育界限期的描述统计可知（表 4-14），友谊农场大棚旱育秧播

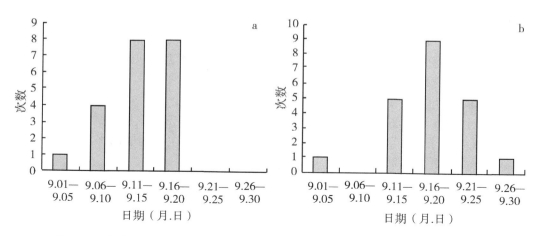

图 4-13　友谊农场秋季平均气温稳定通过 15 ℃（a）和 13 ℃（b）日期的次数分布

种最早界限期为 4 月 10 日，其 95% 和 99% 置信区间分别为 4 月 7—13 日和 4 月 6—14 日；旱育秧安全播种界限期为 4 月 12 日，95% 和 99% 置信区间分别为 4 月 9—15 日和 4 月 8—17 日；旱育秧中苗移栽早限期为 5 月 9 日，95% 和 99% 置信区间分别为 5 月 7—12 日和 5 月 6—13 日；旱育秧中苗安全移栽早限期 5 月 10 日，95% 和 99% 置信区间分别为 5 月 7—13 日和 5 月 6—14 日；大苗安全移栽早限期为 5 月 13 日，95% 和 99% 置信区间分别为 5 月 11—16 日和 5 月 10—17 日；安全成熟适期为 9 月 13 日，95% 和 99% 置信区间分别为 9 月 12—15 日和 9 月 11—16 日；安全成熟晚限期为 9 月 18 日，95% 和 99% 置信区间分别为 9 月 15—20 日和 9 月 14—21 日。

表 4-14　友谊农场水稻生育界限期的描述统计

水稻生育界限期	界限温度（℃）	均值（月-日）	样本容量（n）	极差（d）	标准差（d）	变异系数（%）	95% 置信区间	99% 置信区间
旱育秧播种最早界限期	5	4-10	20	20	6.599 1	68.60	4.7—4.13	4.6—4.14
旱育秧安全播种界限期	6	4-12	20	21	7.236 2	59.36	4.9—4.15	4.8—4.17
旱育秧中苗移栽早限期	12.5	5-9	20	18	5.231 5	55.53	5.7—5.12	5.6—5.13
旱育秧中苗安全移栽早限期	13	5-10	20	18	5.522 4	55.52	5.7—5.13	5.6—5.14
大苗安全移栽早限期	14	5-13	20	20	5.599 7	41.89	5.11—5.16	5.10—5.17
安全成熟适期	15	9-13	20	15	3.796 6	27.68	9.12—9.15	9.11—9.16
安全成熟晚限期	13	9-18	20	28	5.817 9	33.02	9.15—9.20	9.14—9.21

4. 友谊农场水稻安全齐穗适期终日期和安全齐穗晚限期的界定

通过上述统计可知，友谊农场水稻安全成熟晚限期平均在 9 月 18 日，利用友谊农场近 20 年日平均气温值逆算水稻安全齐穗适期终日期和安全齐穗晚限期，从 9 月 18 日至 8 月 4 日的积温为 861.1 ℃，从 9 月 18 日至 8 月 2 日的积温为 905.6 ℃。故确定友谊农场安全齐穗适期终日为 8 月 2 日，安全齐穗晚限期为 8 月 4 日。

5. 友谊农场水稻生育界限期指导图

根据上述对友谊农场历年日平均气温的统计分析，绘制友谊农场水稻生育界限期指导图，如图 4-14 所示。从中可以清晰地看出友谊农场水稻生育期中的平均界限期，对于指导水稻栽培更加直观，方便。

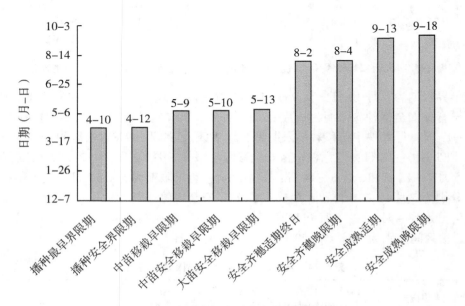

图 4-14　友谊农场水稻生育界限期指导

（三）洪河农场水稻界限期研究

1. 正态分布检验

通过对黑龙江省洪河农场近 20 年日平均气温的分析，确定日平均气温稳定通过平均气温界限值（5 ℃、6 ℃、12.5 ℃、13 ℃、14 ℃、秋 15 ℃和秋 13 ℃）的日期，将这些界限日期进行正态性检验，结果表明，均呈正态分布（表 4-15）。

表 4-15　洪河农场水稻生育界限期的正态性检验

水稻生育界限期	K-S 检验	参数	U 值	P 值
旱育秧播种最早界限期	偏度	−0.916 7	−1.829 1	0.067 4
	峰度	0.985 2	1.013 7	0.310 7

（续表）

水稻生育界限期	K-S 检验	参数	U 值	P 值
旱育秧安全播种界限期	偏度	-0.695 9	-1.388 5	0.165 0
	峰度	0.656 6	0.675 6	0.499 3
旱育秧中苗移栽早限期	偏度	-0.236 2	-0.471 4	0.637 4
	峰度	1.569 0	1.614 3	0.106 5
旱育秧中苗安全移栽早限期	偏度	0.282 7	0.564 1	0.572 7
	峰度	-0.083 1	-0.085 5	0.931 8
大苗安全移栽早限期	偏度	-0.201 1	-0.401 3	0.688 2
	峰度	-0.051 5	-0.053 0	0.957 7
安全成熟适期	偏度	0.428 3	0.854 5	0.392 8
	峰度	-0.837 0	-0.861 2	0.389 1
安全成熟晚限期	偏度	-0.762 8	-1.521 9	0.128 0
	峰度	0.740 1	0.761 4	0.446 4

2. 洪河农场水稻生育界限期的次数分布分析

从洪河农场平均气温稳定通过 5 ℃日期的次数分布图中可以看出，4 月 16—20 日分布次数最多，达到 10 次（图 4-15a），4 月 6—10 日平均气温没有稳定通过 5 ℃；从图 4-15b 中可以看出，4 月 16—20 日平均气温稳定通过 6 ℃日期的次数最多，达 7 次，其次是 4 月 21—25 日，达 6 次，4 月 6—10 日平均气温没有稳定通过 6 ℃，说明洪河农场在 4 月 1—11 日气温变化不稳定。

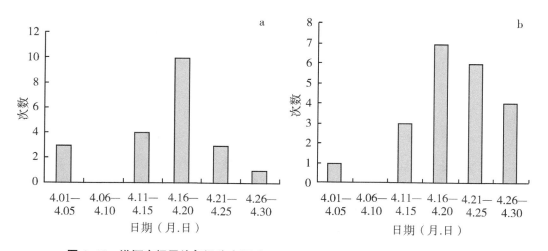

图 4-15　洪河农场平均气温稳定通过 5 ℃（a）和 6 ℃（b）日期的次数分布

从洪河农场平均气温稳定通过 12.5 ℃日期的次数分布图中可以看出，5 月 11—15

日分布次数最多，达到 12 次（图 4-16a），5 月上旬和下旬平均气温稳定通过 12.5 ℃日期的次数明显少于 5 月 11—15 日；从图 4-16b 中可以看出，5 月 11—15 日平均气温稳定通过 13 ℃日期的次数最多，达 11 次，5 月 1—5 日平均气温没有稳定通过 12.5 ℃。

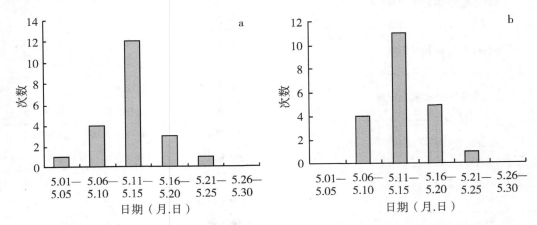

图 4-16 洪河农场平均气温稳定通过 **12.5 ℃（a）和 13 ℃（b）日期的次数分布**

从洪河农场平均气温稳定通过 14 ℃日期的次数分布图中可以看出，5 月 11—15 日分布次数最多，达到 7 次（如图 4-17），其次是 5 月 16—20 日分布次数达 5 次。

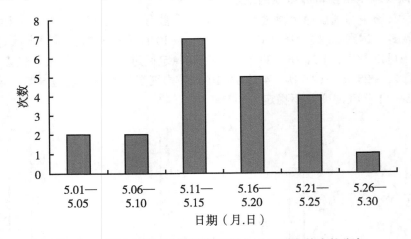

图 4-17 洪河农场平均气温稳定通过 **14 ℃日期的次数分布**

从洪河农场平均气温稳定通过 15 ℃日期的次数分布图中可以看出，9 月 1—5 日和 9 月 6—10 日分布次数最多，分别达到 5 次（如图 4-18a），9 月中旬以后平均气温明显下降，9 月 26—30 日平均气温均低于 15 ℃；从图 4-18b 中可以看出，9 月 16—20 日平均气温稳定通过 13 ℃日期的次数最多，达 7 次，9 月 26—30 日平均气温均低于 13 ℃。

3. 洪河农场水稻生育界限期的描述统计

通过洪河农场水稻生育界限期的描述统计可知（表 4-16），日平均气温稳定通过 5 ℃的平均日期即大棚旱育秧播种最早界限期为 4 月 16 日，其 95% 和 99% 置信区间分

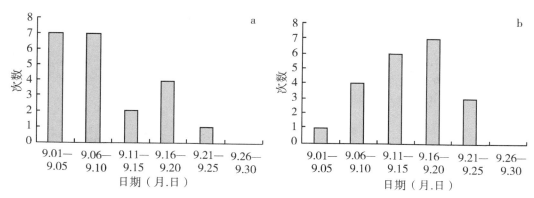

图 4-18 洪河农场秋季平均气温稳定通过 15 ℃ （a） 和 13 ℃ （b） 日期的次数分布

别为 4 月 13—19 日和 4 月 12—20 日；旱育秧安全播种界限期为 4 月 20 日，95% 和 99% 置信区间分别为 4 月 17—23 日和 4 月 16—24 日；旱育秧中苗移栽早限期为 5 月 13 日，95% 和 99% 置信区间分别为 5 月 11—15 日和 5 月 10—16 日；旱育秧中苗安全移栽早限期 5 月 14 日，95% 和 99% 置信区间分别为 5 月 12—16 日和 5 月 11—17 日，分别较旱育秧中苗移栽早限期延后 1 d；大苗安全移栽早限期为 5 月 17 日，95% 和 99% 置信区间分别为 5 月 12—19 日和 5 月 11—20 日；安全成熟适期为 9 月 9 日，95% 和 99% 置信区间分别为 9 月 6—11 日和 9 月 5—12 日；安全成熟晚限期为 9 月 15 日，95% 和 99% 置信区间分别为 9 月 13—18 日和 9 月 12—18 日。

表 4-16 洪河农场水稻生育界限期的描述统计

水稻生育界限期	界限温度（℃）	均值（月-日）	样本容量（n）	极差（d）	标准差（d）	变异系数（%）	95% 置信区间	99% 置信区间
旱育秧播种最早界限期	5	4-16	20	27	6.431	39.82	4.13—4.19	4.12—4.20
旱育秧安全播种界限期	6	4-20	20	24	5.935	29.47	4.17—4.23	4.16—4.24
旱育秧中苗移栽早限期	12.5	5-13	20	22	4.671	36.73	5.11—5.15	5.10—5.16
旱育秧中苗安全移栽早限期	13	5-14	20	16	4.177	29.94	5.12—5.16	5.11—5.17
大苗安全移栽早限期	14	5-17	20	29	7.228	46.28	5.12—5.19	5.11—5.20
安全成熟适期	15	9-9	20	20	6.069	70.03	9.6—9.11	9.5—9.12
安全成熟晚限期	13	9-15	20	22	5.458	36.16	9.13—9.18	9.12—9.18

4. 洪河农场水稻安全齐穗适期终日期和安全齐穗晚限期的界定

通过上述统计可知，洪河农场水稻安全成熟晚限期平均在 9 月 15 日，利用洪河农场近 20 年日平均气温值逆算水稻安全齐穗适期终日期和安全齐穗晚限期，9 月 15 日至

8 月 1 日的积温为 858.77 ℃，9 月 15 日至 7 月 30 日的积温为 900.1 ℃。故确定洪河农场安全齐穗适期终日为 7 月 30 日，安全齐穗晚限期为 8 月 1 日。

5. 洪河农场水稻生育界限期指导图

根据上述对洪河农场历年日平均气温的统计分析，绘制洪河农场水稻生育界限期指导图，如图 4-19 所示。从中可以清晰地看出洪河农场水稻生育期中的平均界限期，对于指导水稻栽培更加直观，方便。

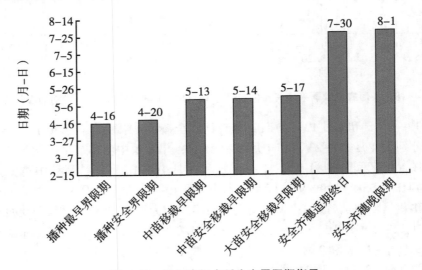

图 4-19　洪河农场水稻生育界限期指导

（四）3 个农场水稻界限期比较

从图 4-20 中可以看出，水稻从播种期到移栽期的 5 个栽培界限期均随着活动积温

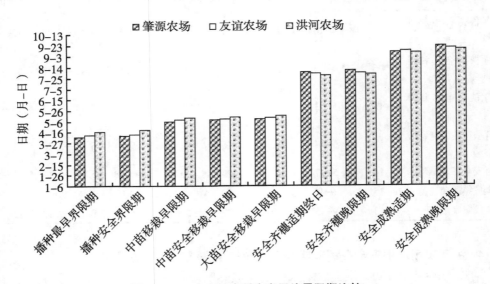

图 4-20　3 个农场水稻生育平均界限期比较

的减少而延后。友谊农场只有中苗安全移栽早限期较肇源农场延后了 1 d，其他 4 个栽培界限期均较肇源农场延后 3 d；洪河农场较肇源农场水稻生育界限期延后的天数为 5~11 d；洪河农场与友谊农场相比，界限期延后的天数为 4~8 d。

当水稻进入齐穗期，除了肇源农场的安全成熟适期比友谊农场提前 2 d 外，其他界限期均比友谊农场延后 3~4 d；洪河农场在水稻齐穗以后的 4 个界限期均比友谊农场提前 3~4 d；总之，水稻进入齐穗期后的界限期，大多随着活动积温的减少而提前。

表 4-17　3 个农场水稻生育界限期比较　（单位：月-日）

水稻生育界限期	肇源农场	友谊农场	洪河农场
播种最早界限期	4-7	4-10	4-16
播种安全界限期	4-9	4-12	4-20
中苗移栽早限期	5-6	5-9	5-13
中苗安全移栽早限期	5-9	5-10	5-14
大苗安全移栽早限期	5-10	5-13	5-17
安全齐穗适期终日	8-5	8-2	7-30
安全齐穗晚限期	8-8	8-4	8-1
安全成熟适期	9-11	9-13	9-9
安全成熟晚限期	9-21	9-18	9-15

三、讨　论

本试验结果中的 3 个试验区水稻界限期指导图和比较图中均为统计分析所得的平均日期，由于日平均气温的年际间差异较大，每个试验区在选定当地的生育界限期时，要依据本研究中相应的 95% 和 99% 置信区间和当地的实际情况进行。

通过比较 3 个试验区的水稻从播种到移栽的界限期可知，水稻生育界限期均随活动积温的减少而延后，但不同试验区延后的天数不同，这可能和不同试验区间的升温快慢有关。当水稻进入齐穗期，界限期基本随着活动积温的减少而提前，相邻的两个积温带间界限期相差 3~4 d，说明 8 月以后，本试验中的 3 个试验区降温幅度较一致，但此时特殊之处为肇源农场的安全成熟适期比友谊农场提前两天，这可能由于肇源农场历年 9 月上旬的日平均气温的日际和年际变化较大造成的，有待于进一步研究。此外，活动积温较少的试验区水稻播种较晚，成熟较早，说明活动积温较少的试验区，生育期较短，必须选用相应熟期的水稻品种。

本研究结果与第一、第二积温带水稻生产实际基本相符。但地处第三积温带的洪河农场实际播种期大致在 4 月 10 日左右，比本研究结果提前 7 d，这主要因为洪河农场采用了"三膜覆盖"和"超级大棚"的特殊增温措施，可以更有效地提高大棚内温度，从而提前了水稻播种期。

四、结　论

（一）肇源农场水稻界限期界定

利用肇源 1993—2012 年近 20 年的日平均气温进行统计分析，结果表明：肇源农场大棚旱育秧播种最早界限期为 4 月 7 日；旱育秧安全播种界限期为 4 月 9 日；旱育秧中苗移栽早限期为 5 月 6 日；旱育秧中苗安全移栽早限期为 5 月 9 日；大苗安全移栽早限期为 5 月 10 日；安全成熟适期为 9 月 11 日；安全成熟晚限期 9 月 21 日。通过对各个界限期的描述统计，确定了相应的 95% 和 99% 置信区间。利用肇源农场近 20 年日平均气温值逆算安全齐穗适期终日为 8 月 5 日，安全齐穗晚限期为 8 月 8 日。

（二）友谊农场水稻界限期分析

本研究结果表明，友谊农场大棚旱育秧播种最早界限期为 4 月 10 日；旱育秧安全播种界限期为 4 月 12 日；旱育秧中苗移栽早限期为 5 月 9 日；旱育秧中苗安全移栽早限期 5 月 10 日；大苗安全移栽早限期为 5 月 13 日；安全成熟适期为 9 月 13 日；安全成熟晚限期 9 月 18 日；友谊农场安全齐穗适期终日为 8 月 2 日；安全齐穗晚限期为 8 月 4 日。

（三）洪河农场水稻界限期研究

通过洪河农场水稻生育界限期的描述统计可知，洪河农场大棚旱育秧播种最早界限期为 4 月 16 日；旱育秧安全播种界限期为 4 月 20 日；旱育秧中苗移栽早限期为 5 月 13 日；旱育秧中苗安全移栽早限期 5 月 14 日；大苗安全移栽早限期为 5 月 17 日；安全成熟适期为 9 月 9 日；安全成熟晚限期 9 月 15 日；逆算水稻安全齐穗适期终日期和安全齐穗晚限期分别为 7 月 30 日和 8 月 1 日。

（四）3 个农场水稻界限期比较

通过比较 3 个试验区的水稻从播种期到移栽期的界限期可知，水稻计划栽培临界期均随活动积温的减少而延后，洪河农场的播种最早界限期、旱育秧安全播种界限期较友谊农场分别延后 6 d 和 8 d，相邻的两个积温带间的其他界限期相差 3~4 d；当水稻进入齐穗期，界限期基本随着活动积温的减少而提前，相邻的两个积温带间界限期相差 3~4 d。

第四节　基于 AMMI 模型的寒地水稻区域 试验品种稳定性分析

水稻产量的形成涉及生态环境和栽培技术措施等多项因素。因此，研究不同环境条件下寒地水稻产量的品种稳定性，发掘对环境钝感的优质水稻品种（系），是加快优质水稻品种培育与推广应用的有效途径。作物品种区域化试验旨在鉴定品种的丰产性、稳定性和适应性。参加区试的品种在不同地点的产量表现往往是不一致的。这表明品种的基因型和环境互作效应的存在。自 Yates 和 Cochran 1938 年用回归分析方法提出研究基因型与环境互作以来（Yates et al.，1938），科学家们提出了多种多样的基因型与环境互作分析方法。人们在解决这类实际问题时，自然希望能从各方面获得关于这一现象的实质性信息。由此也就产生了研究这一类问题的众多方法。然而，迄今为止，无论哪一个统计分析方法都不能做到尽善尽美。正因为如此，探索一个能比较圆满解决这类问题的方法一直是该领域的一个热点课题。AMMI 模型的提出，以及在区域试验领域的初步应用结果表明，AMMI 模型为研究基因型与环境互作和品种稳定性评价的最好的分析方法。第一，AMMI 模型把方差分析和主成分分析综合于一体，因此，AMMI 分析兼具这两种分析方法的优点。因为 AMMI 模型不是一个单纯的模型，在解决实际问题时有很大的灵活性，从而在实际应用中对不同特点的数据也具有较强的适应能力。这一特点与具有复杂生物现象的基因型—环境互作的实际情况相一致。第二，AMMI 通过分析基因型与环境交互效应，抽提显著 IPCA 值，把不显著 IPCA 轴上的变异归结为残差，也称噪声，明显可以提高相应参数估计准确性。第三，利用偶图直观形象的特点，AMMI 分析还能为具体的基因型与环境互作模式的研究和品种稳定性差异评价提供一条方便的途径（冀建华，2012）。

稻米是目前我国大众粮食中具有相对价格优势的农产品，稻米品质的优劣受品种本身遗传基因所控制，但环境因素对稻米品质性状也有很大的影响。提高稻米品质稳定性，增强稻米市场竞争力，已成为水稻当今研究的热点。稻米品质性状多表现为易受环境影响的质量—数量性状（石春海，1998），这给优质水稻的育种和推广利用都带来一定的影响。稻米品质主要包括加工品质、外观品质和营养品质。加工品质是稻米品质的一个重要指标，包括糙米率、精米率和整精米率 3 项品质性状，它关系到稻米产量和商品价值。稻米外观品质主要包括粒长、粒宽、长宽比、垩白率、垩白大小以及垩白度等指标（Tan et al.，2000；Shi et al.，1999；Shi et al.，1994），它主要影响加工品质和食用品质、稻米的商品价值（Yang et al.，2001）。营养和食味品质是众多稻米品质性状中最重要的指标之一，也是稻米品质改良的最终目标（程方民，2001）。研究不同环境条件下稻米品质的品种稳定性，发掘对环境钝感的优质水稻品种（系），是加快优质水稻品种培育与推广应用的有效途径，对优质水稻的育种工作具有重要意义。

AMMI 模型不仅可分析基因型与环境的交互作用，还能对基因型相关性状的稳定性进行评价（余本勋，2010）。目前，该模型多用于农作物区域试验的产量和品质性状分析，也应用于作物配合力性状分析。但 AMMI 模型在高寒地区水稻产量及产量构成方面的研究较少。本研究拟利用 AMMI 模型对黑龙江省不同试验区水稻品种产量品质进行稳定性分析，通过比较品种产量相对稳定性参数 D_i 来评价参试品种产量品质及其构成的稳定性，比较试验区相对鉴别力参数 D_j 估计试验区对品种产量品质及其构成的鉴别力，评价品种对试验区的特殊适应性，旨在为寒地高产水稻品种的选育及其合理布局提供参考。此研究结果可使黑龙江垦区水稻经济呈现良好的发展态势，既能保护自然资源和生态环境，又能促进农业可持续发展，具有良好的生态、经济和社会效益。

一、2011 年八五零等农场水稻产量和品质稳定性分析

(一) 材料与方法

1. 试验材料

参加区域试验的品系最能代表当前水稻育种工作动态，最可能成为未来生产中推广的品种。本研究以 2011 年黑龙江省垦区不同试验区区域试验品种和品系为试验材料。参试品种 6 个，试验区 6 个，试验品种 (系) 和试验区及代码见表 4-18。

表 4-18　试验品种 (系) 和试验区及代码

参试品种 (系)		试验区	
代码	名称	代码	名称
g1	龙粳 20	e1	八五零农场
g2	饶选 06-06	e2	查哈阳农场
g3	垦稻 08-924	e3	军川农场
g4	北粳 9005	e4	梧桐河农场
g5	建 07-1023	e5	二九零农场
g6	空育 131	e6	八五三农场

2. 试验方法

(1) 试验设计

试验采用随机区组设计，3 次重复，小区面积为 30 m^2，行距和穴距分别为 30 cm 和 12 cm，N、P、K 施肥水平和田间管理均按黑龙江省农垦水稻区域试验方案统一实施。

(2) 测试项目与方法

①产量及构成要素。成熟期收获前调查每小区除边行外长势均匀的 1 行水稻穗数，每小区按平均穗数取有代表性的中等植株 6 穴，把每穴按穗长大小顺序排列，测定其大、中、小穗的穗长 (分别简称为大长、中长、小长)、一次枝梗数 (分别简称为大一、中一、小一) 和二次枝梗数 (分别简称为大二、中二、小二)；考察各穗数、穗粒数、结实率及千粒重；计算各处理的理论产量。

②加工品质。按照中华人民共和国国家标准《优质稻谷》 (GB/T 17891—2017) 执行。测定前各样本统一用风选机等风量风选，用 FC-2 K 型实验砻谷机 (YAMAMOTO，离心式) 加工成糙米，测定糙米率；用日本公司生产的 VP-32 型实验碾米机 (YAMAMOTO，直立式) 加工精米，测定精米率；采用日本静冈制机株式会社生产的大米外观品质判定仪 (ES-1000) 测定整精米率。

$$糙米率（\%）= \frac{糙米重}{稻谷重} \times 100$$

$$精米率（\%）= \frac{精米重}{稻谷重} \times 100$$

$$整精米率（\%）= \frac{整精米重}{稻谷重} \times 100$$

③外观品质。采用日本静冈制机株式会社生产的大米外观品质判别仪（ES－1000）测定粒长、粒宽、垩白粒率和垩白度。

④营养品质。将采集试验样品于阴凉通风处风干至含水量14.5%，用FC－2 K型实验砻谷机（YAMAMOTO，离心式）加工成糙米，用FOSS近红外谷物品质分析仪（In-fratec TM 1241）测定其蛋白质、脂肪和直链淀粉含量，这3个性状可以代表主要的水稻营养品质。

（3）统计方法

通过各试验区的方差同质性检验表明，各试验区数据误差同质，在此基础上对测定指标进行联合方差分析。结果中的基因型、环境及其互作平方和占处理平方和的百分比（即 SS%）大小可以反映它们对不同指标影响的大小。测试各指标在基因型间、环境间及基因型与环境互作效应上差异均达到显著或极显著水平，才可以利用 AMMI 模型对测试指标进行稳定性分析。

AMMI 稳定性分析统计模型（唐启义，2002），将方差分析和主成分分析有机地结合在一起，该模型计算公式如下。

$$Y_{ger} = u + \alpha_g + \beta_e + \sum_{i=1}^{n} \lambda_n r_{gn} \delta_{en} + \theta_{ger}$$

式中，Y_{ger} 是第 g 个基因型在第 e 个环境中第 r 次重复的观测值，u 代表总体平均值，α_g 是基因型平均偏差（各个基因型平均值减去总的平均值），β_e 是环境的平均偏差（各个环境的平均值减去总的平均值），λ_n 是第 n 个主成分分析的特征值，γ_{gn} 是第 n 个主成分的基因型主成分得分，δ_{en} 是第 n 个主成分的环境主成分得分，n 是模型主成分分析中主成分因子轴的总个数，θ_{ger} 为误差。$\sum_{i=1}^{n} \lambda_n r_{gn} \delta_{en}(\lambda_n^{0.5} \lambda_{gn} \times \lambda_n^{0.5} \delta_{en})$ 即为所估算的基因型与环境交互作用（G×E），$\lambda_n^{0.5} \lambda_{gn}$ 和 $\lambda_n^{0.5} \delta_{en}$ 分别为基因型与环境交互作用的第 n 个交互作用主成分（$IPCA_n$）。在所有显著的 $IPCA$ 上有较小值的基因型或环境就为稳定的基因型或环境，因此，在 $IPCA$ 双标图上越接近坐标原点的基因型或环境越稳定（蒋开锋，2001）。

参照吴为人（2000）的方法计算品种稳定性参数 D_i。它是指一个品种（或基因型）在交互作用主成分（$IPCA$）空间中的位置与原点的欧氏距离。

$$D_i = \sqrt{\sum_{i=1}^{n} \omega_n \gamma_{in}}$$

式中，n 为显著的 $IPCA$ 个数，γ_{in} 为第 i 个基因型在第 n 个 $IPCA$ 上的得分，ω_n 为权重系数，它表示每个 $IPCA$ 所解释的平方和占全部 $IPCA$ 所解释的平方和的比例。用 D_i

可以对所有基因型给出相应的定量指标，品种的 D_i 值越小，其稳定性越好。

数据分析采用 Microsoft Excel 2000 和 DPS 7.05 完成。

（二）结果与分析

1. 地点和品种间产量及其构成因素的比较

在黑龙江垦区 6 个农场分别对 6 个水稻品种（系）进行区试试验，通过对地点和品种间产量的对比（图 4-21），结果表明，'龙粳 20'在军川、二九零、八五三农场的产量和其他品种相比均表现最高，其产量范围在 10 333~12 785kg/hm² ，而在其他农场的产量间差异均未达显著水平；空育 131 在八五零和查哈阳农场的产量最低，分别为 8 820 kg/hm²和 8 452 kg/hm²；'北粳 9005'在军川、二九零和八五三农场的产量最低，范围在 7 624~9 325 kg/hm²；'饶选 06-06'在梧桐河农场的产量最低为 7 698 kg/hm²；对于同一农场不同品种产量间差异，除八五三农场较大外，其他的 5 个农场均只有产量最高的品种和产量最低的品种差异达显著水平。对于同一水稻品种在不同农场种植，产量不同，说明环境对寒地水稻品种产量产生了不同程度的影响。

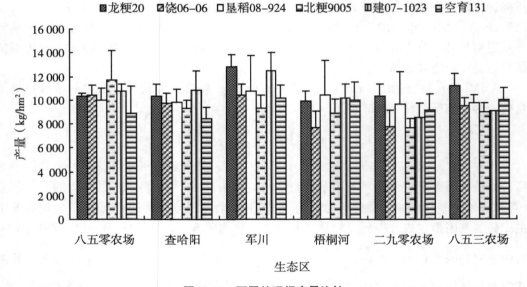

图 4-21　不同处理间产量比较

不同生态环境对水稻产量构成性状影响不同，具体情况见表 4-19，对于供试的 6 个水稻品种在不同农场种植，军川农场的平均穗数最多，达 32.69 个穗数，其次是查哈阳农场，达 27 个穗数，在八五零农场最少为 20.64 个穗数；查哈阳有利于水稻千粒重的形成，平均值达 26.51 g，其次是八五零农场，达 26.14 g，梧桐河农场的千粒重最小为 24.19 g；水稻平均穗粒数在八五零农场表现出优势，高达 87.92 粒，而在查哈阳农场表现最差，只有 66.47 粒。综上，除穗数外，八五零农场的其他 3 个产量构成平均值较高；梧桐河农场产量构成性状平均值均较低。

表 4-19　参试试验区不同品种的产量构成性状平均值比较

试验区	穗数（穗/穴）	千粒重（g）	穗粒数（粒/穗）	结实率（%）
八五零农场	20.64	26.14	87.92	92.76
查哈阳农场	27.00	26.51	66.47	90.19
军川农场	32.69	25.51	78.89	91.71
梧桐河农场	24.33	24.19	78.89	89.74
二九零农场	25.17	25.39	81.86	87.93
八五三农场	21.83	26.09	79.72	92.31

本试验中，供试水稻品种在不同试验区的产量构成性状平均值存在差异，说明品种的基因型对寒地水稻的产量构成有影响。通过表 4-20 可以看出，'北粳 9005' 的平均穗数较其他品种都大，达 27.67 个，结实率最低，为 87.31%；'建 07-1023' 千粒重最大，为 27.96 g，穗粒数最小，为 69.47 粒；'垦稻 08-924' 的穗粒数最多，为 95.89 粒，千粒重最小，为 23.21 g；'龙粳 20' 结实率最高，为 94.45%。

表 4-20　参试品种在不同试验区的产量构成性状平均值

品种（系）	穗数（穗/穴）	千粒重（g）	穗粒数（粒/穗）	结实率（%）
龙粳 20	26.94	25.40	74.69	94.45
饶选 06-06	22.44	25.82	92.36	87.67
垦稻 08-924	21.67	23.21	95.89	91.76
北粳 9005	27.67	26.57	71.56	87.31
建 07-1023	25.56	27.96	69.47	93.21
空育 131	27.39	24.87	69.78	90.24

2. 产量及产量构成因素的 AMMI 模型分析

通过各试验区产量及产量构成数据的方差同质性检验，结果表明，各试验区数据误差同质，在此基础上对供试水稻产量及产量构成进行联合方差分析（表 4-21）。分析结果表明，基因型对千粒重和穗粒数影响最大，$SS\%$ 分别达到 65.05% 和 54.90%；环境对穗数的形成影响最大，$SS\%$ 为 53.19%；基因型和环境互作对试验中结实率和产量的形成影响最大，$SS\%$ 分别为 46.15% 和 40.53%，对其他性状影响均为较大。从表 4-21 中还可以看出，产量及产量构成指标在品种（系）间、环境间差异及基因型和环境互作效应上均达到显著或极显著水平，故可以利用 AMMI 模型对产量及产量构成指标进行稳定性分析。

表 4-21　水稻产量及产量构成的基因型和环境互作效应分析

变异来源	自由度	穗数（穗/穴）		千粒重（g）		穗粒数（粒/穗）		结实率（%）		产量（kg/hm²）	
		SS%	F 值	SS%	F 值	SS%	F 值	SS%	F 值	SS%	F 值
处理	35	100	16.75**	100	27.31**	100	9.96**	100	5.36**	100	3.53**
基因型	5	19.65	23.04**	65.05	124.34**	54.9	38.30**	38.63	14.49**	25.45	6.29**
环境	5	53.19	62.36**	17.2	32.89**	18.87	13.16**	15.22	5.71**	34.02	8.40**
基因型×环境	25	27.16	6.37**	17.75	6.79**	26.23	3.66**	46.15	3.46**	40.53	2.00**
$IPCA_1$	9	48.93	7.23**	57.9	4.52**	55.55	6.78**	63.53	15.94**	54.92	10.88**
$IPCA_2$	7	31	5.90**	26.41	2.65*	33.27	5.19**	23.31	7.51**	26.36	6.71**
$IPCA_1 + IPCA_2$		79.93		84.31		89.17		86.84		81.28	
误差	72	3.01		5.7		3.66		1.79		2.24	

注：** 和 * 分别表示达 1% 和 5% 显著水平；$IPCA_1$ 和 $IPCA_2$ 的 SS% 表示各主成分值占交互效应的百分比。

3. 产量及产量构成因素的稳定性分析

水稻产量及产量构成的基因型和环境互作效应分析 F 值表明（表 4-22），处理间产量构成因子和产量主成分因子除千粒重 $IPCA_2$ 差异达显著水平外，其他的主成分因子差异均达极显著水平。产量及产量构成指标的基因型和环境互作第 1 个和第 2 个交互作用的主成分之和（$IPCA_1 + IPCA_2$）已分别解释基因型和环境互作总变异平方和的 79.93%、84.31%、89.17%、86.84% 和 81.28%，明显大于 50%。因此，这两个 AMMI 分量代表的互作部分，能对产量及产量构成因素的稳定性做出准确判断。表 4-22 列出了 6 个品种（系）和 6 个地点的 $IPCA_1$、$IPCA_2$ 及相应稳定性参数和 D_i 值。D_i 值越小，品种（系）产量及产量构成因素的稳定性越好。6 个供试品种（系）中 '北粳 9005' 的穗数稳定性最好，'饶选 06-06' 最差，但各品种（系）间 D_i 值差异不大，D_i 值范围为 1.67～2.09；'建 07-1023' 的千粒重和结实率稳定性最强，且各 D_i 值均较小，范围分别为 0.69～1.60 和 0.03～0.31；穗粒数稳定性以 '空育 131' 最优，'饶选 06-06' 稳定性最差，穗粒数 D_i 值范围为 0.69～4.89；而对于产量稳定性而言，'垦稻 08-924' 最稳定，其次是 '饶选 06-06'，稳定性最差的是 '北粳 9005'。

D_j 值可以比较各试验地点对品种产量和产量构成因素的鉴别力大小，D_j 值越大，说明鉴别力越强，反之，越弱，鉴别力强的农场更适宜作为区试地点。由表 4-22 可以看出，本试验中 6 个试验区中，对穗数、千粒重、穗粒数鉴别力最强的是八五三农场，鉴别力最弱的分别为八五零、二九零和梧桐河农场；对结实率鉴别力最强的是梧桐河农场，其次是八五三农场，鉴别力最弱的是八五零农场；对产量鉴别力最强的是八五零农场，其次是军川农场，产量鉴别力最弱的是八五三农场。

由于产量的基因型和环境互作前两个主成分之和已能解释 81.28% 的总变异（表 4-21），故以 $IPCA_1$ 为 X 轴，$IPCA_2$ 为 Y 轴建立的 AMMI 双标图（图 4-21）也能较好地反映品种的稳定性和地点的鉴别力。在 AMMI 双标图上越接近坐标原点品种（系）稳定性

表4-22　参试品种与地点产量及构成要素的稳定性参数

品种（系）	穗数			千粒重			穗粒数			结实率			产量		
	$IPCA_1$	$IPCA_2$	D_i	$IPCA_1$	$IPCA_2$	D_i	$IPCA_1$	$IPCA_2$	D_i	$IPCA_1$	$IPCA_2$	D_i	$IPCA_1$	$IPCA_2$	D_i
龙粳20	-1.57	1.12	1.92	0.81	0.04	0.81	-0.14	1.66	1.67	0.02	0.10	0.11	-20.14	17.73	26.83
饶选06-06	-2.02	-0.51	2.09	-1.54	-0.41	1.60	-4.64	-1.48	4.87	-0.21	-0.19	0.28	19.87	10.6	22.52
垦稻08-924	1.78	0.34	1.82	0.57	-0.64	0.86	0.45	3.72	3.74	0	0.06	0.06	-13.83	-10.91	17.62
北粳9005	1.25	-1.10	1.67	0	0.96	0.96	3.40	-2.27	4.09	0.30	-0.10	0.31	34.65	-25.15	42.81
建07-1023	-0.12	-1.72	1.73	-0.15	0.68	0.69	0.33	-1.47	1.51	-0.02	-0.02	0.03	10.39	26.76	28.71
空育131	0.68	1.88	2.00	0.31	-0.63	0.70	0.61	-0.16	0.63	-0.08	0.15	0.17	-30.93	-19.03	36.32

试验区	穗数			千粒重			穗粒数			结实率			产量		
	$IPCA_1$	$IPCA_2$	D_i	$IPCA_1$	$IPCA_2$	D_i	$IPCA_1$	$IPCA_2$	D_i	$IPCA_1$	$IPCA_2$	D_i	$IPCA_1$	$IPCA_2$	D_i
八五零农场	0.55	-0.42	0.69	-0.01	0.78	0.78	-2.16	1.81	2.82	0.14	-0.08	0.16	43.02	-13.99	45.23
查哈阳农场	0.65	-0.73	0.98	0.47	-1.14	1.24	-0.59	-2.83	2.90	-0.12	0.13	0.18	17.88	14.01	22.71
军川农场	-1.61	-1.29	2.07	-0.44	0.44	0.62	1.13	2.90	3.11	-0.05	-0.17	0.17	-7.47	36.82	37.57
梧桐河农场	1.28	-0.96	1.60	0.83	0.35	0.90	-0.87	1.13	1.42	0.25	0.02	0.25	-14.97	-18.4	23.72
二九零农场	1.36	2.07	2.48	0.58	-0.08	0.59	-2.2	-2.03	3.00	-0.01	0.17	0.17	-25.05	-8.89	26.58
八五三农场	-2.23	1.33	2.59	-1.43	-0.34	1.47	4.69	-0.97	4.78	-0.20	-0.07	0.22	-13.41	-9.56	16.47

越好，越远离坐标原点的地点鉴别力越强，双标图反映的品种稳定性和地点的鉴别力大小与表4-22的分析结果是一致的。本试验中的各个产量构成因素的G×E前两个主成分之和也均解释了80%以上的总变异，也均可用AMMI双标图来反映品种的稳定性和地点的鉴别力。

品种在地点图标与原点连线上的垂直投影代表其在此试验区的最大交互效应，在正向连线上的最大投影代表此品种（系）在此试验区表现出最佳适应性，若垂直投影在地点和原点反向延长线上则表现不适应性。从图4-22中可以看出，'建07-1023'在查哈阳农场，'空育131'在梧桐河、二九零和八五三农场，'北粳9005'在八五零农场，'龙粳20'在军川农场，这些图标与原点的连线有较大的垂直投影，表明这些品种（系）的产量在这些试验区表现出最佳适应性。

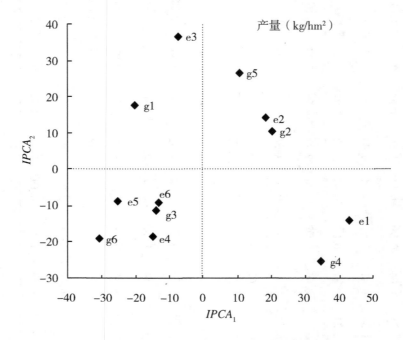

图4-22 水稻产量的AMMI交互作用双标图

4. 产量与产量相关要素的相关性分析

直接着生在穗轴上、大于两粒的枝梗称一次枝梗；着生在一次枝梗上、大于两粒的枝梗称二次枝梗；穗长是指从穗颈节到顶端穗粒稻芒的长度，不包括芒长。通过对寒地不同区域水稻大、中、小穗的穗部性状、产量构成及产量分别进行相关分析（表4-23）表明，一次枝梗数和二次枝梗数关系呈现极显著正相关；除小穗的一次枝梗数和穗长呈极显著正相关外，大、中穗的一次枝梗数和穗长均无显著相关性，但二次枝梗数和穗长相关性达到极显著水平；二次枝梗数与穗数、千粒重呈极显著负相关；穗长与穗数、千粒重呈显著或极显著负相关；穗数和千粒重呈显著正相关，与产量呈极显著正相关；穗粒数与一次枝梗数、二次枝梗数、穗长均呈显著正相关，与穗数、千粒数均呈显著负相关；结实率和千粒重呈极显著正相关。

表 4-23　产量、产量构成及穗部性状相关性分析

相关系数	大一	中一	小一	大二	中二	小二	大长	中长	小长	穗数	千粒重	穗粒数	结实率	产量
大一	1													
中一	0.50**	1												
小一	0.43**	0.40**	1											
大二	0.24**	0.16*	0.1	1										
中二	0.11	0.20**	0.14*	0.72**	1									
小二	0.05	0.01	0.30**	0.48**	0.54**	1								
大长	0.12	0.06	0.02	0.52**	0.45**	0.33**	1							
中长	0.08	0.11	0.08	0.44**	0.51**	0.38**	0.84**	1						
小长	0.12	0.09	0.29**	0.36**	0.46**	0.54**	0.70**	0.78**	1					
穗数	-0.13	-0.14*	-0.12	-0.42**	-0.45**	-0.33**	-0.15	-0.15	-0.25**	1				
千粒重	-0.07	0.03	0.05	-0.41**	-0.48**	-0.23**	-0.18*	-0.17*	-0.14*	0.15*	1			
穗粒数	0.32**	0.33**	0.31**	0.80**	0.81**	0.64**	0.49**	0.50**	0.52**	-0.55**	-0.46**	1		
结实率	-0.02	-0.11	0.06	-0.13	-0.13	0.03	0.01	0.04	0.13	0.02	0.24**	-0.13	1	
产量	0.12	0.02	0.03	-0.1	-0.01	-0.05	-0.01	0.02	0.08	0.23**	0.11	-0.07	0.09	1

注：大一、中一、小一分别代表大、中、小穗的一次枝梗数；大二、中二、小二分别代表大、中、小穗的二次枝梗数；大长、中长、小长分别代表大、中、小穗的穗长。

5. 地点和品种间加工品质比较和稳定性分析

（1）处理间加工品质比较

本试验测定的加工品质主要有精米率、糙米率和整精米率3项指标。

①精米率。从图4-23中可以看出，八五零农场、查哈阳农场和八五三农场的不同水稻品种精米率间差异较大，其他农场的品种间精米率差异均未达显著水平，这种差异可能是由于环境造成的，也可能是由于基因型影响的。其中，查哈阳农场的'北粳9005'的精米率最高，达76.4%；查哈阳农场的'空育131'的精米率为60.8%，是本试验数据中最低值。对比同一品种在不同试验区的精米率，只有'垦稻08-924'的精米率在6个试验区差异均未达到显著水平，其他水稻品种精米率差异较大，且呈不规则变化。

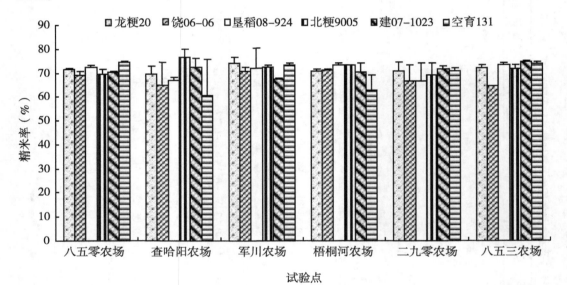

图4-23 处理间精米率差异比较

②糙米率。从图4-24可以看出，查哈阳农场的'空育131'和'建07-1023'的糙米率差异达到显著水平，除此外，所有农场中各水稻品种糙米率差异均未达显著水平，本试验中所测得的糙米率范围在78.9%~86%。而同一水稻品种在不同农场的糙米率差异较大，说明环境对糙米率的影响大于基因型对糙米率的影响。

③整精米率。图4-25表明，参试品种的整精米率在八五零农场和查哈阳农场表现的差异性最大，'龙粳20'在这两个农场种植整精米率较高，且差异均未达显著差异，整精米率数值分别为65.4%和65.9%；梧桐河和八五三农场的水稻品种整精米率间差异较大，'垦稻08-924'的整精米率表现为较高，且差异未达显著水平，整精米率数值分别为67.1%和70.5%；本试验结果还表明在军川和二九零农场种植的6个水稻品种间的整精米率差异均未达显著水平，数值在56.4%~69.7%。

④不同处理间加工品质平均值比较。通过对参试品种在6个试验区种植并测定的3个加工品质平均值进行比较可知（表4-24），'北粳9005'的精米率最高，为71.99%，

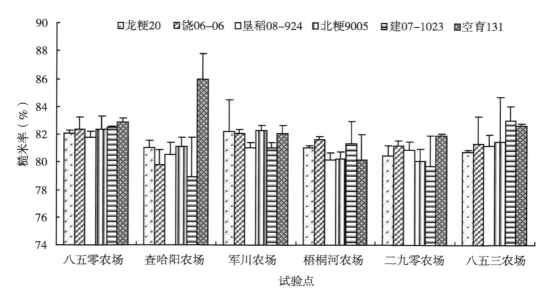

图4-24　处理间糙米率差异比较

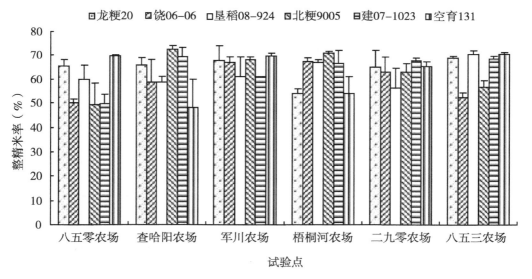

图4-25　处理间整精米率差异比较

'龙粳20'的精米率较高，为71.46%，'饶选06-06'的精米率最低为67.69%；'空育131'糙米率最大，为82.61%，'垦稻08-924'糙米率最小，为80.93%；'龙粳20'的整精米率最高，为64.50%，'饶选06-06'整精米率最低为59.82%。综合上述，'龙粳20'的精米率和整精米率在参试的6个农场中表现出的平均值最佳，说明'龙粳20'的精米率和整精米率对环境的适应性较好。

表 4-24　参试品种在不同试验区的 3 个加工品质平均值比较

品种（系）	精米率（%）	糙米率（%）	整精米率（%）
龙粳 20	71.46	81.26	64.50
饶选 06-06	67.69	81.39	59.82
垦稻 08-924	70.68	80.93	62.26
北粳 9005	71.99	81.26	63.47
建 07-1023	71.06	81.11	63.86
空育 131	69.19	82.61	62.96

参试的 6 个试验区不同品种的 3 个加工品质平均值不同（表 4-25），说明不同环境对水稻同一加工品质的鉴别力不同。军川农场精米率较高，达 71.62%，查哈阳农场精米率较低为 68.46%；八五零农场的糙米率最大，为 82.33%，二九零农场的糙米率最低为 80.72%；军川农场的整精米率最高，含量为 65.83%，八五零农场的整精米率含量最低达 57.31%。相比于其他试验区而言，军川农场的精米率和整精米率均表现为最高，加工品质综合表现较好。

表 4-25　参试试验区不同品种的 3 个加工品质平均值比较

试验区	精米率（%）	糙米率（%）	整精米率（%）
八五零农场	71.14	82.33	57.31
查哈阳农场	68.46	81.23	62.23
军川农场	71.62	81.79	65.83
梧桐河农场	70.19	80.76	63.40
二九零农场	69.17	80.72	63.49
八五三农场	71.50	81.73	64.59

（2）加工品质的基因型和环境互作效应分析

通过加工品质的基因型和环境互作效应分析可知（表 4-26），基因型和环境互作对试验中 3 个加工品质指标影响均为最大，精米率、糙米率和整精米率的 $SS\%$ 分别为 69.64%、57.91% 和 80.95%。从表 4-26 中还可以看出，3 个品质指标中只有整精米率在品种（系）间、环境间及基因型和环境互作效应差异达到显著水平或极显著水平，而对于精米率和糙米率，虽然 $IPCA_1$ 和 $IPCA_2$ 的差异达极显著水平，但其品种（系）间、环境间及基因型和环境互作效应差异均未达到显著水平，故有必要利用 AMMI 模型对整精米率进行稳定性分析，而精米率和糙米率不能利用 AMMI 模型进行稳定性分析，有待于进一步试验或寻找与其适应的分析方法。

表 4-26　加工品质的基因型和环境互作效应分析

变异来源	自由度	精米率			糙米率			整精米率		
		平方和	SS%	F 值	平方和	SS%	F 值	平方和	SS%	F 值
处理	35	1 274.74			162.89			5 422.73		
基因型	5	233.11	18.29	1.45	32.26	19.8	1.92	245.45	4.53	1.48*
环境	5	153.92	12.07	0.96	36.30	22.29	2.16	787.55	14.52	4.75**
基因型×环境	25	887.71	69.64	1.11	94.33	57.91	1.12	4 389.73	80.95	5.30**
$IPCA_1$	9	566.30	63.79	6.73**	76.30	80.89	31.06**	3 014.90	68.68	6.60**
$IPCA_2$	7	210.00	23.66	3.21**	12.66	13.42	6.62**	691.65	15.76	1.94*

注：** 和 * 分别表示达 1% 和 5% 显著水平；$IPCA_1$ 和 $IPCA_2$ 的 SS% 表示各主成分值占交互效应的百分比。

（3）整精米率稳定性及地点鉴别力分析

通过加工品质的基因型和环境互作效应分析可知，整精米率的基因型和环境互作第 1 和第 2 个交互作用的主成分之和（$IPCA_1+IPCA_2$）已解释基因型和环境互作总变异平方和的 83.44%。因此，这两个 AMMI 分量代表的互作部分，能对整精米率稳定性作出判断，利用 AMMI 模型可以对整精米率进行稳定性分析。表 4-27 列出了 6 个品种（系）和 6 个地点的 $IPCA_1$、$IPCA_2$ 及相应稳定性参数 D_i 值和 D_j 值。D_i 值越小，品种（系）整精米率稳定性越好。从表 4-27 中可以看出，参加试验的 6 个品种中，‘垦稻 08-924’的整精米率表现的最稳定，D_i 值为 1.63，其次是‘龙粳 20’，D_i 值为 1.81，稳定系数最大的是‘空育 131’，D_i 值为 4.03，说明‘空育 131’整精米率表现最不稳定，受环境影响较大。D_j 值可以比较各试验地点对品种整精米率的鉴别力大小，D_j 值越大，说明鉴别力越强，反之，越弱，鉴别力强的农场更适宜作为区试地点。从参加试验的 6 个农场对整精米率的鉴别力上分析，八五零农场鉴别力最强，D_j 值为 3.41，其次是八五三农场，D_j 值为 3.34，对整精米率的鉴别力最弱的是二九零农场，D_j 值为 0.75。

表 4-27　整精米率稳定性及地点鉴别力分析

品种（系）	$IPCA_1$	$IPCA_2$	D_i	试验区	$IPCA_1$	$IPCA_2$	D_j
龙粳 20	-1.65	-0.74	1.81	八五零农场	-3.36	0.58	3.41
饶选 06-06	1.65	2.46	2.96	查哈阳农场	2.86	-1.50	3.23
垦稻 08-924	-0.67	-1.48	1.63	军川农场	-0.26	2.29	2.30
北粳 9005	2.95	0.62	3.01	梧桐河农场	2.76	0.46	2.80
建 07-1023	1.56	-2.11	2.62	二九零农场	0.13	0.74	0.75
空育 131	-3.83	1.25	4.03	八五三农场	-2.13	-2.57	3.34

6. 地点和品种间外观品质比较和稳定性分析

（1）不同地点和不同品种处理间外观品质平均值比较

通过对水稻参试品种不同试验区的外观品质形状平均值对比可知（表4-28），饶选06-06 的垩白粒率最大，为41.33%，'龙粳20'的垩白粒率较小，为15.00%，'垦稻08-924'垩白粒率最小，为12.24%；'饶选06-06'垩白度最大，数值为21.84%，'龙粳20'垩白度最小，为8.48%；'垦稻08-924'粒长最长，达5.10 mm，'空育131'的粒长最短，'饶选06-06'的粒长较短，为4.74 mm；'饶选06-06'的粒宽值最大，为3.14 mm，'垦稻08-924'的粒宽值最小，为2.63 mm，'龙粳20'粒宽值较小，为2.98 mm。'龙粳20'的垩白度最小，垩白粒率较小，粒宽值较小，粒长中等，在本试验结果中属于外观品质综合表现最好的品种；'饶选06-06'的垩白粒率和垩白度均最高，粒宽值也最大，粒长较短，故'饶选06-06'的综合外观品质表现最差。

表4-28 参试品种不同试验区的4个外观品质平均值对比

品种（系）	垩白粒率（%）	垩白度（%）	粒长（mm）	粒宽（mm）
龙粳20	15.00	8.48	4.81	2.98
饶选06-06	41.33	21.84	4.74	3.14
垦稻08-924	12.24	9.12	5.10	2.63
北粳9005	36.36	19.54	4.94	3.03
建07-1023	20.08	11.45	4.90	3.07
空育131	15.63	8.98	4.72	2.98

参试地区不同品种的外观品质平均值表现不同（表4-29），说明水稻的外观品质的在各个试验区的适应能力不同。八五零农场的平均垩白粒率最低，为19.37%，查哈阳农场较低，含量为19.92%，二九零农场的平均垩白粒率最高，为31.36%；从平均垩白度上比较，八五零农场垩白度最低，为10.48%，查哈阳农场较低，为19.92%，二九零农场垩白度最高，数值为17.79%；查哈阳农场的平均粒长值最大，数值为4.91 mm，梧桐河农场不利于粒长的增加，故粒长值最小，为4.83 mm；八五三农场的平均粒宽值最大，为3 mm，八五零农场粒宽值最小，为2.95 mm。综上，八五零农场的平均垩白粒率和垩白度均最低，粒长中等，粒宽值最小，在本试验试验区中最适宜形成良好外观品质；查哈阳农场的平均垩白粒率和垩白度均较低，且粒长最长，粒宽值较大，说明查哈阳较适宜水稻品种粒大和良好外观品质；二九零农场平均垩白粒率和垩白度均最大，粒长和粒宽居中，故二九零农场不适宜形成良好的外观品质。

表4-29 参试地区不同品种的4个外观品质平均值比较

试验区	垩白粒率（%）	垩白度（%）	粒长（mm）	粒宽（mm）
八五零农场	19.37	10.48	4.86	2.95
查哈阳农场	19.92	10.76	4.91	2.99
军川农场	26.32	14.60	4.88	2.97

（续表）

试验区	垩白粒率（%）	垩白度（%）	粒长（mm）	粒宽（mm）
梧桐河农场	20.83	11.71	4.83	2.96
二九零农场	31.36	17.79	4.86	2.97
八五三农场	22.86	12.07	4.86	3.00

（2）外观品质的基因型和环境互作效应分析

通过参试各试验区的方差同质性检验表明，各试验区数据误差同质，联合方差分析表明（表4-30），基因型对4个外观品质影响均最大，SS%范围在63.67～87.21；环境对试验中的垩白粒率和垩白度影响均为较大；而基因型和环境互作对粒长和粒宽的影响均为较大；所有的外观品质指标在品种（系）间、环境间及基因型和环境互作效应差异均达到极显著水平。从表4-30中还可以看出，垩白粒率、垩白度和粒宽的主成分因子 $IPCA_1$、$IPCA_2$ 差异均达极显著水平；粒长含量的 $IPCA_1$ 差异达极显著水平，$IPCA_2$ 差异达显著水平。垩白粒率、垩白度、粒长和粒宽的基因型和环境互作第1和第2个交互作用的主成分之和（$IPCA_1+IPCA_2$）已分别解释基因型和环境互作总变异平方和的73.42%、76.37%、87.25%和86.51%。因此，这两个 AMMI 分量代表的互作部分，能对水稻外观品质稳定性做出判断。故有必要利用 AMMI 模型对这4个外观品质进行稳定性分析。

表4-30　外观品质的基因型和环境互作效应分析

变异来源	自由度	垩白粒率			垩白度			粒长			粒宽		
		SS	SS%	F值	SS	SS%	F值	SS	SS%	F值	SS	SS%	F值
处理	35	34 602.06			9 473.81			5.79			6.5		
基因型	5	27 205.23	78.62	302.13**	6 997.46	73.86	38.70**	3.69	63.67	124.65**	5.67	87.21	523.54**
环境	5	3 856.52	11.15	42.83**	1 416.56	14.95	200.11**	0.12	2.07	4.05**	0.07	1.06	6.36**
基因型×环境	25	3 540.32	10.23	7.86**	1 059.79	11.19	40.51**	1.98	34.27	13.42**	0.76	11.73	14.08**
$IPCA_1$	9	1 858.27	52.49	6.53**	598.58	56.48	6.06**	1.46	73.71	9.19**	0.51	67.46	9.11**
$IPCA_2$	7	741.035 3	20.93	3.35**	210.832	19.89	5.75**	0.27	13.54	2.17*	0.15	19.05	3.31**

注：** 和 * 分别表示达1%和5%显著水平；$IPCA_1$ 和 $IPCA_2$ 的 SS% 表示各主成分值占交互效应的百分比。

通过参试各试验区的方差同质性检验表明，各试验区数据误差同质，联合方差分析表明（表4-31），基因型对4个外观品质影响均最大，SS%范围在63.67～87.21；环境对试验中的垩白粒率和垩白度影响均为较大；而基因型和环境互作对粒长和粒宽的影响均为较大；所有的外观品质指标在品种（系）间、环境间及基因型和环境互作效应差异均达到极显著水平。垩白粒率、垩白度和粒宽的主成分因子 $IPCA_1$、$IPCA_2$ 差异均达极显著水平；粒长含量的 $IPCA_1$ 差异达极显著水平，$IPCA_2$ 差异达显著水平。垩白粒率、垩白度、粒长和粒宽的基因型和环境互作第 1 和第 2 个交互作用的主成分之和（$IPCA_1$+$IPCA_2$）已分别解释基因型和环境互作总变异平方和的 73.42%、76.37%、87.25% 和 86.51%。因此，这两个 AMMI 分量代表的互作部分，能对水稻外观品质稳定性作出判断。故有必要利用 AMMI 模型对这 4 个外观品质进行稳定性分析。

（3）外观品质稳定性及地点鉴别力分析

表 4-31 中为不同品种（系）和试验区的外观品质交互作用主成分 $IPCA_1$、$IPCA_2$ 及相应稳定性参数 D_i 值和 D_j 值。通过对比分析可知，6 个供试品种（系）中'垦稻 08-924'垩白粒率稳定性最大，D_i 值为 1.67，'北粳 9005'垩白粒率稳定性最小，D_i 值为 2.70，'饶选 06-06'垩白粒率稳定性较小，D_i 值为 2.48，'饶选 06-06'垩白度稳定性最小，D_i 值为 2.13，'龙粳 20'垩白度稳定性最大，D_i 值为 0.89，'垦稻 08-924'垩白粒率稳定性较大，D_i 值为 0.95；'建 07-1023'粒长的稳定性最大，D_i 值为 0.02，'饶选 06-06'粒长的稳定性最小，D_i 值为 0.60，'垦稻 08-924'粒长稳定性居于中等水平；'建 07-1023'粒宽的稳定性最大，D_i 值为 0.14，'北粳 9005'粒宽稳定性最小，D_i 值为 0.41，'垦稻 08-924'粒宽稳定性较大，D_i 值为 0.20，'饶选 06-06'粒宽的稳定性较小，D_i 值为 0.34。基于以上分析得出，'垦稻 08-924'的外观品质在本试验试验区中较稳定，'饶选 06-06'的外观品质与其他试验品种相比较不稳定。

由表 4-31 还可以看出，本试验中 6 个试验区中，对垩白粒率鉴别力最强的是八五零农场，D_j 值为 3.80，二九零农场对垩白粒率鉴别力最差，D_j 值为 0.98；对垩白度鉴别力最强的是八五零农场，D_j 值为 2.80，对垩白度鉴别力最差的八五三农场，D_j 值为 0.44；对粒长鉴别力最强的是八五三农场，D_j 值为 0.63，对粒长鉴别力最差的是二九零农场；对粒宽鉴别力最强的是八五三农场，D_j 值为 0.49，对粒宽鉴别力最差的是二九零农场。综合分析可知，八五零农场在粒长和粒宽形状上鉴别力较低，但在垩白粒率和垩白度上的鉴别力最强；二九零农场对参试品种的外观品质形状的鉴别力最差。

表 4-31　参试品种与地点外观品质的稳定性参数

品种（系）	垩白粒率			垩白度			粒长			粒宽		
	$IPCA_1$	$IPCA_2$	D_i	$IPCA_1$	$IPCA_2$	D_i	$IPCA_1$	$IPCA_2$	D_i	$IPCA_1$	$IPCA_2$	D_i
龙粳 20	-0.433	2.170	2.21	-0.886	0.123	0.89	-0.138	0.030	0.14	-0.007	0.195	0.20
饶选 06-06	-2.314	-0.890	2.48	-1.828	-1.100	2.13	0.592	0.120	0.60	-0.331	0.060	0.34
垦稻 08-924	0.227	-1.652	1.67	0.316	-0.892	0.95	-0.078	-0.090	0.12	-0.121	-0.155	0.20
北粳 9005	2.524	0.962	2.70	1.698	-0.422	1.75	-0.341	0.262	0.43	0.409	0.023	0.41
建 07-1023	-1.681	0.650	1.80	-0.798	1.889	2.05	0.010	0.022	0.02	0.016	0.141	0.14
空育 131	1.677	-1.240	2.09	1.498	0.402	1.55	-0.044	-0.345	0.35	0.035	-0.264	0.27
八五零农场	-3.777	0.416	3.80	-2.778	0.318	2.80	-0.117	0.200	0.23	-0.112	0.175	0.21
查哈阳农场	0.513	-2.270	2.33	0.484	-1.596	1.67	-0.131	-0.225	0.26	-0.120	-0.219	0.25
军川农场	0.268	-1.019	1.05	0.521	0.597	0.79	-0.010	0.236	0.24	-0.117	-0.181	0.22
梧桐河农场	0.972	0.509	1.10	1.062	1.585	1.91	-0.149	-0.243	0.29	-0.045	0.203	0.21

（续表）

品种（系）	垩白粒率			垩白度			粒长			粒宽		
	$IPCA_1$	$IPCA_2$	D_i	$IPCA_1$	$IPCA_2$	D_i	$IPCA_1$	$IPCA_2$	D_i	$IPCA_1$	$IPCA_2$	D_i
二九零农场	0.945	0.261	0.98	0.793	-0.473	0.92	-0.219	0.071	0.23	-0.097	0.05	0.11
八五三农场	1.079	2.103	2.36	-0.081	-0.433	0.44	0.627	-0.039	0.63	0.491	-0.029	0.49

7. 营养品质比较及其稳定性研究

（1）地点和品种间营养品质差异比较

①蛋白质。通过不同处理间蛋白质含量比较可知（图4-26），'龙粳20'的蛋白质含量除了在梧桐河农场较低、八五三农场表现较高外，在其他农场均表现为最高，蛋白质含量范围在7.4%~8.8%；'北粳9005'的蛋白质含量除了在八五三农场最高外，在其他农场均处于较低或最低水平，蛋白质含量范围在6.9%~7.9%。通过同一农场品种间差异显著分析可知，八五三农场种植的6个品种蛋白质含量间差异达到了极显著水平，而其他农场各品种蛋白质含量最大和最小值之间也均达到极显著水平。

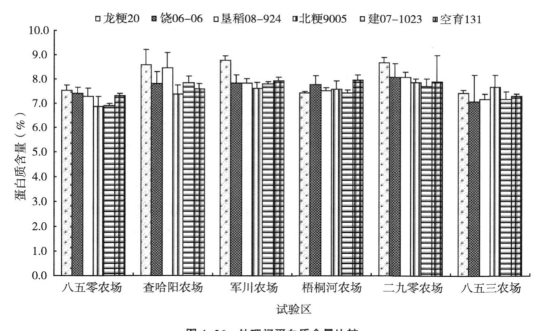

图4-26　处理间蛋白质含量比较

②游离脂肪酸。通过不同处理间游离脂肪酸含量比较可知（图4-27），'垦稻08-924'在查哈阳农场、二九零农场和八五三农场的游离脂肪酸含量最高，在八五零农场、军川农场和梧桐河农场表现为较高，游离脂肪酸范围在18.5%~24.7%；'饶06-06'的游离脂肪酸在八五零农场、军川农场和八五三农场表现为最低，在其他农场表现为较低，游离脂肪酸范围在14.2%~20.00%。通过同一农场品种间差异显著分析可知，军川农场和梧桐河农场的各品种游离脂肪酸间差异虽达到显著水平，但未达极显著

水平，而其他农场的各个品种游离脂肪酸间差异达到了极显著水平。

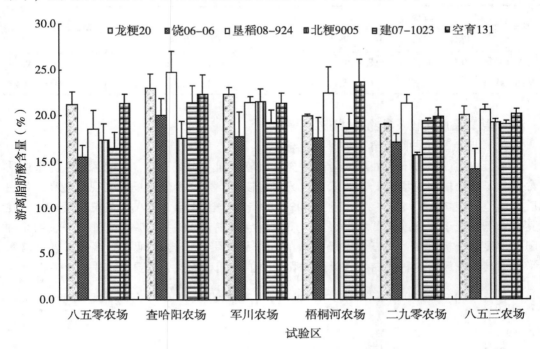

图 4-27　处理间游离脂肪酸含量比较

③直链淀粉。通过不同处理间直链淀粉含量比较可知（图 4-28），'龙粳 20'的直链淀粉含量在军川农场、梧桐河农场和八五三农场表现的较低，而在八五零农场、查哈阳农场和二九零农场表现的均为最高，直链淀粉含量在 9.9%~12.2%；'饶 06-06'在查哈阳农场和军川农场的直链淀粉含量表现较高，而在其他农场表现均为最低，直链淀粉含量在 7.9%~11.0%；其他品种在各试验区的表现无明显规律性。通过同一农场品种间差异显著分析可知，查哈阳农场各品种的直链淀粉含量间差异未达显著水平；八五零农场各品种的直链淀粉含量间差异虽达显著水平，但未达极显著水平；其他农场各品种的直链淀粉含量间差异达到了极显著水平。

④品种和地点间营养品质平均值比较。从表 4-32 中可以看出，本试验中各个参试品种的营养品质在不同试验区表现出来的平均值不同，说明水稻品种间同一品质性状的稳定性不同。平均蛋白质含量方面，'龙粳 20'最高，为 8.08%，其次是'垦稻 08-924'，含量为 7.73%，'建 07-1023'的平均蛋白质含量最低，为 7.48%，'饶选 06-06'的平均蛋白质含量较低，为 7.50%；从平均游离脂肪酸上比较，'垦稻 08-924'含量最高达 21.47%，其次是'龙粳 20'，为 21.42%平均游离脂肪酸最低的是'饶选 06-06'（17.03%）；'垦稻 08-924'的平均直链淀粉含量最高达 11.02%，其次是'龙粳 20'，平均直链淀粉含量为 10.78%，'饶选 06-06'的平均直链淀粉含量最低为 9.91%。综上，'龙粳 20'在试验中的 3 个营养品质数值均较大；'饶选 06-06'的 3 个营养品质数值均较小。

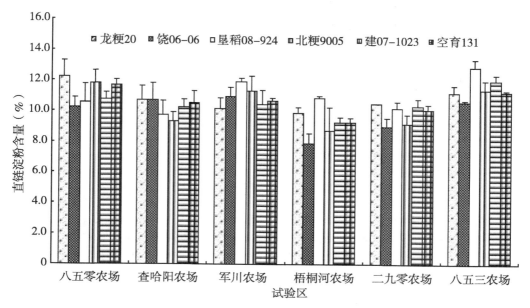

图4-28 各处理直链淀粉含量比较

表4-32 参试品种在不同试验区的3个营养品质平均值比较

品种（系）	蛋白质含量（%）	游离脂肪酸含量（%）	直链淀粉含量（%）
龙粳20	8.08	21.42	10.78
饶选06-06	7.50	17.03	9.91
垦稻08-924	7.73	21.47	11.02
北粳9005	7.51	18.13	10.29
建07-1023	7.48	19.01	10.51
空育131	7.67	21.41	10.58

同一试验区不同品种的3个品质性状平均值不同（表4-33），说明不同环境对水稻同一品质性状的鉴别力不同。二九零农场的平均蛋白质含量最高，为8.07%，其次是军川农场，含量为7.97%，八五零农场的平均蛋白质含量最低，为7.21%；从平均游离脂肪酸上比较，查哈阳农场含量最高达21.49%，其次是军川农场，含量为20.57%，平均游离脂肪酸含量最低的是八五零农场，达18.39%；八五三农场的平均直链淀粉含量最高达11.57%，其次是八五零农场，平均直链淀粉含量为11.22%，梧桐河农场直链淀粉含量最低为9.31%。综上，查哈阳农场有利于蛋白质和游离脂肪酸的形成，但直链淀粉含量较高。八五零农场平均蛋白质和游离脂肪酸含量最低，直链淀粉含量较高。

表 4-33　参试地区不同品种的 3 个营养品质平均值比较

试验区	蛋白质含量（%）	游离脂肪酸含量（%）	直链淀粉含量（%）
八五零农场	7.21	18.39	11.22
查哈阳农场	7.94	21.49	10.22
军川农场	7.97	20.57	10.90
梧桐河农场	7.62	19.92	9.31
二九零农场	8.07	18.72	9.89
八五三农场	7.32	18.87	11.57

（2）营养品质的基因型和环境互作效应分析

通过各试验区的方差同质性检验表明，各试验区数据误差同质，联合方差分析表明（表4-34），环境对蛋白质和直链淀粉的形成影响最大，$SS\%$ 分别为 53.56% 和 56.57%；基因型对游离脂肪酸的形成影响最大，$SS\%$ 达到 52.75%；基因型和环境互作对试验中 3 个品质指标影响均为较大。从表 4-35 中还可以看出，蛋白质含量和直链淀粉含量的主成分因子 $IPCA_1$、$IPCA_2$ 差异达极显著水平；游离脂肪酸含量的 $IPCA_1$ 差异达极显著水平，$IPCA_2$ 差异达显著水平。蛋白质含量、游离脂肪酸含量和直链淀粉含量的基因型和环境互作第 1 个和第 2 个交互作用的主成分之和（$IPCA_1+IPCA_2$）已分别解释基因型和环境互作总变异平方和的 84.68%、81.83% 和 76.74%。因此，这两个 AMMI 分量代表的互作部分，能对营养品质稳定性做出判断。3 个品质指标在品种（系）间、环境间及基因型×环境互作效应差异均达到极显著水平，故有必要利用 AMMI 模型对这 3 个营养品质进行营养品质稳定性分析。

表 4-34　稻米营养品质的基因型和环境互作效应分析

变异来源	自由度	蛋白质含量			游离脂肪酸含量			直链淀粉含量		
		平方和	$SS\%$	F 值	平方和	$SS\%$	F 值	平方和	$SS\%$	F 值
处理	35	21.96			600.32			117.19		
基因型	5	4.15	18.80	10.30**	316.66	52.75	22.40**	13.57	11.48	6.28**
环境	5	11.74	53.56	29.22**	132.87	22.13	9.39**	66.18	56.57	30.67**
基因型×环境	25	6.07	27.64	3.02**	150.78	25.12	2.13**	37.44	31.95	3.47**
$IPCA_1$	9	4.01	66.06	9.72**	90.19	59.82	4.79**	18.42	49.20	6.64**
$IPCA_2$	7	1.13	18.62	3.52**	33.20	22.02	2.27*	10.31	27.54	4.78**

注：** 和 * 分别表示达 1% 和 5% 显著水平；$IPCA_1$ 和 $IPCA_2$ 的 $SS\%$ 表示各主成分值占交互效应的百分比。

（3）营养品质稳定性及地点鉴别力分析

表 4-35 列出了 6 个品种（系）和 6 个地点的 $IPCA_1$、$IPCA_2$ 及相应稳定性参数 D_i 值

和 D_j 值。D_i 值越小，品种（系）营养品质稳定性越好。6 个供试品种（系）中蛋白质含量稳定性最好的是'建 07-1023'，D_i 值为 0.092，其次是'饶选 06-06'，D_i 值为 0.412，稳定性最差的是'龙粳 20'，D_i 值为 0.792；游离脂肪酸含量稳定性以'龙粳 20'最优，D_i 值为 0.612，'饶选 06-06'次之，'北粳 9005'稳定性最差，D_i 值为 1.853；'北粳 9005'直链淀粉含量最稳定，D_i 值为 0.213，其次是'建 07-1023'，D_i 值为 0.262，'垦稻 08-924'最不稳定，D_i 值为 1.314。

由表 4-35 还可以看出，本试验中 6 个试验区中，对蛋白质鉴别力最强的是梧桐河农场，D_j 值为 0.734，其次是查哈阳农场，D_j 值为 0.654，蛋白质鉴别力最差的是二九零农场，D_j 值为 0.247；对游离脂肪酸鉴别力最强的是八五零农场，D_j 值为 1.341，其次是查哈阳农场，D_j 值为 1.272，最差的是梧桐河农场，D_j 值为 1.082，较差的是二九零农场，D_j 值为 1.133；对直链淀粉鉴别力最强的是军川农场，D_j 值为 1.054，其次是查哈阳农场，D_j 值为 0.943，对直链淀粉鉴别力最差的是二九零农场，D_j 值为 0.442。综合分析 3 项品质性状，查哈阳农场对营养品质鉴别力最强，对营养品质鉴别力最差的是二九零农场。

表 4-35　参试品种与地点蛋白质、游离脂肪酸和直链淀粉含量的稳定性参数

品种（系）	蛋白质含量			游离脂肪酸含量			直链淀粉含量		
	$IPCA_1$	$IPCA_2$	D_i	$IPCA_1$	$IPCA_2$	D_i	$IPCA_1$	$IPCA_2$	D_i
龙粳 20	-0.722	0.315	0.792	-0.556	0.249	0.612	-0.646	0.790	1.023
饶选 06-06	0.092	-0.395	0.412	0.885	0.301	0.932	-0.411	-1.052	1.133
垦稻 08-924	-0.358	-0.241	0.434	0.966	-0.462	1.074	1.306	0.088	1.314
北粳 9005	0.580	0.480	0.755	-1.791	-0.456	1.853	0.019	-0.206	0.213
建 07-1023	0.004	0.090	0.092	0.502	-0.975	1.102	0.141	0.222	0.262
空育 131	0.404	-0.249	0.473	-0.006	1.343	1.341	-0.409	0.158	0.445
八五零农场	0.013	-0.361	0.363	-0.759	1.105	1.341	-0.825	0.361	0.902
查哈阳农场	-0.634	-0.136	0.654	1.237	-0.279	1.272	-0.816	-0.475	0.943
军川农场	-0.289	0.245	0.385	-1.146	-0.407	1.223	0.446	-0.951	1.054
梧桐河农场	0.620	-0.372	0.734	0.534	0.942	1.082	0.606	0.651	0.891
二九零农场	-0.204	0.121	0.247	1.008	-0.517	1.133	-0.148	0.413	0.442
八五三农场	0.490	0.502	0.703	-0.874	-0.842	1.212	0.737	0.001	0.742

注：上表中 $IPCA_1$ 和 $IPCA_2$ 下的数字表示 3 个品质性状的主成分值。

（4）品种适应性分析

由于蛋白质、游离脂肪酸和直链淀粉含量的基因型和环境互作效应前两个主成分之和已能解释 70% 以上的总变异（表 4-34），故以 $IPCA_1$ 为 X 轴，$IPCA_2$ 为 Y 轴建立的 AMMI 双标图（图 4-29）也能较好地反映品种的稳定性和地点的鉴别力。在 AMMI 双标图上越接近坐标原点品种（系）稳定性越好，越远离坐标原点的地点鉴别力越强，双标图反映的品种稳定性和地点的鉴别力大小与表 4-35 的分析结果是一致的。

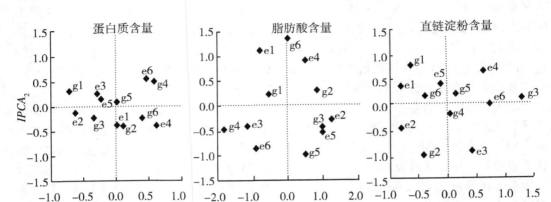

图 4-29　寒地水稻营养品质的 AMMI 交互作用双标图

品种在地点图标与原点连线上的垂直投影代表其在此试验区的最大交互效应，在正向连线上的最大投影代表此品种（系）在此试验区表现出最佳适应性，若垂直投影在地点和原点反向延长线上则表现不适应性。蛋白质项中，'龙粳 20' 在查哈阳农场、空育 131 在梧桐河农场，'北粳 9005' 在八五三农场，这些图标与原点的连线有较大的垂直投影，表明这些品种（系）在这些试验区表现出最佳适应性；游离脂肪酸项中，'空育 131' 在八五零农场，'建 07-1023' 和 '垦稻 08-924' 在查哈阳农场，'北粳 9005' 在八五三农场均表现出最佳适应性；直链淀粉项中，'龙粳 20' 在八五零农场，'饶选 06-06' 在查哈阳农场，'垦稻 08-924' 在梧桐河农场均表现出最佳适应性。

（三）讨　论

1. 产量方面

本试验通过不同地点和不同品种处理间产量对比和 AMMI 模型分析表明，生态环境不同，不同品种（系）产量和产量构成因素的稳定性有差异，但相关性是否显著有待于进一步研究，也是此模型有待于完善之处。此外，通过水稻产量对比和 AMMI 交互作用双标图分析可知，八五零农场和军川农场的 D_j 值较大，对水稻产量的鉴别力较大，较适合水稻进行区试试验，这为黑龙江垦区水稻选择试验区提供理论依据，同时也为寒地水稻生产提供技术支撑。增加穗粒数和千粒重是超高产品种高产的直接原因，尤其在高产条件下关系更为密切（郑桂萍，2005；郑桂萍，2006；张学军，2003）。

本试验条件下，产量和穗粒数和千粒重相关性均未达显著水平，这可能和试验误差导致的，也有可能是由于本区试试验未达到水稻高产的条件，有待于进一步研究。穗粒数除了和结实率、产量外，与所有指标间均达极显著相关，说明穗粒数对结实率和产量影响不大，但与所有穗型的一次枝梗数和二次枝梗数、穗长、穗数和千粒重关系密切。穗数与穗粒数呈极显著负相关，说明二者间是相互制约的，穗粒数是建立在穗数之上的，此结论与陈温福（2003）和李金峰（2004）的研究结论一致。在本试验条件下，二次枝梗数除与结实率、产量相关性不显著外，与其他指标相关性均达到显著或极显著水平，说明二次枝梗数对除结实率外的产量构成因素及不同穗型的一次枝梗数和穗长关系密切，水稻穗部一次枝梗数和二次枝梗数方面的研究未见报道。本试验条件下，水稻产量除与穗数达显著正相关外，与其他性状均未达显著相关性，此结论有待于进一步探讨。另外，本试验主要针对不同水稻品种和试验区产量及其构成要素的稳定性进行，关于不同年度间的稳定性问题，有待于进一步研究。

2. 品质方面

本试验通过加工品质、外观品质和营养品质的对比和基因型、环境互作效应分析，结果表明：基因型、环境及其互作对寒地水稻各个品质性状影响不同。说明寒地水稻品种及品质指标在不同基因型间、地点间及互作均存在差异，这与张坚勇（2004）、万向元（2005）的研究结果一致。利用 AMMI 模型对水稻各品质性状进行稳定性和适应性分析发现，精米率和糙米率品种（系）间、环境间及基因型和环境互作效应差异均未达到显著水平，故不能利用 AMM I 模型对其进行稳定性分析，有待于挖掘更适宜互作效应差异不显著的统计模型。虽然稳定性参数 D_i 和鉴别力参数 D_j 可定量描述品种的稳定性以及地点鉴别力的强弱，但品种间稳定性差异以及地点间鉴别力的大小是否达到显著水平，还有待进一步研究。

依据 AMMI 分析的前两位主成分值及其相应的稳定性参数 D_i 值，本试验中的参试品种（系）各品质与环境间的稳定性和农场的鉴别力评价结果可以指导现实生产。本试验综合比较表明，‘龙粳20’外观品质综合表现最好，在不同试验区的平均蛋白质含量、游离脂肪酸含量和直链淀粉含量均较高，但较高的直链淀粉含量会影响其食味品质，所以寻求降低直链淀粉含量的措施，可以提高‘龙粳20’的综合品质；‘垦稻08-924’在整精米率、外观品质方面表现均较稳定，在营养品质方面表现不稳定，但因为‘垦稻08-924’还是品系，其品质性状的稳定性也有待于进一步试验；本研究结果表明水稻的品质性状除受遗传因素控制外，还受环境条件的影响，这和有关专家研究结果一致（刘健，2002；沈希宏，2000）。‘龙粳20’品质综合表现较好；八五零农场除了对蛋白质的鉴别力较差外，对品质的鉴别力较强，这和生产实际基本一致。所以，AMMI 模型可以较好地用于不同试验区水稻品质稳定性和地点对水稻品质鉴别力的判定，并可以为对照品种的确定提供理论依据。

（四）结　论

1. 地点和品种间产量及其构成因素对比

通过对地点和品种间产量的对比，‘龙粳20’在军川、二九零、八五三3个农场的产量和其他品种相比均表现最高，而在其他农场差异均未达显著水平，‘龙粳20’的产量在 10 333~12 785 kg/hm²；其他品种产量的表现有明显的区域性。对于参试试验区不同品种平均产量间差异，除了八五三农场差异较显著外，其他的5个农场均不显著。

不同生态环境对水稻产量构成性状影响不同，除了穗数外，八五零农场的其他3个产量构成平均值最高；梧桐河农场产量构成性状平均值均较低，其中穗数和穗粒数均呈反比关系。水稻品种在不同试验区的产量构成性状平均值存在差异，说明品种的基因型对寒地水稻产量构成性状有较大的影响。

本研究结果还显示，6个寒地水稻品种（系）在不同地点种植，营养品质适应性存在差异，适应性因品种和环境而异，基因型和环境互作之间存在很强的互作效应。'建07-1023'的蛋白质、'龙粳20'的游离脂肪酸、'北粳9005'的直链淀粉受环境影响最小，适应性最好，此外，其他参试品种蛋白质、游离脂肪酸和直链淀粉含量在活动积温较高、水稻抽穗后日照时间长、降水量少的地点适应性较好。因此，在品种研究中根据育种目标，培育品质稳定性较好品种很重要，但如果能发现品种和环境互作很强的品种也很有意义。AMMI模型是分析品种的多地点试验数据十分有效的工具，但是目前只能对单个性状进行分析，如何对多个性状进行综合分析还有待于进一步深入研究。另外，本试验主要针对不同水稻品种和试验区的品质稳定性进行研究，关于不同年度间的稳定性问题，有待于进一步研究。

2. 产量及其构成因素的 AMMI 模型分析

通过基因型与环境互作的 AMMI 模型分析可知，基因型对千粒重和穗粒数影响最大，$SS\%$ 分别达到 65.05% 和 54.90%；环境对穗数影响最大，$SS\%$ 为 53.19%；基因型和环境互作对试验中结实率和产量影响最大，$SS\%$ 分别为 46.15% 和 40.53%，对其他性状影响均较大。

3. 产量及产量构成因素的稳定性分析

生态环境和基因型不同，产量和产量构成因素的稳定性有差异。各品种对产量和产量构成性状的稳定性不同，各农场对产量和产量构成性状的鉴别力也不同。通过水稻产量的 AMMI 交互作用双标图分析可知，'建07-1023'在查哈阳农场，'空育131'在梧桐河农场、二九零农场和八五三农场，'北粳9005'在八五零农场，'龙粳20'在军川农场表现出最佳的适应性。

4. 产量及产量相关要素的相关性分析

在本试验条件下，二次枝梗数和穗长除与结实率、产量相关性不显著外，与其他指标相关性均达到显著或极显著水平；穗粒数除和结实率、产量未达显著水平外，与所有指标间均达极显著相关；结实率除与千粒重呈极显著正相关外，与其他性状相关性均未达显著水平；产量除与穗数达显著正相关外，与其他性状均未达显著相关性。

5. 加工品质比较和稳定性分析

通过加工品质的基因型和环境互作效应分析得知，环境对糙米率的影响大于基因型对糙米率的影响。通过对参试品种在不同试验区的加工品质平均值进行比较可知，龙粳20的精米率和整精米率在参试的6个农场中表现出的平均值最佳，精米率达71.46%，整精米率达64.50%，说明'龙粳20'的精米率和整精米率对环境的适应性较好，加工品质表现最好。相比于其他试验区而言，军川农场的精米率和整精米率平均值均最高，精米率达71.62%，整精米率达65.83%，军川农场加工品质综合表现较好。

精米率和糙米率品种（系）间、环境间及基因型和环境互作效应差异均未达到显著水平，故不能利用 AMMI 模型对其进行稳定性分析。只能利用 AMMI 模型对整精米率进行稳定性分析。结果表明，'垦稻08-924'的整精米率表现的最稳定，D_i 值为 1.63，空育131整精米率表现最不稳定，D_i 值为 4.03，受环境影响较大。八五零农场对整精米率鉴别力最强，D_j 值为 3.41，二九零农场对整精米率的鉴别力最弱，D_j 值为 0.75。

6. 外观品质比较和稳定性分析

通过对外观品质的基因型和环境互作效应分析表明，基因型对 4 个外观品质影响均最大，环境对试验中的垩白粒率和垩白度影响均较大；而基因型和环境互作对粒长和粒宽的影响均较大；本试验通过各水稻品种和试验区的外观品质比较可知，龙粳 20 的垩白度最小，为 15.00%，垩白粒率较小，为 8.48%，粒宽值较小，为 2.98 mm，粒长中等，为 4.81 mm，在本试验结果中属于外观品质综合表现最好的品种；'饶选 06-06'的垩白粒率最高，为 41.33%，垩白度最高，为 21.84%，粒宽值最大，为 2.63 mm，粒长较短，为 4.74 mm，故'饶选 06-06'的综合外观品质表现最差。八五零农场平均垩白粒率最低，为 19.37%，垩白度最低，为 10.48%，粒宽值最小，为 2.95 mm，粒长中等，为 4.86 mm，在本试验试验区中最适宜形成良好外观品质；查哈阳农场较适宜水稻品种大粒和良好外观品质；二九零农场不适宜形成良好的外观品质。

通过品种外观品质稳定性分析和试验区鉴别力分析得出，'垦稻 08-924'的外观品质在本试验试验区中较稳定，垩白粒率、垩白度、粒长和粒宽的稳定性参数分别为 1.67、0.95、0.12 和 0.20；'饶选 06-06'的外观品质与其他试验品种相比较不稳定，垩白粒率、垩白度、粒长和粒宽的稳定性参数分别为 2.48、2.13、0.60 和 0.34；八五零农场在粒长和粒宽形状上鉴别力较低，但在垩白粒率和垩白度上的鉴别力最强；二九零农场对参试品种的外观品质形状的鉴别力最差，垩白粒率、垩白度、粒长和粒宽的稳定性参数分别为 0.98、0.92、0.23、0.11。

7. 营养品质分析及稳定性研究

本试验利用 AMMI 模型对水稻营养品质进行了稳定性和适应性分析，结果可知，基因型和环境互作对试验中蛋白质含量、游离脂肪酸含量、直链淀粉含量 3 个品质指标影响均为较大；'龙粳 20'的此 3 项营养品质数值均较大，分别为 8.08%、21.42% 和 10.78%，军川农场次之；'饶选 06-06'的此 3 项营养品质数值均较小，分别为 7.50%、17.03% 和 9.91%；八五零农场平均蛋白质和游离脂肪酸含量最低，分别为 7.21% 和 18.39%，直链淀粉含量较高（10.90%）。

通过不同水稻品种营养品质稳定性分析和试验区鉴别力分析可知，八五零和查哈阳农场对营养品质鉴别力较强，对营养品质鉴别力最差的是二九零农场；蛋白质项中，'龙粳 20'在查哈阳农场、'空育 131'在梧桐河农场、'北粳 9005'在八五三农场表现出最佳适应性；游离脂肪酸项中，'空育 131'在八五零农场、'建 07-1023'和'垦稻 08-924'在查哈阳农场、'北粳 9005'在八五三农场均表现出最佳适应性；直链淀粉项中，'龙粳 20'在八五零农场、'饶选 06-06'在查哈阳农场、'垦稻 08-924'在梧桐河农场均表现出最佳适应性。

二、五常等试验区水稻品质稳定性分析

（一）材料与方法

1. 供试材料及田间设计

采用 7 个品种于 6 个试验区进行，供试品种及试验区地点如表 4-36 所示。各试验

区按当地常规生产进行播种、秧田、插秧及本田管理，试验小区面积 8 m²，适期收获。

表 4-36　供试品种及试验区

供试品种		试验区	
代码	名称	代码	名称
g1	东农 425	e1	五常
g2	松粳 12	e2	查哈阳
g3	龙稻 5	e3	牡丹江
g4	中龙稻 1 号	e4	桦川
g5	龙粳 21	e5	创业
g6	龙粳 23	e6	大兴
g7	龙粳 24		

2. 品质测定

收获 2 个月后进行品质分析，品质测定由黑龙江省谷物分析中心完成。采用 FC-2K 糙米机测定糙米率；VP-32 精米机测定精米率；按相应的计算公式计算出糙米率、精米率和整精米率。FOSS 1241 近红外分析仪测定粳稻品种的蛋白质含量；米饭食味评分采用日本佐竹 STA1A 米饭食味计进行。

3. 分析方法

基于 AMMI 稳定性分析统计模型，将方差分析和主成分分析有机地结合在一起的分析方法，具体统计方法同上文。

（二）结果与分析

1. 水稻品质指标的 AMMI 模型分析

加工品质的 AMMI 模型分析结果如表 4-37，可见，糙米率基因型、环境及基因型与环境的交互作用分别占整个处理平方和的 68.46%、6.39%、25.16%，表明试验中对糙米率总变异起作用的大小顺序依次为基因型>基因型与环境互作>环境；整精米率基因型、环境及基因型与环境的交互作用分别占整个处理平方和的 32.64%、27.31%、40.05%，表明试验中对整精米率总变异起作用的大小顺序依次为基因型与环境互作>基因型>环境。可见，糙米率变化主要是由基因型决定的，而整精米率基因型与环境互作的作用更大。糙米率和整精米率其基因型与环境互作均达到了显著水平，糙米率 $IPCA_1$、$IPCA_2$ 分别占互作平方和的 48.37%、43.70%，说明 92.07% 的基因型与环境互作模式为 $IPCA_1-2$ 所拥有；整精米率 $IPCA_1$、$IPCA_2$ 分别占互作平方和的 50.76%、39.21%，说明 89.98% 的基因型与环境互作模式为 $IPCA_1$ 和 $IPCA_2$ 所拥有。

表 4-37　水稻加工品质的基因型和环境互作效应分析

变异来源	自由度	糙米率		整精米率	
		SS%	F 值	SS%	F 值
总的	41	100		100	

（续表）

变异来源	自由度	糙米率		整精米率	
		SS%	F 值	SS%	F 值
基因型	6	68.46	80.94**	32.64	24.63**
环境	5	6.39	9.06**	27.31	24.73**
基因型×环境	30	25.16	5.95*	40.05	6.04*
$IPCA_1$	10	48.37	8.63**	50.76	9.20**
$IPCA_2$	8	43.70	9.75**	39.21	8.89**
$IPCA_1$+$IPCA_2$	—	92.07	—	89.98	—
误差	6	3.36	—	3.31	—

营养、食味品质的 AMMI 模型分析结果如表 4-38 所示，蛋白质含量的基因型、环境及基因型与环境的交互作用分别占整个处理平方和的 11.42%、45.81%、42.77%，表明试验中对蛋白质含量总变异起作用的大小顺序依次为环境>基因型与环境互作>基因型；食味评分基因型、环境及基因型与环境的交互作用分别占整个处理平方和的 26.64%、37.52%、35.84%，表明试验中对食味评分总变异起作用的大小顺序与蛋白质含量相同；蛋白质含量和食味评分其基因型与环境互作均达到极显著水平，蛋白质含量 $IPCA_1$、$IPCA_2$ 分别占互作平方和的 48.11%、45.37%，说明 93.48% 的基因型与环境互作模式为 $IPCA_1$ 和 $IPCA_2$ 所拥有；食味评分 $IPCA_1$、$IPCA_2$ 分别占互作平方和的 53.07%、39.73%，说明 92.79% 的基因型与环境互作模式为 $IPCA_1$ 和 $IPCA_2$ 所拥有。

表 4-38　水稻营养食味品质的基因型和环境互作效应分析

变异来源	自由度	蛋白质		食味评分	
		SS%	F 值	SS%	F 值
总的	41	100		100	
基因型	6	11.42	10.35**	26.64	74.37**
环境	5	45.81	49.81**	37.52	125.65**
基因型×环境	30	42.77	7.75**	35.84	20.01**
$IPCA_1$	10	48.11	11.19**	53.07	31.85**
$IPCA_2$	8	45.37	13.19**	39.73	29.81**
$IPCA_1$+$IPCA_2$	—	93.48	—	92.79	—
误差	6	2.58	—	1.00	—

2. 水稻品种各品质指标的稳定性分析

各品质指标的基因型与环境互作效应分析 F 值表明（表 4-39），处理间糙米率和整精米率主成分因子的差异均达到极显著水平。糙米率和整精米率的基因型和环境互作第一个和第二个交互作用主成分之和（$IPCA_1$＋$IPCA_2$）已分别解释基因型和环境互作总变异平方和的 92.07％和 89.98％，远远大于 50％。因此，这两个 AMMI 分量代表的互作部分能对糙米率和整精米率的稳定性做出准确的判断。表 4-39 列出了 7 个品种的 $IPCA_1$、$IPCA_2$ 及相应稳定性参数 D_i 值。D_i 越小则品种的糙米率和整精米率的稳定性越好。糙米率的 D_i 值以'龙粳 23'＞'龙粳 24'＞'龙稻 5'＞'龙粳 21'＞'中龙稻 1'＞'松粳 12'＞'东农 425'；整精米率'龙稻 5'＞'龙粳 21'＞'龙粳 23'＞'东农 425'＞'中龙稻 1'＞'松粳 12'＞'龙粳 24'。仅从稳定性来看糙米率是'东农 425'和'松粳 12'最好，'龙粳 21''中龙稻 1'和'松粳 12'居中，'龙粳 23'和'龙粳 24'最差；整精米率稳定性是'龙粳 24'和'松粳 12'最好，但数值较低，'龙粳 23''东农 425'和'中龙稻 1'居中，且但数值较高，'龙稻 5'和'龙粳 21'最差，数值也较低。因此，综合来看，'龙粳 23''东农 425'和'中龙稻 1'稳定性较好，且整精米率较高。

表 4-39 品种加工品质的稳定性分析

代码	品种	糙米率				整精米率			
		数值	$IPCA_1$	$IPCA_2$	D_i	数值	$IPCA_1$	$IPCA_2$	D_i
g1	东农 425	81.36	0.05	0.38	0.38	62.40	-2.21	0.84	2.36
g2	松粳 12	79.94	0.03	0.55	0.55	57.71	-0.23	1.51	1.53
g3	龙稻 5	81.26	-0.04	0.81	0.81	53.79	-0.06	-3.64	3.64
g4	中龙稻 1	80.25	-0.33	0.44	0.55	64.68	-1.55	0.02	1.55
g5	龙粳 21	82.08	0.59	-0.46	0.75	60.70	2.48	0.17	2.49
g6	龙粳 23	83.73	-1.30	-0.92	1.59	62.78	2.31	0.79	2.44
g7	龙粳 24	81.43	1.00	-0.80	1.28	55.40	-0.74	0.31	0.80

表 4-40 列出了 7 个品种的蛋白质含量的 Dg 值和食味评分的 Dg 值。蛋白质含量的 D_i 值以'东农 425'＞'龙粳 24'＞'松粳 12'＞'龙粳 23'＞'中龙稻 1'＞'龙稻 5'＞'龙粳 21'。即品种蛋白稳定性是'龙粳 21'和'龙稻 5'最好，'松粳 12''龙粳 23'和'中龙稻 1'居中，'东农 425'和'龙粳 24'最差。'龙稻 5'的蛋白质含量最低，且稳定性好，根据蛋白质含量与食味评分呈负相关，龙稻 5 在各试验区的品质应是较好的。食味评分的 D_i 值以'中龙稻 1'＞'东农 425'＞'龙粳 23'＞'龙粳 24'＞'龙稻 5'＞'松粳 12'＞'龙粳 21'。即品种食味评分的稳定性是'中龙稻 1'和'东农 425'最好，'龙粳 23''龙粳 24'和'龙稻 5'居中，'龙稻 5'和'松粳 12'最差。'龙粳 23''龙稻 5'和'龙粳 24'食味评分好，且稳定性居中，是适宜不同区域种植的品种；'中龙稻 1'和'东农 425'虽然稳定性好，但在供试品种中食味评分是最低的一组，优质栽培品种选择时应给予考虑。'龙粳 21'食味的稳定性最差，但食味评分较高，应注意在适宜区种植。

表 4-40　品种营养食味品质的稳定性分析

代码	品种	蛋白质				食味评分			
		数值	$IPCA_1$	$IPCA_2$	Dg	数值	$IPCA_1$	$IPCA_2$	Dg
g1	东农 425	7.76	−0.81	−0.65	1.04	66.35	−1.09	−2.09	2.35
g2	松粳 12	7.31	−0.47	0.67	0.82	71.38	−0.80	−0.23	0.83
g3	龙稻 5	6.90	0.68	0.05	0.68	72.75	1.29	0.54	1.40
g4	中龙稻 1	7.46	−0.51	0.45	0.68	68.99	−2.41	1.46	2.82
g5	龙粳 21	7.54	0.26	0.12	0.29	72.29	0.42	0.22	0.47
g6	龙粳 23	7.47	0.62	0.28	0.68	73.69	1.35	1.50	2.02
g7	龙粳 24	7.49	0.24	−0.94	0.97	70.06	1.24	−1.40	1.87

3. 试点的判别力分析

将各试点在显著的 $IPCA_1$ 和 $IPCA_2$ 下计算出的判别力参数 De 值如表 4-41 所示，De 越大则试验区对品种糙米率和整精米率的判别力越强。糙米率以五常>创业>牡丹江>桦川>大兴>查哈阳；整精米率以牡丹江>查哈阳>创业>大兴>五常>桦川，即糙米率以五常和创业判别力较强，牡丹江和桦川判别力居中，大兴和查哈阳判别力较弱；整精米率以牡丹江和查哈阳判别力较强，创业和大兴判别力居中，五常和桦川判别力较弱。牡丹江和查哈阳易于对品种的整精米率做出判断。

表 4-41　试验区加工品质的判别力分析

代码	试验点	糙米率				整精米率			
		数值	$IPCA_1$	$IPCA_2$	De	数值	$IPCA_1$	$IPCA_2$	De
e1	五常	80.87	−1.42	0.59	1.54	64.75	1.20	−0.03	1.20
e2	查哈阳	81.69	−0.01	−0.16	0.16	53.89	2.29	−2.62	3.48
e3	牡丹江	81.53	0.96	0.75	1.22	58.53	−3.29	−1.48	3.61
e4	桦川	81.93	0.44	0.53	0.69	61.29	−1.07	0.24	1.10
e5	创业	81.10	0.13	−1.25	1.26	57.60	0.05	2.35	2.35
e6	大兴	81.47	−0.09	−0.46	0.47	61.75	0.83	1.54	1.75

不同试验区蛋白质和食味评分的 De 值如表 4-42 所示，蛋白质含量的 De 值以牡丹江>桦川>大兴>创业>查哈阳>五常，表明牡丹江和桦川判别力较强，大兴和创业判别力居中，查哈阳和五常判别力较弱；大兴和创业对品种的判别力居中，且蛋白质含量较低。食味评分的 De 值以牡丹江>创业>大兴>桦川>查哈阳>五常，表明牡丹江和创业判别力较强，大兴和判桦川别力居中，查哈阳和五常判别力较弱；牡丹江和创业对品种的判别力强，但牡丹江种植品种的食味评分最高，创业品种的食味评分较低，牡丹江更适

于优质栽培，查哈阳和五常判别力较弱。

表 4-42　试验区营养食味品质的判别力分析

代码	试验点	蛋白质				食味评分			
		数值	$IPCA_1$	$IPCA_2$	De	数值	$IPCA_1$	$IPCA_2$	De
e1	五常	7.75	0.24	−0.05	0.25	69.81	−0.47	0.00	0.47
e2	查哈阳	8.22	0.54	0.13	0.56	66.38	−0.20	−0.91	0.93
e3	牡丹江	6.84	−0.48	−1.07	1.17	75.36	−0.91	2.72	2.87
e4	桦川	6.84	−0.40	0.93	1.01	72.72	0.79	−1.26	1.49
e5	创业	7.36	−0.78	0.15	0.80	69.64	2.72	0.48	2.76
e6	大兴	7.49	0.87	−0.09	0.88	70.82	−1.93	−1.03	2.19

　　为了能够直观地看出品种的稳定性和地点的辨别力，将所有基因型和试验点投影到一张显著交互效应主成分轴 $IPCA_1$ 和 $IPCA_2$ 的偶图上，以 $IPCA_1$ 为横轴，$IPCA_2$ 为纵轴制作在 AMMI 双标图上（图 4-30），可以看出每一个基因型和试验点偏离坐标原点的距离远近，以数据点距离坐标原点的距离表示品种的稳定性，距离越短，品种稳定性越好；品种在某试点的最大交互效应用此地点图标与原点的连线在二维空间的垂直投影表示，其中于正向连线上的最大投影表示此品种在该试点表现出最佳适应性，若垂直投影在地点和原点的反向延长线上则表现出不适应性。

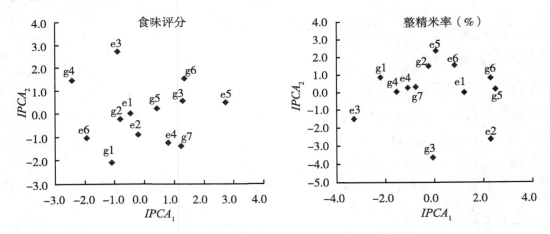

图 4-30　寒地水稻基因型和试验点的 AMMI 交互作用

（三）结论与讨论

　　第一，基于 AMMI 模型的分析，试验中糙米率总变异起作用的大小顺序依次为基因型 68.46%>基因型与环境互作 25.16%>环境 6.39%，对整精米率总变异起作用的大小顺序依次为基因型与环境互作 40.05%>基因型 32.64%>环境 27.31%，实际应用中整精米率是最重要的加工品质指标。因此，栽培中应充分考虑基因型与环境互作对品种的影响。试验中对蛋白质含量总变异起作用的大小顺序表现为环境 45.81%>基因型与环境互作 42.77%>基因型 11.42%，食味评分总变异起作用的大小顺序表现为环境 37.52%>基因型与环境互作 35.84%>基因型 26.64%，可见，环境和基因型与环境互作是影响蛋白质含量和食味评分的主要因素。

　　第二，各品质指标的基因型间、环境间差异及基因型与环境互作效应均达到显著或极显著水平，基因型与环境互作的第一个和第二个交互作用主成分之和（$IPCA_1$ + $IPCA_2$）在糙米率和整精米率已分别解释基因型与环境互作总变异平方和的 92.07% 和 89.98%，营养和食味品质已分别解释基因型与环境互作总变异平方和的 93.48% 和 92.79%，远远大于 50%。因此，这两个 AMMI 分量代表的互作部分能对糙米率、整精米率、营养和食味品质的稳定性做出准确的判断。分析结果表明'龙粳 24'和'松粳 12'稳定性好，但整精米率较低，'龙稻 5'和'龙粳 21'稳定性最差，整精米率也较低，'龙粳 23''东农 425'和'中龙稻 1'稳定性较好，且整精米率较高，是优质栽培宜于选用的品种。从食味评分看'龙稻 1'和'东农 425'稳定性好，但在供试品种中食味评分是最低的一组，优质栽培品种选择时应充分注意；'龙粳 23''龙稻 5'和'龙粳 24'稳定性居中，且食味好，是适应性较好的品种；'龙粳 21'食味的稳定性最差，但食味评分较高，应注意在适宜区种植。

　　第三，由判别力参数 De 值分析，牡丹江和查哈阳易于对品种的整精米率做出判断；牡丹江和创业对品种的食味评分判别力强，而且牡丹江种植品种的食味评分最高，创业品种的食味评分较低，牡丹江更适于优质品种的筛选和栽培，查哈阳和五常判别力较弱。

　　水稻品种的品质指标较多，包括加工品质、外观品质、营养品质、食味品质四类共十余项（中国标准出版社编，1998），基于不同品质指标的稳定性和判别力的最优结果往往不一致，如本研究从加工品质看'龙粳 23''东农 425'和'中龙稻 1'稳定性较好，且整精米率较高，从食味评分看'龙粳 23''龙稻 5'和'龙粳 24'稳定性居中，且食味好，只有'龙粳 23'稳定性较好，且加工和食味品质均较高，因此，应用中只能根据实际需要基于主要的指标进行评价（郑桂萍，2006），在综合评价品质时如何确定各项指标的权重是值得进一步研究的问题。

三、2012 年八五六农场等试验区水稻产量稳定性分析

（一）材料与方法

1. 试验材料

　　应用 2012 年黑龙江省垦区第二积温带早熟组水稻区域试验数据。参试品种 11 个，试验点 8 个，参试品种和试验地点在黑龙江省垦区均具有代表性。试验品种（系）和地点及代码见表 4-43。

表 4-43　参试品种及试验点

编号	品种名称	编号	试验地点
g1	北粳 1128	e1	八五零农场

（续表）

编号	品种名称	编号	试验地点
g2	建 09-17	e2	八五六农场
g3	建 09-19	e3	八五七农场
g4	垦 09-1709	e4	二九一农场
g5	垦 10-1240	e5	江川农场
g6	垦 10-1624	e6	农垦水稻所
g7	垦 10-1741	e7	兴凯湖农场
g8	垦稻 09-1192	e8	友谊农场
g9	垦稻 10-2206		
g10	垦选 10026		
g11	龙粳 21		

2. 试验方法

（1）试验设计

采用随机区组设计，3 次重复，小区面积为 30 m²，行距和穴距分别为 30 cm 和 12 cm，施肥水平和田间管理均按黑龙江省农垦水稻区域试验方案统一实施。

（2）统计方法

基于 AMMI 稳定性分析统计模型，将方差分析和主成分分析有机地结合在一起的方法，具体统计方法同上文。

（二）结果与分析

1. 基因型与环境互作的 AMMI 模型分析

表 4-44 结果表明，本试验中各个参试品种的产量在不同试验区表现不同的平均值，说明水稻品种间产量的稳定性不同。平均产量以'建 09-17'最高，'垦稻 09-1192'次之，'北粳 1128'最低。同一试验区不同品种的产量性状平均值不同，说明不同环境对水稻同一品质性状的影响不同。平均以农垦水稻最高，八五零农场次之，八五七农场最低。

表 4-44　参试品种和地点产量的稳定性参数

代号	品种名称	产量（kg/hm²）	$IPCA_1$	$IPCA_2$	$IPCA_3$	D_i
g1	北粳 1128	8 940.8	-19.7	9.8	-8.1	23.4
g2	建 09-17	9 493.3	12.7	34.1	4.7	36.7
g3	建 09-19	9 051.9	5.9	-13.6	-3.0	15.1
g4	垦 09-1709	9 344.7	-27.1	3.5	-9.5	29.0
g5	垦 10-1240	9 203.2	-5.2	-17.5	-1.4	18.3
g6	垦 10-1624	9 096.0	-17.4	-14.8	23.4	32.7
g7	垦 10-1741	9 776.4	7.1	-14.8	-14.0	21.6

（续表）

代号	品种名称	产量（kg/hm²）	$IPCA_1$	$IPCA_2$	$IPCA_3$	D_i
g8	垦稻 09-1192	9 402. 8	25. 5	-4. 6	-6. 9	26. 8
g9	垦稻 10-2206	9 308. 0	34. 4	-1. 1	12. 9	36. 8
g10	垦选 10026	8 992. 1	-14. 7	9. 4	17. 2	24. 5
g11	龙粳 21	9 114. 1	-1. 5	9. 7	-15. 4	18. 2

代号	试验点	产量（kg/hm²）	$IPCA_1$	$IPCA_2$	$IPCA_3$	D_j
e1	八五零农场	9 520. 7	-3. 9	24. 5	-19. 6	31. 6
e2	八五六农场	9 409. 6	-32. 5	-27. 0	-19. 7	46. 6
e3	八五七农场	8 522. 5	0. 8	18. 5	1. 5	18. 5
e4	二九一农场	9 037. 9	49. 0	-10. 1	-10. 5	51. 1
e5	江川农场	9 515. 5	-3. 1	-0. 4	5. 3	6. 2
e6	农垦水稻所	9 998. 1	-9. 1	-3. 3	24. 0	25. 9
e7	兴凯湖农场	9 356. 9	-10. 0	16. 4	7. 2	20. 6
e8	友谊农场	8 619. 5	8. 9	-18. 6	11. 8	23. 8

方差同质性检验表明，各试验点数据误差同质，在此基础上对产量进行联合方差分析（表 4-45）。基因型、环境及其互作平方和占处理平方和的百分比（即 $SS\%$）大小可以反映它们对不同品质性状影响的大小。表 4-45 中可以看出，交互作用对产量的影响最大，$SS\%$ 为 51.9%，其次为环境，38.1%，基因型最低，10.0%。从表 4-45 中可以看出，产量在品种（系）间、环境间差异及基因型和环境互作效应均达到极显著水平，故有必要利用 AMMI 模型对产量进行稳定性分析。

表 4-45　参试品种的基因型和环境互作效应分析

变异来源	DF	SS	SS%	F	P 值
总的	87	49 410 253. 6			
基因型	10	4 941 355. 9	10. 0	4. 62	0. 000 6
环境	7	18 831 397. 2	38. 1	25. 14	0. 000 1
基因型×环境	70	25 637 500. 5	51. 9	3. 42	0. 000 3
$IPCA_1$	16	14 054 520. 8	54. 8	8. 21	0. 000 1
$IPCA_2$	14	5 764 659. 1	22. 5	3. 85	0. 001 2
$IPCA_3$	12	2 821 863. 1	11. 0	2. 20	0. 042 3
误差	28	2 996 457. 5	11. 7		

2. 产量的稳定性及地点影响分析

AMMI 模型稳定性分析表明（表 4-45），产量主成分因子 $IPCA_1$、$IPCA_2$ 和 $IPCA_3$ 的 F 值显著或极显著，分别解释基因型和环境互作总变异平方和的 54.8%、22.5% 和 11%。基因型和环境互作第 1 个和第 2 个交互作用的主成分之和（$IPCA_1+IPCA_2$）解释基因型和环境互作总变异平方和的 77.3%。因此，$IPCA_1$、$IPCA_2$ 代表的互作部分，能对产量稳定性做出判断。表 4-44 列出了 11 个品种（系）和 8 个地点的 $IPCA_1$、$IPCA_2$ 及相应稳定性参数 D_i 值和 D_j 值。11 个供试品种（系）中稳定性最好的是'建 09-19'，其次是'龙粳 21'，再次的是'垦 10-1240'，稳定性最差的是'垦稻 10-2206'。

D_j 值可以反映各试验地点对品种产量的影响，D_j 值越大，说明影响越强，反之，越弱，影响强的农场更适宜作为区试地点。由表 4-44 可以看出，本试验 6 个试点中，对产量影响最强的是二九一农场，其次是八五六农场，再次为八五零农场，影响最差的为江川农场。

3. 品种适应性分析

由于基因型与环境互作前 2 个主成分之和已能解释 77.3% 以上的总变异（表 4-45），故以上述第一主成分交互作用（$IPCA_1$）为 X 轴，第二主成分交互作用（$IPCA_2$）为 Y 轴建立的 AMMI 双标图（图 4-31）也能较好地反映品种的稳定性和地点的影响。在 AMMI 双标图上越接近坐标原点品种（系）稳定性越好，越远离坐标原点的地点影响越强，双标图反映的品种稳定性和地点的影响大小与表 4-44 的分析结果是一致的。

品种在地点图标与原点连线二维空间的垂直投影代表其在此试点的最大交互效应，在正向连线上的最大投影代表此品种（系）在此试点表现出最佳适应性，若垂直投影在地点和原点反向延长线上则表现不适应性。'建 09-17'在八五零农场和八五七农场，'垦 10-1624'在八五六农场，'垦稻 10-2206'在二九一农场和友谊农场，'垦 09-1709'在江川农场、农垦水稻所和兴凯湖农场表现出最佳适应性。

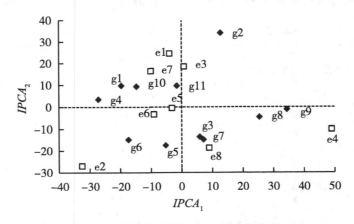

图 4-31 品种产量的 AMMI 交互作用

（三）结论与讨论

基因型与环境互作是一个复杂的生物学现象，要揭示其规律存在许多困难。在分析品种稳定性的众多模型中，AMMI 模型最佳（樊龙江，2000；胡秉民，1993；张泽，1998），该模型集方差分析和主成分分析于一体，不仅能最大限度地反映基因和环境互作效应，而且能准确地分析品种的稳定性。

本研究结果表明，基因型与环境互作对产量的影响最大，其次为环境，基因型最低。产量在基因型间、环境间差异及基因型与环境互作互作效应均达到极显著水平，故利用 AMMI 模型对产量进行稳定性分析。$IPCA_1$、$IPCA_2$ 和 $IPCA_3$ 分别解释基因型与环境互作总变异平方和的 54.8%、22.5% 和 11%。参试材料稳定性最好的是'建 09-19'，其次是'龙粳 21'，再次是'垦 10-1240'，稳定性最差的是'垦稻 10-2206'；试验点中对产量鉴别力最强的是二九一农场，其次是八五六农场，再次为八五零农场，最差的为江川农场。'建 09-17'在八五零农场和八五七农场，'垦 10-1624'在八五六农场，'垦稻 10-2206'在二九一农场和友谊农场，'垦 09-1709'在江川农场、农垦水稻所和兴凯湖农场表现出最佳适应性。

四、桦川等试验区水稻产量稳定性分析

（一）材料与方法

1. 试验材料

数据资料来自黑龙江省寒地水稻良种区试结果，8 个参试品种中'龙稻 1 号''龙稻 5 号''龙粳 23''龙粳 21''龙粳 24''垦粳 1 号''东农 425'和'松粳 12 号'，参试地点为五常、桦川、黑龙江省农业科学院牡丹江分院、查哈阳园区、大兴园区和创业园区 6 个，各试点均采用随机区组设计 3 次重复。各参试品种在各参试地点的平均产量见表 4-46。

表 4-46　试验品种和小区平均产量　　　　　　　（单位：kg/亩）

品种	地点					
	五常	桦川	黑龙江省农业科学院牡丹江分院	查哈阳园区	大兴园区	创业园区
中龙稻 1 号	837.8	832.1	900.6	762.1	771.1	1 181.1
龙稻 5 号	722.2	863.8	692.4	725.8	810.1	1 078.1
龙粳 23	523.7	729.4	532.2	684.1	705.8	1 002.8
龙粳 21	533.5	807.5	718.4	766.3	554.0	1 083.5
龙粳 24	725.2	808.3	703.2	728.1	856.4	1 119.4
垦粳 1 号	578.8	724.7	575.2	614.4	590.3	898.5
东农 425	754.8	804.6	751.2	744.4	669.0	945.4
松粳 12	807.9	785.6	744.3	759.6	669.0	855.4

2. 统计方法

基于 AMMI 稳定性分析统计模型，将方差分析和主成分分析有机地结合在一起的分析方法，具体统计方法同上文。

（二）结果与分析

1. 产量 AMMI 模型分析

对产量的结果进行 AMMI 分析，分析结果见表 4-47，产量 AMMI 分析基因型、环境及基因型与环境互作平方和分别占总变异量的 62.18%、19.77% 及 18.04%，说明对实验中产量变异起作用从大到小顺序依次为基因型、环境、基因型与环境互作。基因型、环境、基因型与环境互作的 F 值都达到了极显著水平，说明 AMMI 分析理论产量的环境、基因型及基因型与环境互作都很重要。

表 4-47　参试品种的基因型和环境互作效应分析

变异来源	DF	SS	MS	F 值	P 值	占总变异量或互作（%）
总的	47	1 051 725.7	22 377.1			
基因型	5	654 004.5	130 800.9	273.5	0.000 1	0.621 8
环境	7	207 976.8	29 711.0	62.1	0.000 1	0.197 7
基因型×环境	35	189 744.4	5 421.3	11.3	0.000 6	0.180 4
$IPCA_1$	11	96 615.1	8 783.2	18.4	0.000 2	0.509 2
$IPCA_2$	9	58 525.1	6 502.8	13.6	0.000 6	0.308 4
$IPCA_3$	7	30 777.9	4 396.8	9.2	0.002 8	0.162 2
误差	8	3 826.2	478.3			

2. 产量稳定性的双标分析

图 4-32 给出了 X 轴为平均产量，Y 轴为交互效应主成分轴 $IPCA_1$ 的 AMMI1 双标图，图中品种、地点在水平方向上的分散程度反映其效应变异情况，其效应由右向左逐渐减小。由图 4-32 可知，参试地点与参试品种的效应变异情况较一致。相对参试地点而言，产量较高的依次是创业园区、桦川，五常产量最低。对品种而言，'中龙稻 1 号'产量最高，'垦粳 1 号'产量最低。

图 4-32 的 $IPCA_1$ 轴方向上，品种地点的分布反映了基因型与环境互作在大小和方向上的差异，且 $IPCA_1$ 的绝对值与其交互作用呈正相关。在过零点水平线上下的品种与位于同侧地点之间为正向互作，与位于另一测地点为负向互作。由图 4-32 可以看出，'龙稻 5 号''龙粳 23''龙粳 21'及'龙粳 24'在桦川、大兴园区及创业园区有正向交互作用，在五常、黑龙江省农业科学院牡丹江分院及查哈阳园区有负向交互作用；而'中龙稻 1 号''垦粳 1 号''东农 425'及'松粳 12 号'的情况正好相反。越接近过零点水平线的品种越稳定，即'中龙稻 1 号''龙稻 5 号'及'垦粳 1 号'较稳定，其中'垦粳 1 号'最为稳定，对于地点而言，创业园区交互作用影响最大，查哈阳园区

交互作用影响最小。

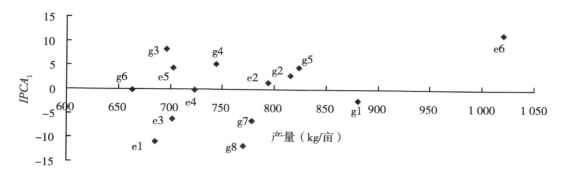

图 4-32 品种与地点的平均值与 $IPCA_1$ 值的 AMMI1 双标图

g1-中龙稻 1 号；g2-龙稻 5 号；g3-龙粳 23；g4-龙粳 21；g5-龙粳 24；g6-垦粳 1 号；g7-东农 425；g8-松粳 12 号。

图 4-33 给出了 X 轴为交互效应主成分轴 $IPCA_1$，Y 轴为 $IPCA_2$ 的 AMMI2 双标图。图中品种在地点与原点连线上的垂直投影到原点的距离表示该品种在此地点的交互作用的大小。连线越长，则交互作用越大，若投影落在连线上，则交互作用为正向，若投影落在连线的反向延长线上，则交互作用为负向。品种与原点的距离越接近，表明该品种在试验中具有较好的稳定性。'东农 425'在五常，'龙粳 23''龙粳 21'在创业园区有较大的正向交互作用，说明'东农 425'在五常，'龙粳 21''龙粳 23'在创业园区有较特殊的适应性，在这些地点种植能够获得较高的产量。而'松粳 12 号'在五常、桦川、黑龙江省农业科学院牡丹江分院，'龙粳 23'在大兴园区的反向延长线上有较长的反向垂直投影，说明这些品种在这些地点不适宜种植。'中龙稻 1 号''龙稻 5 号''垦粳 1 号'3 点距离原点较近，说明这 3 个品种的产量较稳定，其中'垦粳 1 号'距离远点最近，产量最为稳定。

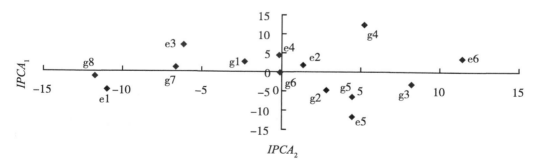

图 4-33 品种产量的 AMMI 交互作用

3. 产量稳定参数分析

双标图能够定性地反映出地点鉴别力的趋势以及品种的稳定性情况，但是不能够给出地点鉴别力和品种稳定性的定量描述，本文按照公式计算各地点的鉴别力 D_i（表 4-48）以及各品种的稳定性参数 D_j。

表 4-48 参试地点在 2 个显著交互效应主成分轴 (*IPCA*) 上的 D_i 值

地点	$IPCA_1$	$IPCA_2$	D_i
五常	-10.96	-4.77	11.96
桦川	1.37	1.71	2.19
牡丹江农科所	-6.18	6.89	9.26
查哈阳园区	-0.13	4.32	4.32
大兴园区	4.46	-11.72	12.54
创业园区	11.43	3.57	11.97

根据表 4-49 各地点鉴别力大小（ i 由小到大）顺序为：大兴园区>创业园区>五常>牡丹江农科所>查哈阳园区>桦川。品种稳定性大小（ j 由小到大）的顺序依次为：'垦粳 1 号''中龙稻 1 号''龙稻 5 号''东农 425''龙粳 24''龙粳 23''松粳 12''龙粳 21'。

表 4-49 参试品种在 2 个显著交互效应主成分轴 (*IPCA*) 上的 D_j 值

品种	$IPCA_1$	$IPCA_2$	D_j
中龙稻 1 号	-2.29	2.69	3.53
龙稻 5 号	2.86	-4.79	5.58
龙粳 23	8.20	-3.19	8.80
龙粳 21	5.25	12.48	13.54
龙粳 24	4.47	-6.53	7.92
垦粳 1 号	-0.09	-0.28	0.29
东农 425	-6.64	1.03	6.72
松粳 12	-11.77	-1.40	11.86

（三）结 论

第一，环境、基因型以及互作对水稻在不同产区种植的产量影响力都很大。

第二，对于地点而言各品种在创业园区产量最高，五常产量最低。对品种而言，'中龙稻 1 号'产量最高，'垦粳 1 号'产量最低；创业园区交互作用影响最大，查哈阳园区交互作用影响最小。对于品种而言各个试点垦粳一号的平均产量最高，是由品种自身特性决定的；'龙稻 1 号''龙稻 5 号'及'垦粳 1 号'产量较稳定，其中'垦粳 1 号'最为稳定。

第三，对于试验地点而言，6 个试点大兴园区的鉴别力最强，适合作为品比试验的地点，其次是创业园区，桦川的鉴别力最差，不适合做品比试验。对于品种来讲，'垦粳 1 号'稳定性最好，'中龙稻 1 号'次之，'龙粳 21 号'的稳定性最差。

五、2014 年八五八农场等试验区水稻产量稳定性分析

（一）试验材料

以 2014 年黑龙江省垦区第二积温带早熟组水稻区域试验数据为资料进行 AMMI 模型分析。其中参试品种共 9 个，试验点共 8 个，所选参试品种和试验地点在黑龙江省垦区均具有代表性。试验品种和地点及其代码见表 4-50。

表 4-50　参试品种名称和试验地点

品种名称	试验地点
垦 10-599	八五八农场
垦稻 10-2883	八五三农场
垦稻 10-507	查哈阳农场
垦系 09-36	红旗岭农场
龙粳 20（CK）	红卫农场
农大 04-058	江滨农场
农大 1226	三江所农场
农丰 11-02	梧桐河农场
农丰 11-03	

（二）试验方法

1. 试验设计

各试点均采用完全随机区组设计，3 次重复，小区面积为 30 m²，穴距和行距分别为 12 cm 和 30 cm，田间管理和施肥量依据黑龙江垦区水稻区域试验方案进行。

2. 统计方法

同前文。

（三）结果与分析

1. 基因型与环境互作的 AMMI 模型分析

由表 4-51 和表 4-52 数据结果可以比较明显地看出，各个参试品种的平均产量在不同试验区表现出不同数值，这说明水稻品种间产量的稳定性是不同的。平均产量最高的品种是垦系 09-36，产量为 9 503.4 kg/hm²，其次是'垦稻 10-507'，产量为 9 495.0 kg/hm²，产量最低的是'农丰 11-02'，产量为 8 604.4 kg/hm²。同一试验区品种间产量性状平均值不同，说明不同环境对水稻产量性状的影响不同。平均值最高的是八五三农场，产量为 11 038.6 kg/hm²，其次为八五八农场，产量为 10 186.0 kg/hm²，平均值最低的是梧桐河农场，产量为 8 298.6 kg/hm²。

表 4-51　同一品种在不同试验区的产量平均值

品种名称	产量（kg/hm²）	$IPCA_1$	$IPCA_2$	$IPCA_3$	D_i
垦 10-599	9 101.6	−35.8	10.5	−3.6	37.3
垦稻 10-2883	9 344.6	−12.7	13.8	−18.4	18.8
垦稻 10-507	9 495.0	−30.3	−14.4	−2.7	33.5
垦系 09-36	9 503.4	20.0	6.6	−18.1	21.1
龙粳 20	9 288.2	2.8	−15.5	16.7	15.7
农大 04-058	9 389.1	37.5	24.1	5.1	44.6
农大 1226	9 218.4	−3.4	−13.1	8.6	13.5
农丰 11-02	8 604.4	−4.6	19.6	19.8	20.1
农丰 11-03	8 975.2	26.5	−31.5	−7.4	41.2

表 4-52　同一试验区不同品种的产量平均值

试验点	产量（kg/hm²）	$IPCA_1$	$IPCA_2$	$IPCA_3$	D_j
八五八农场	10 186.0	−10.5	20.3	−13.8	22.9
八五三农场	11 038.6	−44.0	−35.3	2.7	56.4
查哈阳农场	10 094.3	−1.8	4.9	5.3	27.3
红旗岭农场	8 442.3	11.2	13.5	30.9	17.5
红卫农场	8 522.0	48.4	−28.8	−3.3	56.3
江滨农场	8 359.3	−10.6	8.9	1.6	13.8
三江所农场	8 765.5	14.9	6.0	−16.3	16.1
梧桐河农场	8 298.6	−7.7	10.5	−7.3	13.0

对各试验点数据误差方差进行同质性测验，误差方差同质，进而进行产量联合方差分析（表 4-53）。利用基因型、环境及基因型和环境互作平方和占总平方和的百分比（即 $SS\%$）表示三者对产量性状的影响力。表 4-53 结果显示，环境对产量的影响最大，$SS\%$ 为 62.6%，其次为交互作用，32.7%，基因型最低，4.7%。产量在品种间、环境间存在的差异以及基因型和环境互作效应都已达到极显著水平，所以需要利用 AMMI 模型为产量进行稳定性分析。

表 4-53　参试品种的基因型和环境互作效应分析

变异来源	DF	SS	SS%	F 值	P 值
总的	71	113 391 719.7			
基因型	8	5 258 155.6	4.7	5.899 4	0.000 6

（续表）

变异来源	DF	SS	SS%	F 值	P 值
环境	7	71 035 359.9	62.6	91.084 5	0.000 1
基因型×环境	56	37 098 204.2	32.7	5.946 1	0.000 1
$IPCA_1$	14	24 095 692.2	65.0	15.448 2	0.000 1
$IPCA_2$	12	8 480 517.3	22.8	6.343 2	0.000 2
$IPCA_3$	10	2 293 753.8	6.2	2.058 8	0.081 2
误差	20	2 228 241.0	6.0		

2. 产量的稳定性及地点影响分析

作物品种的稳定性评价不仅对品种生产效益和推广区域范围有重要指导意义，而且对作物育种亦有重要的反馈信息作用。表 4-52 中的数据是利用 AMMI 模型进行稳定性分析得出的结果，从数据中显示出产量主成分因子 $IPCA_1$ 和 $IPCA_2$ 的 F 测验显著或极显著，分别解释基因型和环境互作总变异平方和的 65.0%、22.8%。主成分因子 $IPCA_1$ 和 $IPCA_2$ 解释了基因型和环境互作总变异平方和的 87.8%。因此，可以利用 $IPCA_1$ 和 $IPCA_2$ 代表的互作部分对产量稳定性进行评价。9 个品种和 8 个生态点的主成分因子和相应稳定性参数 D_i 值和 D_j 值列于表 4-51 和表 4-52。9 个参试品种稳定性为 '农大 1226' > '龙粳 20' > '垦稻 10-2883' > '农丰 11-02' > '垦系 09-36' > '垦稻 10-507' > '垦 10-599' > '农丰 11-03' > '农大 04-05'。以 D_j 值表示试验地点对品种产量的影响，D_j 值越大表示试验地点对品种产量影响越强，反之，影响越弱，影响强的地点更适宜作为区试地点。由表 4-52 可以看出，本试验 8 个试点中，对产量影响最强的是八五三农场，其次是红卫农场，再次为查哈阳农场，最差的为梧桐河农场。

3. 品种适应性分析

由表 4-53 数据得出主成分因子 $IPCA_1$ 和 $IPCA_2$ 能够解释基因型和环境互作总变异平方和的 87.8%。所以我们以 $IPCA_1$ 为横轴，$IPCA_2$ 为纵轴制作 AMMI 双标图（图 4-34），从图中能够直观表示出品种的稳定性和地点的影响力。在 AMMI 双标图上，以数据点距离坐标原点的距离长短表示品种的稳定性大小，距离越短，品种稳定性就越好，距离越远，地点影响力越强。通过这个双标图与表 4-51 和表 4-52 所反映出的品种稳定性发现，两者结果相一致。

品种对于不同环境的适应性信息也可通过图 4-34 分析出来，品种在某试点的最大交互效应用原点与此地点图标的连线在二维空间的垂直投影表示，其中于正向连线上的最大投影表示此品种在该试点表现出最佳适应性，若垂直投影在地点和原点的反向延长线上则表现出不适应性。利用此原理得出 '垦稻 10-507' 在八五三农场，'农丰 11-03' 在红卫农场，'农丰 11-02' 在查哈阳农场和友谊农场，'垦 10-599' 在八五八农场、江滨农场和梧桐河农场表现出最佳适应性。

（四）结 论

传统的基因型和环境互作分析方法主要以线性模型分析为主，此方法是将品种回归

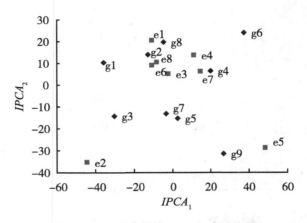

图4-34　品种产量的 AMMI 交互作用

于各环境因子所得的线性模型。该法计算简便，统计性限制强，而且只能解释一小部分交互作用。然而，AMMI 模型突破局限，适用范围扩大，提供详细的品种稳定性、对环境的适应性和敏感度等信息。通过 AMMI 的双标图计算 *IPAC* 值与环境因子的相关系数，可以推断出品种性状在不同条件下的适应性。本试验结果表明，环境对产量的影响最大，其次为基因型与环境互作，基因型最低。产量在基因型间、环境间差异及基因型与环境互作效应均达到极显著水平，故利用 AMMI 模型对产量进行稳定性分析。$IPCA_1$、$IPCA_2$ 和 $IPCA_3$ 分别解释基因型与环境总变异平方和的 65.0%、22.8% 和 6.2%。参试品种稳定性表现为'农大 1226'>'龙粳 20'>'垦稻 10-2883'>'农丰 11-02'>'垦系 09-36'>'垦稻 10-507'>'垦 10-599'>'农丰 11-03'>'农大 04-058'。参试地点对品种的鉴别力呈现八五三农场>红卫农场>查哈阳农场>八五八农场>红旗岭农场>三江所农场>江滨农场>梧桐河农场。'垦稻 10-507'在八五三农场，'农丰 11-03'在红卫农场，'农丰 11-02'在查哈阳农场，'垦 10-599'在八五八农场、江滨农场和梧桐河农场表现出最佳适应性。

第五章　北方粳稻耐盐碱种质资源筛选

第一节　混合盐碱胁迫对寒地水稻产量和品质的影响

　　松嫩平原盐碱土地主要分布在东北平原的中西部地区，盐碱化土地面积约 $342 \times 10^4 hm^2$，是世界三大苏打盐渍土集中分布区之一，同时也是我国北方土地荒漠化、贫瘠化最严重的地区之一（李取生，2003）。黑龙江省盐碱土面积约 $147 \times 10^4 hm^2$，盐碱化耕地面积约 $56 \times 10^4 hm^2$，且以苏打盐碱土为主，主要集中分布在安达、肇州、肇源、杜蒙、林甸、大庆、龙江和泰来等市（县）（姚荣江，2006）。水稻对盐碱胁迫中度敏感（汪宗立，1986），相对旱田其生育期间的灌溉措施能够加速盐碱淋洗和土体脱盐，种植水稻是合理利用苏打盐碱地的重要途径（曹丽萍和罗宝君，2005）。因此，研究盐碱胁迫对水稻产量和品质的影响，对耐盐碱水稻新品种的筛选与创新、提高盐碱地粮食产量具有重要意义。黑龙江省在水稻耐盐碱种质资源筛选方面已有一定的工作积累，获得了部分耐盐碱材料。如马波等（2011）从 132 份黑龙江水稻种质资源中筛选出'绥粳 5 号'和'龙粳 21'两个耐盐碱品种；王秋菊等（2012）从 100 份黑龙江省推广水稻品种及部分引进资源中筛选出'普粘 7''东农 425''龙粳 21'和'绥粳 8'等耐盐碱性较强的品种。关于盐碱胁迫对水稻产量的影响，孙彤等（2006）研究表明，盐碱胁迫延迟了水稻一次分蘖发生时间，降低了水稻有效分蘖数，导致穗数降低，从而影响产量；高显颖（2014）研究表明，盐碱胁迫抑制水稻制穗数、穗粒数和千粒重，进而导致产量降低；朱明霞等（2014）研究表明，不同浓度盐碱胁迫下水稻产量出现不同程度下降。关于盐碱胁迫与稻米品质的关系，步金宝（2012）研究表明，土壤盐碱度越高，稻米垩白粒率越大，外观品质越差；余为仆（2014）和高显颖（2014）研究认为，盐碱胁迫降低了稻米胶稠度和直链淀粉含量，提高了蛋白质含量，导致稻米食味变差。本章在前期试验进行了水稻苗期耐盐碱材料筛选的基础上，进一步研究了混合盐碱胁迫对这些材料产量及品质的影响。以前期筛选的 21 份苗期耐盐碱水稻材料为研究对象，普通稻田土为对照，采用苏打盐碱土进行盐碱胁迫处理，调查其穗部性状、测定产量、分析稻米品质，并对比各指标相对抑制率，以期为耐盐碱品种改良提供材料，并为寒地盐碱地水稻育种提供理论依据。

一、材料与方法

（一）试验地概况

试验地大庆市位于东经 124°26′~125°15′、北纬 45°30′~47°11′，属东北半湿润—半干旱草原—草甸盐渍区，土地盐碱化类型以苏打碱化草甸土、沼泽化草甸土和苏打盐化草甸碱土为主，土壤在盐化的同时伴随着碱化过程，其盐碱土可分为 NaCl 型盐土和 NaHCO₃ 型碱土及两者混合型。年日照时数 2 726 h，无霜期 166 d，年平均气温 4.2 ℃，夏季平均气温 23.2 ℃，农作物生长发育期气温日差达 10 ℃以上，年降水量 427.5 mm，年蒸发量 1 635 mm。

（二）试验材料

试验材料为 21 份水稻苗期耐盐碱材料，由本课题组 2013 年经混合盐碱胁迫从 100 份黑龙江省水稻育成品种和 150 份本课题组选育的水稻品系中筛选所得，以粳型耐盐碱品种'长白 9 号'为对照。

（三）试验方法

试验于 2014 年 5—10 月在黑龙江省大庆市黑龙江八一农垦大学进行，对筛选出的 21 份材料进行农业耐盐碱力筛选。采用盆栽试验，盆高 30 cm，盆口直径 30 cm，盆底直径 25 cm，每盆装土 12 kg。设混合盐碱胁迫处理和对照处理，混合盐碱胁迫处理所用土壤为取自黑龙江八一农垦大学院内的苏打盐碱土，对照处理土壤为取自黑龙江省肇源县肇源农场的稻田土，土壤基本情况见表 5-1。采用完全随机设计，每处理种植 10 盆，每盆 4 穴，每穴 4 苗。每盆施用尿素 1.5 g（基肥：蘖肥：调节肥：穗肥＝4：3：1：2），磷酸氢二铵 0.75 g（作为基肥），50% 硫酸钾 0.75 g（基肥：穗肥＝1：1）。4 月 15 日播种，5 月 23 日插秧，其他管理同大田生产。

表 5-1 对照及盐碱胁迫处理土壤基本情况

处理	pH 值	全盐含量（%）	CO_3^{2-}（mg/kg）	HCO_3^-（mg/kg）	SO_4^{2-}（mg/kg）	Na^+（mg/kg）	K^+（mg/kg）	Ca_2^+（mg/kg）
对照	7.2	0.41	1	254	13.8	45.9	14.7	63.2
盐碱胁迫处理	8.9	0.59	457	3 826	28.2	1 231.6	132.3	10.5

（四）测定项目及方法

成熟期收获前调查每穴穗数，按照平均穗数取有代表性的中等植株 6 株，考察穗数、穗粒数、结实率、千粒重、一二次枝梗数、一二次枝梗的粒数、一二次枝梗结实率和一二次枝梗的千粒重。剩余植株脱粒，于通风阴凉处保存 3 个月左右，用于品质分析。

稻谷品质测定前，各样品统一用风选机等风量风选；碾米品质测定依照《优质稻谷》（GB/T 17891—2017）执行。垩白粒率和垩白度使用大米外观品质判别仪（日本静冈制机株式会社 ES-1000）测定。参照徐正进等（2005）的测定方法，用近红外透过式 PS-500 食味分析仪（日本静冈机械制造有限公司）测定精米的直链淀粉、蛋白质含量和食味值。

以相对抑制率（Relative inhibition rate，RI）表示参试材料受盐碱胁迫的抑制程度，数值越大，表示受盐碱胁迫越严重。

$$RI（\%）=（对照值-处理值）/对照值×100$$

（五）统计分析

采用 Mircrosoft Excel 2003 进行数据整理，用 DPS v7.05 软件进行方差分析和聚类分析。

二、结果与分析

（一）参试材料水稻产量及其构成因素的比较

由表 5-2 可看出，21 个参试材料中，除'松粳 12'和'13G040'盐碱胁迫处理与对照产量差异不显著（$P>0.05$）外，其余材料盐碱胁迫处理与对照产量均达显著（$P<0.05$）或极显著（$P<0.01$）水平。各材料相对抑制率介于 7.40%~40.47%，其中，'松粳 12''13G040''13G030''13G028'和'龙稻 165'个材料的产量相对抑制率低于粳稻耐盐碱标准对照品种'长白 9 号'，相对抑制率表现为'松粳 12'<'13G040'<'13G030'<'13G028'<'龙稻 16'。

参试品种的配对二样本 t 检验结果（表 5-3）显示，苏打盐碱胁迫下各材料平均产量极显著下降，产量相对抑制率达 28.40%。从产量构成因素来看，盐碱胁迫下穗数、穗粒数和千粒重极显著下降，但结实率与对照差异不显著。盐碱胁迫对水稻产量构成因素的抑制率呈穗粒数>穗数>千粒重>结实率的趋势。

表 5-2　不同材料盐碱胁迫处理与对照水稻产量的比较

参试材料	对照（g/穴）	盐碱胁迫（g/穴）	t 值	RI（%）	参试材料	对照（g/穴）	盐碱胁迫（g/穴）	t 值	RI（%）
松粳 12	17.52	16.23	0.66	7.40	白粳 1 号	18.85	13.13	4.02**	30.31
13G040	14.02	11.76	1.71	16.10	13G042	15.06	10.35	5.59**	31.31
13G030	16.91	13.87	3.10*	18.02	13G151	14.66	9.84	8.19**	32.91
13G028	15.30	11.82	2.42*	22.77	13G141	18.04	12.10	4.39**	32.93
龙稻 16	15.83	11.97	2.43*	24.40	13G160	18.75	12.47	4.15**	33.49
长白 9 号	18.20	13.70	2.65*	24.72	13G041	21.50	14.19	7.36**	34.02
13G229	19.20	14.40	3.93**	24.98	13G183	19.45	12.81	5.65**	34.11
13G244	19.77	14.70	4.77**	25.64	松 02-212	19.63	12.70	2.33*	35.31
13G270	18.25	13.49	3.20**	26.09	13G031	16.03	9.79	2.22*	38.95

（续表）

参试材料	对照 （g/穴）	盐碱胁迫 （g/穴）	t 值	RI （%）	参试材料	对照 （g/穴）	盐碱胁迫 （g/穴）	t 值	RI （%）
13G043	19.16	13.66	5.03**	28.71	龙稻9	17.07	10.16	5.29**	40.47
13G136	18.13	12.75	2.73*	29.70					

注：* 和 ** 分别表示在 5% 和 1% 水平差异显著，下同。

表 5-3　盐碱胁迫处理与对照水稻产量及其构成因素的比较

处理	穗数（穗/穴）	穗粒数（粒）	结实率（%）	千粒重（g）	产量（g/穴）
对照	14.16	65.08	89.03	22.44	17.68
盐碱胁迫	12.74	54.06	87.88	21.85	12.66
t	5.81**	8.69**	1.34	3.22**	14.62**
RI	10.03	16.93	1.30	2.64	28.40

（二）参试材料产量相对抑制率的聚类分析

依据产量的相对抑制率，采用类平均法在欧式距离 7.54 处将参试材料分为五大类（图 5-1）。'松粳 12'产量相对抑制率最低，单独聚为一类；'13G040'和'13G030'产量相对抑制率次之，聚为第二类；'13G028'等 6 个材料聚为第三类，此类包含对照

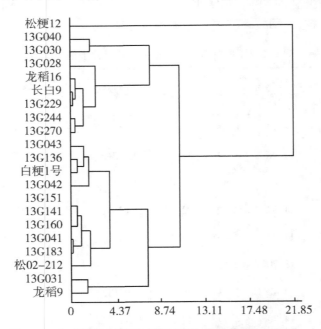

图 5-1　参试材料产量相对抑制率的系统聚类分析结果

品种'长白9号'；'13G043'等10个品种聚为第四类；'13G031'和'龙稻9'聚为第五类。为便于比较，将第一类'松粳12'与第二类'13G040'和'13G030'归为强耐盐碱类型；第三类'13G028'等6个材料归为中耐盐碱类型；其余材料归为弱耐盐碱类型。

（三）不同类型材料产量及其构成因素相对抑制率的比较

由表5-4可看出，强、中和弱耐盐碱类型材料的产量相对抑制率分别为13.84%、24.77%和33.52%，各类型间差异显著。从产量构成因素来看，穗数相对抑制率呈强耐盐碱类型<中耐盐碱类型<弱耐盐碱类型，相互之间差异均不显著；穗粒数相对抑制率呈强耐盐碱类型<弱耐盐碱类型<中耐盐碱类型，其中强耐盐碱类型穗粒数相对抑制率显著小于中耐盐碱和弱耐盐碱类型，后二者间差异不显著；结实率和千粒重的相对抑制率均呈中耐盐碱类型<强耐盐碱类型<弱耐盐碱类型，弱耐盐碱类型结实率的相对抑制率显著高于强耐盐和中耐盐碱类型；各类型之间千粒重相对抑制率差异均不显著。

表5-4　不同类型材料产量及其构成因素相对抑制率的比较（%）

类型	穗数	穗粒数	结实率	千粒重	产量
强耐盐碱	7.76	6.06b	−0.97b	1.15	13.84c
中耐盐碱	8.47	19.41a	−3.18b	0.78	24.77b
弱耐盐碱	11.07	18.18a	4.05a	3.82	33.52a

注：同列数据后不同小写字母表示在0.05水平差异显著，下同。

（四）参试材料穗部性状的比较

穗部性状的配对二样本t检验结果（表5-5）表明，盐碱胁迫下，一二次枝梗数和粒数均极显著降低，且二次枝梗数和粒数的相对抑制率高于一次枝梗；一二次枝梗处理与对照间结实率差异均不显著；一次枝梗处理与对照千粒重差异极显著，二次枝梗处理与对照千粒重无显著差异；一二次枝梗结实率和千粒重的相对抑制率低于其梗数和粒数的相对抑制率。盐碱胁迫下着粒密度、穗重和穗长均极显著下降，其中穗重相对抑制率最高，达20.45%。穗重极显著下降可能是由与穗粒数相关的一二次枝梗数和粒数极显著下降引起的，其中盐碱胁迫对二次枝梗数和二次枝梗粒数的抑制起主要作用。

将不同耐盐碱类型材料穗部性状的相对抑制率进行对比，由表5-6可看出，强耐盐碱类型穗部性状均表现出较小的抑制率，其中，着粒密度相对抑制率显著低于弱耐盐碱类型，穗重的相对抑制率极显著低于中耐盐碱和弱耐盐碱类型，穗长的相对抑制率显著低于中耐盐碱类型，一次枝梗的梗数、穗粒数、结实率和二次枝梗的结实率均显著低于弱耐盐碱类型。

表 5-5　盐碱胁迫处理与对照穗部性状的比较

组别	着粒密度（粒/cm）	穗重（g/穗）	穗长（cm）	一次枝梗				二次枝梗			
				枝梗数（个/穗）	每穗粒数（粒）	结实率（%）	千粒重（g）	枝梗数（个/穗）	每穗粒数（粒）	结实率（%）	千粒重（g）
对照	4.61	1.40	14.03	7.64	42.22	90.53	23.20	8.49	22.71	86.17	20.82
盐碱胁迫处理	4.17	1.11	12.85	6.99	38.69	90.19	22.44	5.92	15.36	83.89	20.48
t 值	6.97**	10.49**	7.31**	7.04**	3.58**	0.45	3.05**	9.18**	9.43**	1.65	1.00
变异系数（%）	9.55	20.45	8.41	8.44	8.38	0.38	3.28	30.20	32.36	2.64	1.64

表 5-6　不同类型材料穗部性状相对抑制率的比较

（单位：%）

类型	着粒密度	穗重	穗长	一次枝梗				二次枝梗			
				枝梗数	每穗粒数	结实率	千粒重	枝梗数	每穗粒数	结实率	千粒重
强耐盐碱	2.21b	8.70b	3.85b	2.34b	-0.54b	-1.80b	1.61	22.70	22.39	-1.55b	-0.50
中耐盐碱	9.64ab	19.62a	10.90a	9.74a	11.70a	-2.93b	0.71	35.89	38.01	-2.83b	3.04
弱耐盐碱	10.90a	23.52a	8.25ab	9.26a	8.98a	2.57a	4.73	30.35	34.54	6.23a	1.20

（五）参试材料主要品质指标的比较

由表5-7可看出，盐碱胁迫处理参试水稻材料除蛋白质含量极显著高于对照外，其他品质指标与对照间差异均不显著。不同耐盐碱类型主要品质指标的相对抑制率进行对比（表5-8），强耐盐碱类型糙米率的相对抑制率显著低于弱耐盐碱类型，但与中耐盐碱类型间差异不显著；强耐盐碱和中耐盐碱类型稻米蛋白质含量的相对抑制率差异不显著，但二者显著高于弱耐盐碱类型。

表5-7 盐碱胁迫处理与对照主要品质指标的比较

处理	糙米率（%）	精米率（%）	整精米率（%）	垩白粒率（%）	垩白度（%）	直链淀粉含量（%）	蛋白质含量（%）	食味评分（分）
对照	80.700	72.450	60.150	3.100	1.650	18.000	6.660	86.860
盐碱胁迫	81.860	72.420	59.820	3.240	1.760	17.980	6.820	86.760
t值	1.421	0.025	0.214	0.353	0.531	0.033	3.669**	0.336
RI（%）	-1.439	0.045	0.559	-4.538	-7.081	0.079	-2.504	0.117

表5-8 不同类型材料主要品质指标相对抑制率的比较

处理	糙米率（%）	精米率（%）	整精米率（%）	垩白粒率（%）	垩白度（%）	直链淀粉含量（%）	蛋白质含量（%）	食味评分（分）
强耐盐碱	-6.58b	-6.22	-6.95	-14.35	-8.53	1.62	-0.05a	-0.39
中耐盐碱	-1.47ab	-1.42	-3.11	-52.66	-43.36	-0.48	-0.67a	-0.43
弱耐盐碱	-0.20a	2.20	3.29	-15.71	-23.48	-1.40	-4.14b	0.52

三、讨　论

本研究结果表明，21个参试水稻材料在盐碱胁迫条件下，仅推广品种'松粳12'和自育品系'13G040'产量下降不显著，其他材料与对照相比产量均显著降低；有5个参试材料产量相对抑制率低于对照品种'长白9号'，耐盐碱性表现为'松粳12'＞'13G040'＞'13G030'＞'13G028'＞'龙稻16'＞'长白9号'。依据产量相对抑制率的聚类分析及材料实际表现，可将21个材料分为强耐盐碱、中耐盐碱和弱耐盐碱3个类型，其中'松粳12''13G040'和'13G030'划归为强耐盐碱材料，其在穗数以及与穗重相关的穗长、着粒密度、穗粒数（与穗粒数相关的一二次枝梗数、一二次枝梗粒数、一二次枝梗千粒重）等方面均表现较小的抑制率。

水稻的产量由穗重和穗数两个方面决定，穗重又由穗粒数、结实率和千粒重等因素决定。关于盐碱胁迫对水稻产量构成的影响主要有两种观点，一种观点是认为盐碱胁迫下水稻减产的主要原因是穗数、成穗率和千粒重降低（张瑞珍，2006；孙彤，2006；步金宝，2012；朱明霞，2014）；另一种观点认为盐碱胁迫下水稻减产是由穗粒数和千粒重下降所造成（杨福，2010）。本研究结果表明，在苏打盐碱胁迫条件下，产量、穗重和穗数的平均相对抑制率分别为28.40%、20.87%和10.03%，表明穗重下降是抑制产量下降的主要原因，且通过对穗部性状的进一步分析可知，盐碱胁迫主要抑制了与穗粒数相关的一二次枝梗数和一二次枝梗粒数，且对二次枝梗的抑制大于一次枝梗。盐碱胁迫对一次枝梗千粒重抑制显著，但抑制率较小，对二次枝梗千粒重抑制不显著，对一二次枝梗结实率无明显抑制作用。因此，穗重下降的主要原因是与穗粒数相关的一二次枝梗数和一二次枝梗粒数下降所造成。杨福等（2007）研究认为盐碱环境对水稻单位面积的有效穗数影响不明显，但盐碱环境使水稻每穗的实粒数减少，千粒重下降，从而降低了水稻的产量，与本研究结果相似。

盐碱胁迫会影响到稻米品质。步金宝（2012）研究认为，整精米率受盐碱胁迫的影响最大，精米率次之，糙米率受影响最小；盐碱胁迫下稻米的垩白粒率上升，土壤盐碱度越高垩白粒率越大，外观品质下降；余为仆（2014）的研究结果表明，盐碱胁迫可降低稻米的直链淀粉含量和胶稠度，提高蛋白质含量，导致稻米食味变差、评价等级下降。本研究结果表明，盐碱胁迫条件下各类型材料稻米蛋白质含量提高，且弱耐盐碱材料蛋白质含量升高较显著，与余为仆（2014）的研究结果基本一致。稻米加工品质、外观品质、直链淀粉含量和食味评分均无显著变化，可能与参试品种和盐碱胁迫强度有关，但尚需进一步研究证实。

四、结　论

本研究结果表明，混合盐碱胁迫对寒地水稻产量抑制作用明显，穗重下降是抑制产量下降的主要原因。除稻米蛋白质含量极显著增加外，其他品质指标无明显变化。21个参试材料中，'松粳12''13G040'和'13G030'耐盐性较强，穗部性状指标抑制率较小，耐盐碱性优于'长白9号'，可作为耐盐碱育种的基础材料。

第二节　粳稻幼苗前期耐盐碱性鉴定方法研究

据联合国教科文组织（UNESCO）和联合国粮食和农业组织（FAO）不完全统计，全世界盐碱地面积为9.54亿 hm^2（赵可夫，2002），而我国盐碱化土地面积近1亿 hm^2，潜在盐碱地面积达1 733万 hm^2（牛东玲，2002）。水稻是中度耐盐碱作物，盐碱地种植水稻，寓改良于利用之中是改良盐碱地的良好方法。获得综合性状良好的耐盐碱品种是盐碱地种稻的前提。许多研究表明，高盐可以降低水稻种子发芽率，延缓种子发芽和幼苗生长（王亮，2009；姜敏，2010），且发芽期和幼苗期是最容易受碱害的生长时期（Foolad，1993；尹尚军，2002；谢国生，2005）。因此，进行水稻幼苗前期的耐盐碱鉴定，对盐碱地水稻种植具有重要意义。目前，国内外学者对水稻苗期耐盐碱性进行了大量研究，但是评价的方法和胁迫强度不一，造成结果的可比性差，限制了水稻耐盐碱育种的进展。为此，本书研究了粳稻对不同浓度盐碱胁迫的反应，以期为粳稻品种幼苗前期的耐盐碱筛选提供依据。

一、材料与方法

（一）材　料

供试品种为粳稻品种'白粳1号'，采用 NaCl 进行耐盐筛选，$Na_2CO_3 + NaHCO_3$（质量比 1：3）进行耐碱筛选。

（二）方　法

试验于 2014 年 4 月在黑龙江八一农垦大学进行。将 NaCl 设 0 mmol/L、50 mmol/L、100 mmol/L、150 mmol/L、200 mmol/L、300 mmol/L，共 6 个浓度梯度；$Na_2CO_3 + NaHCO_3$（质量比 1：3）设 0 mmol/L、10 mmol/L、20 mmol/L、30 mmol/L、40 mmol/L、50 mmol/L，共 6 个碱浓度梯度，3 次重复。盐选饱满种子，置于 30 ℃ 恒温箱，浸种 72 h，选出芽整齐一致进行试验。选用 10 cm 培养皿，垫一层滤纸，加溶液 10 mL，均匀播种 100 粒，扣盖，置于光照培养室。培养室温度为白天 29 ℃，夜晚 19 ℃。培养第 3 d 打开上盖，之后每天用相应溶液 20 mL 冲洗，洗后加溶液 20 mL。第 9 d 进行秧苗考察。考察指标为株高、根长、根数、地上百株鲜重和地下百株根重。

二、结果与分析

（一）耐盐性分析

由图 5-2 至图 5-6 可以看出，随着 NaCl 浓度提高，百株地上鲜重、株高、根长、根数、百株地下鲜重呈下降趋势，各指标与 NaCl 浓度呈现显著或极显著正相关。回归方程如表 5-9 所示，各方程决定系数均达到显著或极显著水平，方程能够较好地描述各指标与 NaCl 浓度的关系。将 NaCl 浓度为 0 mmol/L（x）代入方程，百株地上鲜重、株高、根长、根数、百株地下鲜重相应指标的拟合数值分别为 2.816 g、2.357 cm、3.779 cm、2.450 个/株和 1.993 0 g，拟合数值除以 2，代入方程得各指标半抑制 NaCl 浓度（IC_{50}）分别为 160.01 mmol/L、153.05 mmol/L、124.29 mmol/L、142.44 mmol/L

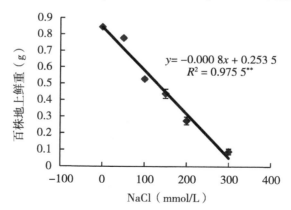

$$y = -0.000\,8x + 0.253\,5$$
$$R^2 = 0.975\,5^{**}$$

图 5-2　不同浓度 NaCl 处理下水稻百株地下鲜重的比较

（** 表示极显著相关，* 表示显著相关，下同）

和 123.05 mmol/L，各指标半抑制浓度的平均值为 140.57 mmol/L，并且 NaCl 对地下部分的抑制程度大于地上部分（表 5-9）。

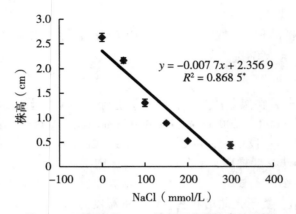

图 5-3　不同浓度 NaCl 处理下水稻株高的比较

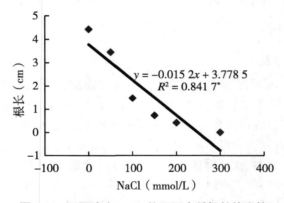

图 5-4　不同浓度 NaCl 处理下水稻根长的比较

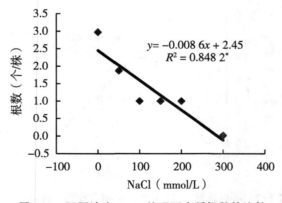

图 5-5　不同浓度 NaCl 处理下水稻根数的比较

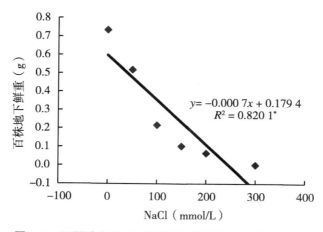

图 5-6　不同浓度 NaCl 处理下水稻百株地下鲜重的比较

表 5-9　各指标与 NaCl 浓度的直线回归方程及半抑制浓度

指标	直线回归方程	R^2	半抑制浓度（mmol/L）
百株地上鲜重	$y=-0.000\,8x+2.816\,2$	$0.975\,5^{**}$	160.01
株高	$y=-0.007\,7x+2.356\,9$	$0.868\,5^{**}$	153.05
根长	$y=-0.015\,2x+3.778\,5$	$0.841\,7^{**}$	124.29
根数	$y=-0.008\,6x+2.450\,0$	$0.848\,2^{**}$	142.44
百株地下鲜重	$y=-0.008\,1x+1.993\,4$	$0.820\,1^{*}$	123.05

注：**表示极显著相关，*表示显著相关，下同。

（二）耐碱性分析

由图 5-7 至图 5-11 可以看出，随着 $Na_2CO_3+NaHCO_3$ 浓度的升高，百株地上鲜重、

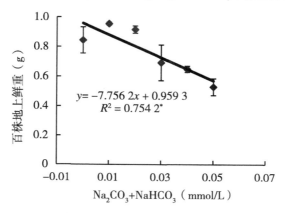

图 5-7　不同浓度 $Na_2CO_3+NaHCO_3$ 百株地下鲜重的比较

株高、根长、根数和百株地下鲜重呈下降趋势，各指标与 Na_2CO_3+$NaHCO_3$ 浓度呈现显著或极显著正相关。回归方程如表 5-10 所示，各方程决定系数均达到显著或极显著水平，方程能够较好地描述各指标与 Na_2CO_3+$NaHCO_3$ 浓度的关系。将 Na_2CO_3+$NaHCO_3$ 浓度为 0 mmol/L（x）代入方程，百株地上鲜重、株高、根长、根数和百株地下鲜的拟合值分别为 0.959 3 g、2.85 42 cm、4.617 9 cm、3.152 9个/株、0.240 0 g，拟合数值除以 2，代入方程得各指标半抑制 Na_2CO_3+$NaHCO_3$ 浓度分别为 0.061 8 mmol/L、0.056 2 mmol/L、0.026 5 mmol/L、0.037 2 mmol/L 和 0.023 9 mmol/L，各指标平均半抑制浓度为 0.039 9 mmol/L，并且 Na_2CO_3+$NaHCO_3$ 对地下部分的抑制程度大于地上部分。

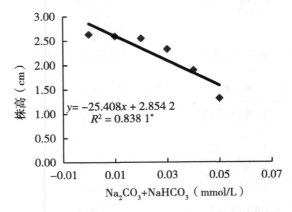

图 5-8　不同浓度 Na_2CO_3+$NaHCO_3$ 株高的比较

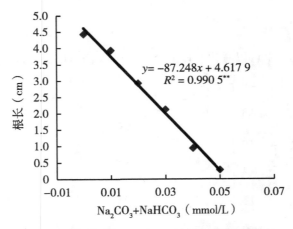

图 5-9　不同浓度 Na_2CO_3+$NaHCO_3$ 根长的比较

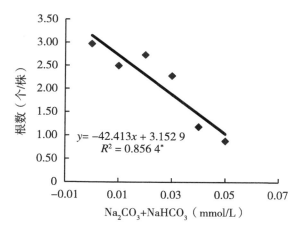

图 5-10　不同浓度 Na$_2$CO$_3$+NaHCO$_3$ 根数的比较

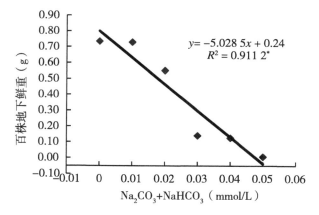

图 5-11　不同浓度 Na$_2$CO$_3$+NaHCO$_3$ 百株地下鲜重的比较

表 5-10　各指标与 Na$_2$CO$_3$+NaHCO$_3$ 浓度的直线回归方程及半抑制浓度

指标	直线回归方程	R^2	半抑制浓度（mmol/L）
百株地上鲜重	$y = -7.756\,2x + 0.959\,3$	$0.754\,2^*$	0.061 8
株高	$y = -25.408x + 2.854\,2$	$0.838\,1^*$	0.056 2
根长	$y = -87.248x + 4.617\,9$	$0.990\,5^{**}$	0.026 5
根数	$y = -42.413x + 3.152\,9$	$0.856\,4^{**}$	0.037 2
百株地下鲜重	$y = -5.028\,5x + 0.240\,0$	$0.911\,2^{**}$	0.023 9

三、结论与讨论

水稻耐盐碱鉴定的方法可以大体归为实验室、温室、人工田间和自然田间鉴定 4 种方法。人工田间和自然田间鉴定方法多是在自然苏打盐碱土或人工控制的大田环境下进行的，由于大田盐碱程度的分布不均和胁迫强度难以控制，使得试验的准确性受限（程广有，1994；Qadar，1998）。温室盆栽鉴定（程广有，1995；梁正伟，2004）虽然试验环境较为均一，可用于全生育期鉴定，但是可容纳的样本数量有限。实验室鉴定法常用于水稻发芽期和幼苗前期的耐盐碱性鉴定，可操作性强、周期短、效率高。但是，不同研究者进行水稻发芽期和幼苗前期耐盐碱性鉴定所采用的鉴定指标和胁迫强度存在较大差异，使得不同研究者的研究结果缺少可比性，并且差异较大。该研究结果表明，在试验浓度范围百株地上鲜重、株高、根长、根数、百株地下鲜重均与 NaCl 和 $Na_2CO_3+NaHCO_3$ 浓度呈现直线关系，这些指标可以作为粳稻耐盐碱筛选的指标。NaCl 和 $Na_2CO_3+NaHCO_3$ 对地下部分的抑制程度大于地上部分，各指标的平均 NaCl 和 $Na_2CO_3+NaHCO_3$ 的半抑制浓度分别为 140.57 mmol/L 和 0.041 1 mmol/L，可作为粳稻耐盐鉴定和耐碱鉴定的胁迫条件。

第三节　寒地水稻幼苗期耐盐种质资源筛选

松嫩平原苏打盐碱土面积为 $257.3×10^4 hm^2$（徐璐，2011），其中 $96.7×10^4 hm^2$ 分布在以齐齐哈尔和大庆为中心的周边地域。水稻是对盐中度敏感的作物，种植水稻于盐碱地之中，是改良盐碱地的良好方法，滨海盐碱地和吉林省苏打盐碱地的成功改良均提供了许多成功范例（孙勇智，2013）。高盐可以降低水稻种子发芽率，延缓种子发芽和幼苗生长（Powar，1995；Khan，1997），影响水稻植株生殖生长，进而降低水稻产量（Khatun，1995）。盐碱地的开发和利用均需要对盐碱抗性强的种质资源，因此，水稻幼苗期耐盐资源的筛选对寒地水稻的育种工作具有重要意义。目前，国内外已有较多与水稻耐盐资源的相关研究。1939 年斯里兰卡就曾繁殖耐盐品种 Pokkali，并在 1945 年予以推广；印度曾在 1943 年推广了 KRI-24 和 BR 4-10 两个耐盐品种；巴基斯坦、日本、美国等国家也进行了水稻耐盐性研究（韩朝红，1998）。我国近年来对盐胁迫下水稻的表形性状（韩朝红，1998）、生理生化（郑琪，2000；陈洁，2003）、遗传（刘贞琦，1984；王建林等，2001）和表观遗传变化（张容，2006；Kondo，2006；Cheng，2006；曹聪，2007；杜洪艳，2008；於卫东，2009）等基础理论方面也进行了大量研究，并且选育和推广了'长白 9 号''白粳 1 号''东稻 4 号'等耐盐碱品种。水稻幼苗期是耐盐最敏感时期，黑龙江省目前尚无耐盐碱水稻品种，限制了黑龙江盐碱地的开发利用。本文以 123 份粳稻品种（系）为材料进行苗期耐盐性筛选，以期为耐盐资源筛选及育种工作提供理论参考。

一、材料与方法

（一）试验材料

供试水稻品种为东北三省收集的 342 份水稻品种（系），'长白 9 号'为对照材料。

（二）试验方法

经混合盐碱胁迫筛选出苗期耐盐碱材料 123 份。对 123 份材料进行盐胁迫下水稻幼苗期耐盐力的比较，以 150 mmol/L NaCl 溶液为处理，此浓度为前期试验'长白 9 号' NaCl 胁迫的半抑制浓度（高尚，2014），蒸馏水为对照，3 次重复，完全随机设计。每个培养皿播种芽谷 30 粒，垫 1 层滤纸，加溶液 10 mL，置于人工气候箱中培养，白天温度 29 ℃，夜间温度 19 ℃，第 6 d 时用 150 mmol/L NaCl 溶液 20 mL 清洗，再补充 10 mL），培养到第 9 天时进行芽长、根长、根数等性状调查。

（三）项目测定及方法

用直尺测量每个培养皿中 30 粒芽谷的芽长和根长；芽长为芽基部到芽尖的长度；根长为胚根基部到胚根尖端，其中最长的测量并记录；根数为胚根基部发出的；芽长、根长和根数的长度低于 0.1 cm 不予记录。

（四）统计分析

采用 Microsoft Excel 2003 进行数据整理，用 DPS v 7.05 进行方差分析和聚类分析。

二、结果与分析

（一）不同性状相对抑制率的比较

试验材料的配对二样本 t 测验结果显示（表 5-11），盐胁迫下水稻幼苗期芽长、根长、根数极显著下降，相对抑制率表现为根长>芽长>根数的趋势。

表 5-11　不同性状的 t 测验及相对抑制率

性状	对照	处理	相对抑制率（%）	t 值
芽长（cm）	3.1	1.5	51.2	32.21 **
根长（cm）	5.5	1.6	70.2	34.11 **
根数（个）	4.1	2.2	45.7	20.68 **

注：* 和 ** 分别表示在 5% 和 1% 水平上显著。

（二）不同性状相对抑制率的聚类分析

采用类平均法依据芽长、根长、根数的相对抑制率，在欧式距离 34.26 处可以将参试材料分为 4 类（图 5-12）。'13G143'相对抑制率最低单独聚为一类，'13G074''丰优 109''13G072'次之聚为第二类，'东农 428'等 59 份材料为第三类，'五优稻 4 号'等 60 份材料为第四类，为便于比较，将'13G143'与'13G074''丰优 109' '13G072'合并为强耐盐类型，'东农 428'等 59 份材料为中耐盐类型，'五优稻 4 号'

等 60 份材料为弱耐盐类型。

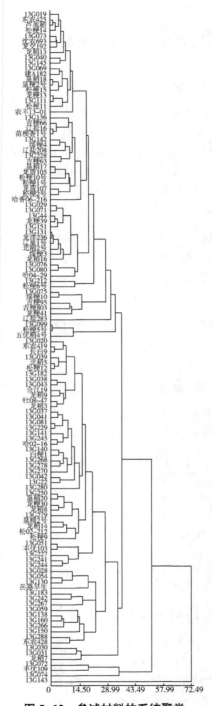

图 5-12 参试材料的系统聚类

（三）不同类型水稻幼苗期相对抑制率的比较

不同类型水稻幼苗期相对抑制率的比较如表 5-12 所示，芽长和根数相对抑制率呈弱耐盐类型>中耐盐类型>强耐盐类型的趋势，相互差异极显著。根长相对抑制率表现为弱耐盐类型>强耐盐类型>中耐盐类型，其中中耐盐类型与弱耐盐类型差异显著，但 3 种类型间根长相对抑制率绝对数值的差异小于芽长和根数。

表 5-12 不同类型水稻幼苗期相对抑制率的比较

类型	芽长（%）	根长（%）	根数（%）
强耐盐类型	29.2cC	70.1abA	7.7cC
中耐盐类型	45.5bB	64.8bA	34.8bB
弱耐盐类型	58.7aA	76.0aA	60.4aA

注：表中大写字母表示差异在 1% 水平，小写字母表示差异在 5% 水平。

（四）强耐盐材料与'长白9号'相对抑制率的比较

'长白9号'为公认的粳稻耐盐碱筛选的标准对照品种（王志欣，2012），将本研究的强耐盐类型材料与'长白9号'进行比较，结果显示芽长相对抑制率'13G143'<'13G072'<'丰优109'<'13G074'<'长白9号'的趋势，其中'13G143'处理与对照芽长差异不显著，相对抑制率仅为 11.89%。'13G072''丰优109''13G074'和'长白9号'相对抑制率分别为 25.80%、35.12%、44.10% 和48.71%，处理与对照芽长差异极显著（表 5-13）。

表 5-13 强耐盐材料与'长白9号'芽长相对抑制率的比较

参试材料	对照			处理			t 值	相对抑制率（%）
	均值（g/穴）	标准差	变异系数	均值（g/穴）	标准差	变异系数		
13G072	2.93	0.88	29.86	2.18	0.34	15.64	3.26**	25.80
13G074	1.77	0.98	55.43	0.99	0.43	43.58	3.06**	44.10
13G143	3.20	0.40	12.54	2.82	0.77	27.48	1.95	11.89
丰优109	3.77	0.43	11.53	2.45	0.45	18.31	9.36**	35.12
长白9	3.00	0.52	17.28	1.54	0.35	22.86	18.91**	48.71

强耐盐类型材料与'长白9号'根长相对抑制率比较，根长相对抑制率'13G143'<'长白9号'<'13G074'<'丰优109'<'13G072'的趋势，其中'13G143'对照与处理根长达到显著水平，相对抑制率为 25.36%，'长白9号''13G074''丰优109'和'13G072'相对抑制率分别为 66.38%、72.76%、90.60% 和91.84%，处理与对照差异极显著（表 5-14）。

表 5-14　强耐盐材料与 '长白 9 号' 根长相对抑制率的比较

参试材料	对照			处理			t 值	相对抑制率（%）
	均值（g/穴）	标准差	变异系数	均值（g/穴）	标准差	变异系数		
13G072	5.82	1.93	33.14	0.48	0.39	82.50	10.91**	91.84
13G074	3.72	2.17	58.48	1.01	0.54	52.86	5.11**	72.76
13G143	5.21	2.01	38.69	3.89	1.46	37.54	2.37*	25.36
丰优 109	6.17	1.50	24.25	0.58	0.46	79.42	15.60**	90.60
长白 9	4.84	1.27	26.75	1.62	0.50	31.17	18.39**	66.38

强耐盐类型材料与 '长白 9 号' 根数相对抑制率比较，根数相对抑制率 '13G074' < '13G072' < '13G143' < '丰优 109' < '长白 9 号' 的趋势，其中 '13G072''13G074' 和 '13G143' 对照与处理根数差异不显著，相对抑制率分别为 -9.69%、6.697% 和 10.08%，'丰优 109' 和 '长白 9 号' 对照与处理根数差异极显著，相对抑制率分别为 23.77% 和 40.66%（表 5-15）。

表 5-15　强耐盐材料与 '长白 9 号' 根数相对抑制率的比较

参试材料	对照			处理			t 值	相对抑制率（%）
	均值（g/穴）	标准差	变异系数	均值（g/穴）	标准差	变异系数		
13G072	3.00	1.03	34.43	2.80	0.70	24.85	0.69	6.67
13G074	2.22	1.44	64.67	2.44	1.26	51.83	0.46	-9.69
13G143	6.45	0.89	13.75	5.80	2.14	36.94	1.25	10.08
丰优 109	4.26	0.87	20.45	3.25	0.64	19.65	4.16**	23.77
长白 9	3.96	1.02	25.75	2.38	0.84	37.09	8.92**	40.66

三、讨　论

随着人口的不断增加，可用耕地的不断减少，盐碱地的开发和利用成为解决这一问题的关键，有好的改良技术，没有相应的耐盐碱水稻资源，以成为盐碱地开发和利用的限制因素，现阶段提出水稻单茎（株）评定分级法、盐害度法、相对耐盐力法、发芽指数法等耐盐碱鉴定方法，但各有优缺点。本试验结合上述鉴定方法，主要以 123 份粳稻品种为材料，采用 150 mmol/L NaCl 溶液，以芽长、根数、根长为指示性状（韩龙植，2004），进行水稻幼苗期耐盐性筛选。研究结果表明，盐胁迫下水稻幼苗期芽长、根长、根数极显著下降，相对抑制率呈根长 > 芽长 > 根数的趋势。耐盐材料对盐胁迫的抗性主要表现在芽长和根数抑制率方面，而根长与盐碱敏感材料差异较小。姜秀娟等（2009）研究认为，盐浓度增高，单株平均总根长缩短，甚至到被完全抑制的状态，品种间的变化值也变小，水稻根长对盐浓度的忍耐存在极限值，刘恩良研究认为，小麦根长和苗高在低浓度盐胁迫下，表现对苗高有较大的抑制作用；高浓度盐胁迫下对根长有较大的抑制作用。通过对小麦发芽率和延时萌发率的比较，发现耐盐性小麦品种发芽率远远高于非耐盐小麦品种，而延时萌发率则相反（刘恩良等，2013）。种子萌发后，对盐碱极为敏感，表现为芽尖枯黄、弯曲迟迟不能绿化，直至死亡（佟立纯，2006）。与本研究结果相似。

研究还发现，当经 150 mmol/L NaCl 溶液进行处理后，生长速度严重降低，甚至停止生长，这可能是由于这一过程中某些酶的活性降低，祁栋灵等认为 NaCl 胁迫可能会影响在种子萌发和出苗阶段体内储存的有机物质被分解和转化过程中的酶活性，进而干扰或破坏这些酶所参与的正常的生理代谢过程（祁栋灵，2007）。而李霞等（2008）认为盐碱条件下发芽率与对照条件下发芽率呈极显著差异，盐碱条件下水稻苗期的侧根数目与对照条件下的呈显著差异，其他的生理指标盐碱处理与对照之间差异性不显著。其结果不统一，需进一步研究证实。

水稻不同时期的耐盐性差异较大，耐盐机理也有所不同（祁栋灵，2007）。本研究仅是针对水稻幼苗期的耐盐性，不能代表整个生育时期，后续试验应对不同生育阶段进行耐盐性筛选，以期筛选出全生育期均耐盐的种质资源。另外，13G072 根数相对抑制率出现负值（-9.69%），但处理和对照根数平均值绝对数值差异较小（0.22），这可能是由于试验误差造成的，还需后续试验的验证。

四、结　论

本研究结果表明，作者所在团队自育品系'13G143'与'13G074'，二者可以作为水稻幼苗期耐盐亲本材料应用。

第四节　寒地水稻幼苗期耐碱种质资源筛选

由于人们不合理使用土地，使土壤出现板结，盐碱化等加剧，现今已有总耕地面积的 1/5 出现不同程度盐碱化，是水稻稳产的限制因素。而现有盐碱地水田的利用方式主要有土壤进行改良（牛东玲，2002；王亮，2009）、改变栽培管理方式（姜敏，2010）、种植耐盐碱水稻品种（程广有，1996）。土壤改良成本高，改变栽培管理方式在技术上难度大，但如果能够在现有种质资源中筛选出耐盐碱的优良水稻品种，是现今见效最快、最现实的解决方式（高尚，2014）。同样为水稻耐盐碱育种提供参考和依据。国外水稻耐盐碱的研究很少，国内的研究只在中国的东北和华北地区，多见于沈阳农业大学梁正伟实验室等的报道（李霞，2008），而对水稻幼苗期耐碱性的研究更为稀少，发芽期和幼苗期是最容易受碱害的生长时期（Foolad，1993；Yin，2002；Xie，2005）。程海涛等（2008）认为发芽期碱害率与发芽期各性状相对值极显著相关，幼苗前期碱害率与苗期的各个性状相对值显著相关，因此本研究以 121 份材料进行碱胁迫下水稻幼苗期的耐碱力的比较，近而筛选出水稻在幼苗期耐碱能力较强的品种（系），为今后的耐盐碱研究和育种工作提供参考。

一、材料和方法

（一）试验材料

经由前期混合盐碱胁迫试验（处理，pH 值为 9.8，盐含量为 8.35 g/kg；对照 pH 值为 7.3，盐含量为 2.56 g/kg），从东北三省收集到的 342 份材料筛选出 121 份苗期水稻耐盐碱材料。以粳稻耐盐碱品种'长白 9 号'为对照。

（二）试验方法

试验于 2014 年黑龙江八一农垦大学农学院基础实验室进行，对筛选出的 121 份材料进行碱胁迫下水稻幼苗期筛选，经由前期试验以'长白 9 号'对 $Na_2CO_3 + NaHCO_3$（质量比 1：3）胁迫的半抑制浓度 40 mmol/L $Na_2CO_3 + NaHCO_3$ 为胁迫处理（高尚，2014），蒸馏水为对照。重复 3 次，完全随机设计。每个培养皿播种芽谷 30 粒（徐恒恒，2014），垫 1 层滤纸，加溶液 10 mL，人工气候箱中培养，7：30—16：30 光照 4 500 lx，温度 29 ℃，16：30—7：30 黑暗，温度 19 ℃，第 6 d 加溶液（加新溶液 20 mL 清洗后，再重新加溶液 10 mL）。第 9 d 调查芽长、根长、根数。

（三）测定方法

用直尺测量每个培养皿中 30 颗幼苗的芽长和根长，芽长为芽基部到芽尖的长度，根长为胚根基部到胚根尖端的长度；根数为胚根基部发出的根的条数。芽长、根长和根数的长度低于 0.1 cm 不予记录。半抑制浓度指受碱胁迫抑制芽长、根长与根数均一半的碱溶液浓度。相对抑制率和变异系数计算公式如下。

$$相对抑制率（\%）=（对照-处理）/对照×100$$

本书中相对抑制率表示水稻幼苗受碱胁迫的抑制程度，即数值越大受抑制越严重。

$$变异系数（\%）=标准差/平均数×100$$

（四）数据分析方法

采用 Microsoft Excel 2003 进行数据整理，用 DPS v7.05 进行方差和聚类分析。

二、结果与分析

（一）幼苗期水稻的 t 测验

参试品种（系）的配对二样本 t 测验结果显示（表 5-16），碱胁迫下水稻幼苗期相对抑制率根长>根数>芽长的趋势，相对抑制率分别为 90.7%、37.3% 和 30.4%。碱胁迫下水稻幼苗期相对抑制率芽长、根长、根数极显著下降。

表 5-16　不同性状的 t 测验及相对抑制率

性状	对照	处理	相对抑制率（%）	t 值
芽长（cm）	3.1	2.1	30.4	20.55[**]
根长（cm）	5.5	0.5	90.7	46.81[**]
根数（个）	4.1	2.6	37.3	16.15[**]

注："*""**"分别表示在 5% 和 1% 水平上显著。

（二）幼苗期水稻相对抑制率的聚类分析

采用类平均法依据芽长、根长、根数的相对抑制率，在欧式距离23.71处可以将参试材料分为5类（图5-13）。'13G019'等79份材料相对抑制率最低聚为一类，'13G020'等34份材料次之聚为第二类，'13G029'单独聚为第三类，'龙盾105'单

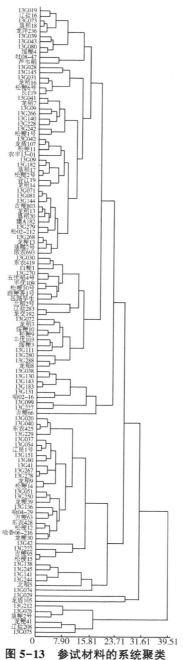

图5-13　参试材料的系统聚类

独聚为第四类，‘13G212’‘13G076’‘垦粳2号’‘辽盐208’‘13G075’和‘龙粳41’相对抑制率最高聚为第五类，为便于比较，将‘13G019’等79份材料称为强耐碱类型。‘13G020’等34份材料称为中耐碱类型，‘13G029’‘龙盾105’‘13G212’‘13G076’‘垦粳2号’‘辽盐208’‘13G075’和‘龙粳41’合并称为弱耐碱类型。

（三）不同类型幼苗期水稻相对抑制率的比较

不同类型水稻幼苗期相对抑制率的比较如表5-17所示，芽长相对抑制率弱耐碱类型>中耐碱类型>强耐碱类型的趋势，弱耐碱类型极显著高于中耐碱类型和强耐碱类型，分别为47.9%、30.8%和29.25%；根长相对抑制率中耐碱类型>强耐碱类型>弱耐碱类型，分别为92.5%、90.3%和89.9%，差异不显著；根数相对抑制率弱耐碱类型>中耐碱类型>强耐碱类型，分别为62.5%、51.8%和29.3%，差异极显著。对根数抑制明显。

表5-17　不同类型水稻幼苗期相对抑制率的比较

类型	芽长（%）	根长（%）	根数（%）
强耐碱	29.2bB	90.3aA	29.3cC
中耐碱	30.8bB	92.5aA	51.8bB
弱耐碱	47.9aA	89.9aA	62.5aA

注：表中大写字母表示差异在1%水平，小写字母表示差异在5%水平。

（四）强耐碱类与‘长白9号’相对抑制率的比较

以‘长白9号’为耐碱筛选标准对照品种，本研究将79份强耐碱类型材料与‘长白9号’比较，芽长有28份，根长有12份，根数有41份材料优于‘长白9号’；三者耐碱性状都强于‘长白9号’的有3份材料，分别为‘13G028’‘13G031’和‘13G145’。

‘13G028’‘13G031’和‘13G145’与‘长白9号’进行比较，结果显示芽长相对抑制率‘13G028’<‘13G145’<‘13G031’<‘长白9号’的趋势，处理与对照芽长差异极显著，‘13G028’‘13G145’‘13G031’和‘长白9号’相对抑制率分别为26.42%、27.22%、29.74%和32.41%（表5-18）。

表5-18　强耐碱材料与‘长白9号’芽长相对抑制率的比较

参试材料	对照			处理			t值	相对抑制率（%）
	均值（g/穴）	标准差	变异系数（%）	均值（g/穴）	标准差	变异系数（%）		
13G028	2.71	0.67	24.63	1.99	0.45	22.39	3.86**	26.42
13G031	3.29	0.98	29.73	2.32	0.45	19.23	3.98**	29.74
13G145	2.65	0.83	31.50	1.93	0.40	20.56	3.49**	27.22
长白9号	3.01	0.48	16.57	2.03	0.87	48.62	5.13**	32.41

　　‘13G028’‘13G031’和‘13G145’与‘长白9号’相对抑制率的比较，根长相对抑制率‘13G145’<‘13G028’<‘13G031’<‘长白9号’的趋势，处理与对照根长差异极显著，‘13G145’‘13G028’‘13G031’和‘长白9号’相对抑制率分别为77.50%、79.91%、83.11%和84.99%，‘13G145’变异系数大，Na_2CO_3+$NaHCO_3$浓度40 mmol/L 对根长的抑制在70%以上，说明根的生长对碱敏感，最先受碱害（表5-19）。

表5-19　强耐碱材料与‘长白9号’根长相对抑制率的比较

参试材料	对照			处理			t 值	相对抑制率（%）
	均值（g/穴）	标准差	变异系数（%）	均值（g/穴）	标准差	变异系数（%）		
13G028	3.33	1.11	33.33	0.67	0.34	50.87	9.75**	79.91
13G031	3.70	0.93	25.16	0.63	0.24	38.10	13.97**	83.11
13G145	4.80	1.96	40.83	1.08	2.13	197.01	5.75**	77.50
长白9	5.05	1.05	22.14	0.76	0.30	53.37	22.11**	84.99

　　‘13G028’‘13G031’和‘13G145’与‘长白9号’相对抑制率的比较，根数相对抑制率‘13G028’<‘13G145’<‘13G031’<‘长白9号’的趋势，其中‘13G028’处理与对照根数差异显著，相对抑制率为23.84%，‘13G145’‘13G031’和‘长白9号’处理与对照根数差异极显著，相对抑制率分别为77.50%、79.91%、83.11%和84.99%（表5-20）。

表5-20　强耐碱材料与长白9根数相对抑制率的比较

参试材料	对照			处理			t 值	相对抑制率（%）
	均值（g/穴）	标准差	变异系数（%）	均值（g/穴）	标准差	变异系数（%）		
13G028	2.83	0.92	32.60	2.16	0.76	35.44	2.43*	23.84
13G031	4.16	1.38	33.31	2.90	0.79	27.17	3.46**	30.25
13G145	3.65	0.75	20.42	2.55	1.00	39.16	3.95**	30.14
长白9	3.97	0.83	23.92	2.78	0.93	42.27	4.80**	30.85

三、讨　论

　　Deng et al.（2011）认为，盐碱胁迫后水稻种子发芽率下降，而水稻对 Na_2CO_3 胁迫比对 NaCl 胁迫更加敏感。Kbar et al.（1982）研究指出，随着植株的生长发育，进入营养生长阶段，对盐碱的耐性逐渐增强，而到生殖生长时期对盐碱胁迫又变得敏感。种子萌发阶段是作物能否在盐碱胁迫下完成生育周期最为关键的时期（Khan，2003；Li，2010），郭望模等（2003）研究指出，水稻品种间的耐盐碱性差异明显，不同品种对盐碱成分的敏感程度明显不同。赵海新等（2011）研究认为，相对芽长、相对胚根长、相对根条数等可作为寒地水稻芽期耐碱鉴定指标。张慧丽等（2001）认为随着 $NaHCO_3$ 浓度的增大，小麦胚根及胚芽长受抑制越严重，根数越少，生长量也随之减少。谢国生等（2005）认为 $NaHCO_3$ 胁迫下根长和芽长均有所下降，对幼苗根系的影响尤为严重。本试验结果表明，碱胁迫下水稻幼苗期相对抑制率根长>根数>芽长的趋势，碱胁迫下水稻幼苗期相对抑制率芽长、根长、根数极显著下降。芽长的抑制小于根数，与赵海新等研究结果相似。秦忠彬等（1989）认为，盐分限制了种子的生理吸水，近而影响水稻种子的萌发。闫先喜等（1995）则认为，大麦的种子在吸胀过程中破坏细胞膜，使细胞膜透性增大导致溶液外渗，萌发受阻。而本研究在胁迫之前先经催芽处理，与闫先喜等研究结果不同，本研究认为影响了种子的生理吸水，使生长受阻。

四、结　论

在 40 mmol/L Na_2CO_3+$NaHCO_3$ 浓度下，将 121 份材料进行处理，经系统聚类分为 3 种类型，其中强耐碱类型的 79 份材料再与'长白 9 号'比较，结果芽长有 28 份，根长有 12 份，根数有 41 份材料优于'长白 9 号'；三者耐碱性状都强于'长白 9 号'的有 3 份材料，分别为'13G028''13G031'和'13G145'。'13G028'幼苗期耐碱能力最强，'13G145'次之，其次为'13G031'。本团队自育品系'13G028''13G031'和'13G145'可为耐碱亲本材料应用。

第五节　北方粳稻耐盐碱相关性状主成分分析及综合评价

土壤盐碱障碍及盐渍化是当前农业生产主要的限制性因子之一，改良利用盐碱地在增加耕地后备资源、改善生态环境方面具有重要意义（李明，2018）。目前，全球盐碱化土地面积在 $9.6×10^8$ hm^2 左右，其中松嫩平原盐碱化土地面积约 $343×10^4$ hm^2，是世界三大盐渍土集中分布地区之一（杨帆，2016）。以水洗盐、以水压盐、以水排盐是盐碱地改良的重要措施（韩贵清，2011），水稻属中度耐盐碱植物，并且需要水生环境，种植水稻是盐碱地改良的良好途径。因此，开展耐盐碱水稻种质资源的筛选对促进耐盐碱品种选育和提高盐碱地水稻产量方面具有重要意义。在耐盐碱水稻种质资源筛选方面已开展大量研究，且多集中在萌发期和苗期，移栽至成熟阶段的筛选工作较少。如孟丽君等（2010）对以吉粳 88 为轮回亲本，来自 11 个国家的品种为供体亲本的 BC_2F_4 群体为材料，筛选出来自不同供体的 26 个苗期耐盐和耐碱株系，而且在大田盐碱胁迫条件下具有较强的全生育期耐盐碱能力。潘世驹等（2016）对 123 份北方粳稻幼苗前期的耐盐筛选结果表明，盐胁迫下水稻幼苗期相对抑制率表现为根长>芽长>根数，并筛选出幼苗期强耐盐材料'13G143'。冯钟慧等（2016）对吉林省不同熟期的粳稻种质资源共 60 份进行了萌发期耐盐碱筛选，筛选具备耐盐和耐碱特性的'长白 21 号''通禾 835''长白 10 号''东稻 4 号'等 10 个耐盐碱品种，同时发现吉林省中早熟或中熟比晚熟或中晚熟品种表现出更好的耐盐碱性特征。水稻相同品种的不同生长阶段其耐盐碱性是不同的（Xie，2000；周根友，2017）。由于寒地水稻生产以育苗移栽模式为主，移栽至成熟期的耐盐碱性较萌发期和苗期的耐盐碱性更为重要。同时，多数研究采用 NaCl、

$NaHCO_3$、Na_2CO_3 模拟胁迫环境进行筛选（潘世驹，2015；杨圣，2015），而苏打盐碱地水稻生产要求品种除具备耐盐和耐碱特性，还应适应苏打盐碱地土壤容重大、通透性差、低磷低锌（柴立涛，2015；Oo，2015）等环境条件。因此，采用苏打盐碱土筛选出的耐盐碱材料，虽然不能区分其耐盐性、耐碱性乃至对厌氧、养分胁迫的抗性，但在盐碱地水稻生产中更具有实际意义。

本研究以'长白9号'为对照，采用重度苏打盐碱土对49份苗期耐盐碱材料进行了农业耐盐力鉴定和综合评价指标筛选，利用相关分析、主成分分析和聚类分析进行综合评价，旨在为水稻耐盐碱种质资源鉴定与应用提供理论基础。

一、材料与方法

（一）试验材料

以前期工作筛选出的49份苗期耐混合盐碱胁迫品种（品系）为鉴定材料，以生产中公认的耐盐碱品种'长白9号'为对照。材料选择依据 40 mmol/L Na_2CO_3+$NaHCO_3$（质量比1:3）条件下苗期芽长、根长和根数的盐碱相对抑制率进行，同时满足芽长相对抑制率低于长白9号，根长和根数相对抑制率二者之一低于'长白9号'即入选。49份材料包括30份黑龙江八一农垦大学水稻中心育种高世代材料，1份黑龙江省农业科学院五常水稻研究所育种高世代材料'松98-131'，黑龙江省水稻推广品种12份，'吉粳88'导入系5份，'空育131'诱变后代1份（表5-21）。

表5-21 参试材料名称及来源

名称	来源	名称	来源	名称	来源
农丰3号	育种高世代	庆盐6号	育种高世代	东农428	推广品种
农丰4号	育种高世代	庆盐7号	育种高世代	龙粳42	推广品种
农丰6号	育种高世代	庆盐8号	育种高世代	龙稻9	推广品种
农丰3068	育种高世代	庆盐9号	育种高世代	绥粳17	推广品种
庆盐12号	育种高世代	庆盐10号	育种高世代	龙粳48	推广品种
庆盐13号	育种高世代	庆盐11号	育种高世代	龙粳27	推广品种
DPB120	育种高世代	10S-53-1	育种高世代	松粳18	推广品种
DPB71	育种高世代	垦粳1605	育种高世代	龙粳24	推广品种
齐粳10	推广品种	垦粳1603	育种高世代	东稻4	推广品种
莹稻2	育种高世代	农丰13G280	育种高世代	庆盐1801	育种高世代
绥粳21	推广品种	农丰13C245	育种高世代	SR-815-10	吉粳88导入系
长白9号	推广品种	13G110	育种高世代	SR-818-5	吉粳88导入系

（续表）

名称	来源	名称	来源	名称	来源
庆盐 1 号	育种高世代	13G110	育种高世代	SR-818-22	吉粳 88 导入系
庆盐 2 号	育种高世代	农丰 13B229	育种高世代	SR-819-17	吉粳 88 导入系
庆盐 3 号	育种高世代	14S-902-2	育种高世代	SR-824-14	吉粳 88 导入系
庆盐 4 号	育种高世代	Y214 辐射	空育 131 诱变后代	白粳 1 号	推广品种
庆盐 5 号	育种高世代	松 98-131	育种高世代		

（二）试验设计

试验于 2017—2018 年在黑龙江八一农垦大学校内试验基地进行。采用盆栽试验，盆钵高 32 cm，上直径 32 cm，下直径 27 cm。分别于 2017 年 4 月 17 日和 2018 年 4 月 20 日播种，常规旱育苗，2017 年 5 月 21 日和 2018 年 5 月 22 日移栽。每盆 3 穴，每穴 4 苗，10 次重复。完全随机试验设计。

试验设处理和对照，处理采用苏打盐碱土对参试材料进行混合盐碱胁迫，对照土壤为田园土，土壤基本特性见表 5-22。水肥管理措施按照常规生产进行。

表 5-22　参试土壤基本特性

土壤类型	碱解氮 （mg/kg）	有效磷 （mg/kg）	速效钾 （mg/kg）	有机质 （%）	pH 值	全盐含量 （%）	电导率 （mS/cm）
田园土	213.8	40.3	211.4	3.62	6.1	0.21	0.12
盐碱土	100.5	13.4	98.9	1.90	9.1	0.71	0.38

（三）测定项目与方法

水稻返青后，定点 15 穴植株，调查 7 叶期分蘖数、9 叶期分蘖数、最高分蘖数、5 叶期株高、7 叶期株高、9 叶期株高、11 叶期株高。分蘖期和齐穗期每处理取样 6 穴，每穴分叶、茎鞘、穗、根系 4 部分，测量叶片长宽，每部分单独包装，105 ℃ 杀青 30 min 后，80 ℃ 烘干至恒重，计算分蘖期叶面积、分蘖期叶重、分蘖期干物重、分蘖期根干重、齐穗期叶面积、齐穗期叶重、齐穗期干物重。水稻分蘖盛期取长势一致的水稻植株 4 穴用于根系形态指标测定。新鲜水稻根系先用清水冲洗干净表面附着物，将根系平铺在根系专用放置盘中，加水并使水层保持在 5~6 mm，用牙签将每条不定根单独分开，用根系形态专用扫描仪 ScanMaker i800（Microtek，中国）进行数字化扫描，然后用 LA-S 植物根系分析系统分析总根长、总根面积、总根体积、平均根系直径、根尖数、根分叉数等根系形态参数。成熟期每处理选择长势均匀的植株 10 穴，于阴凉通风处风干，之后分为穗和茎叶两部分，分别称重。穗用于穗数、穗粒数、结实率和千粒重考察。计算产量、生物量、经济系数和单穗重。

（四）数据处理及统计分析

分别计算 2017 年和 2018 年各指标耐盐碱系数，利用成组数据 t 测验对耐盐碱系数的年际差异显著性进行测验，再对两年耐盐碱系数的平均值进行统计分析。利用 Excel 2003 进行数据整理和描述性分析。利用 DPS7.05 软件进行相关分析、主成分分析及聚类分析。依据欧氏距离，以离差平方和法进行聚类。相关指标计算参考戴海芳等（2014）的方法。

1. 耐盐碱系数

采用水稻耐盐碱系数（saline-alkali tolerant coefficients，STC），即各耐盐碱指标的相对值进行耐盐碱性综合分析，以消除参试材料间的基础性状差异。

$$STC = 胁迫下指标值 / 对照指标值 \tag{5-1}$$

2. 综合指标值

综合指标值计算公式如下。

$$Z_i = \sum_{i=1}^{n} a_i X_i \quad (i = 1, 2, 3, \cdots, n) \tag{5-2}$$

式中，α_i 是某一指标特征值所对应的特征向量；X_i 是指标相对值。

3. 隶属函数分析

参试材料各主成分的隶属函数值计算公式如下。

$$\mu(Z_i) = (Z_i - Z_{imin})/(Z_i - Z_{imax}) \quad (i = 1, 2, 3, \cdots, n) \tag{5-3}$$

式中，$\mu(Z_i)$ 是各参试材料第 i 个主成分的隶属函数值；Z_i 是各参试材料第 i 个综合指标值；Z_{imin} 和 Z_{imax} 分别是各参试材料第 i 个综合指标的最小值和最大值。

4. 各综合指标的权重

根据各主成分贡献率计算各主成分的权重公式如下。

$$W_i = P_i / \sum_{i=1}^{n} P_i \quad (i = 1, 2, 3, \cdots, n) \tag{5-4}$$

式中，W_i 是各参试材料第 i 个综合指标的权重；P_i 是各参试材料第 i 个综合指标的贡献率。

5. 参试材料的综合耐盐碱 D 值

参试材料综合耐盐碱 D 值计算公式如下。

$$D = \sum_{i=1}^{n} [\mu(Z_i) \times W_i] \quad (i = 1, 2, 3, \cdots, n) \tag{5-5}$$

式中，D 值为盐碱胁迫下各参试材料应用主成分评价的耐盐性综合评分值。

二、结果与分析

（一）参试材料耐盐碱系数和相关分析

表 5-23 结果表明，盐碱胁迫条件下 50 个参试材料的 28 个性状的耐盐碱系数平均值为 0.639，数值分布在 0.310~0.939，千粒重、结实率、7 叶期株高、经济系数、5 叶期株高 5 个性状的耐盐碱系数大于 0.9，根表面积、齐穗期地上干物重、齐穗期叶重、

表5-23 参试材料耐盐碱系数的描述性分析

指标	平均耐盐碱系数	标准差	变异系数(%)	分布区间	指标	平均耐盐碱系数	标准差	变异系数(%)	分布区间
穗数	0.512	0.069	13.45	0.366~0.709	分蘖期叶面积	0.617	0.137	22.28	0.391~0.992
穗粒数	0.697*	0.092	13.17	0.502~0.917	分蘖期叶重	0.619	0.137	22.11	0.358~0.868
结实率	0.935	0.062	6.65	0.769~1.000	分蘖期干物重	0.646	0.138	21.42	0.356~0.951
千粒重	0.939	0.046	4.91	0.812~0.999	分蘖期根干重	0.521	0.130	24.90	0.294~0.988
产量	0.310	0.058	18.61	0.228~0.485	齐穗期叶面积	0.411	0.130	31.60	0.250~0.957
生物量	0.334	0.047	14.13	0.261~0.510	齐穗期叶重	0.419	0.118	28.17	0.246~0.986
经济系数	0.930	0.118	12.69	0.623~1.268	齐穗期干物重	0.436	0.101	23.09	0.308~0.865
单穗重	0.629	0.078	12.33	0.456~0.805	7叶期分蘖数	0.623*	0.099	15.96	0.400~0.889
根长	0.588*	0.137	23.33	0.303~0.939	9叶期分蘖数	0.565	0.052	9.19	0.470~0.715
根表面积	0.493	0.133	26.96	0.245~0.997	最高分蘖数	0.569	0.047	8.29	0.467~0.742
根体积	0.405	0.146	36.10	0.146~0.928	5叶期株高	0.904*	0.055	6.12	0.741~0.999
根直径	0.819	0.106	12.91	0.632~0.999	7叶期株高	0.933*	0.035	3.80	0.860~0.996
根尖数	0.764	0.152	19.92	0.434~0.997	9叶期株高	0.856*	0.031	3.66	0.792~0.921
根分叉数	0.604	0.169	28.04	0.241~0.996	11叶期株高	0.805*	0.044	5.43	0.705~0.948

注：*和**表示年际间各指标耐盐碱系数的差异显著性在0.05和0.01水平。

齐穗期叶面积、根体积、生物产量、产量7个性状的耐盐碱系数小于0.5。对各指标的年际间差异进行成组数据 t 测验，穗粒数、根长、7叶期分蘖数、5叶期株高、7叶期株高、9叶期株高和11叶期株高的耐盐碱系数年际间差异显著或极显著，其他指标耐盐碱系数年际间差异不显著。

从变异系数方面看，变异系数最大为根体积（36.1%），随后依次是齐穗期叶面积（31.6%）、齐穗期叶重（28.17%）；变异系数最小依次为9叶期株高（3.66%）、7叶期株高（3.80%）和千粒重（4.91%）。

对盐碱胁迫下28个性状进行相关分析，结果如表5-24所示，表明性状间存在不同程度的相关性。其中产量耐盐碱系数与生物量、经济系数、单穗重、9叶期分蘖数、最高分蘖数的耐盐碱系数极显著正相关，生物产量耐盐碱系数与穗重、9叶期分蘖数、最高分蘖数的耐盐碱系数极显著正相关，分蘖期根干重耐盐碱系数与根长、根表面积、根体积、根直径、根分叉数、分蘖期叶面积、分蘖期干物重的耐盐碱系数极显著正相关，最高分蘖数耐盐碱系数与穗数、结实率、产量、生物产量、经济系数、分蘖期叶面积、分蘖期叶重、分蘖期干物重、分蘖期根干重、分蘖盛期分蘖数、9叶期分蘖数的耐盐碱系数显著或极显著正相关。性状间的相关性易导致信息重叠，直接利用会影响耐盐碱性评价的真实性。为消除这些重叠信息的不利影响，使用主成分分析法对水稻耐盐碱性进行综合评价。

（二）参试材料耐盐碱性的主成分分析

主成分累计贡献率（cumulative contribution rate，CCR）大于80%即可认为信息具有代表性。由表5-25可知，前8个主成分的特征值（eigenvalues，E）均大于1，贡献率（contribution rate，CR）分别为20.357%、16.145%、11.172%、8.872%、7.882%、6.846%、5.101%和4.290%，其CCR达到80.665%，即前8个相互独立的主成分代表了28个性状80.665%的变异信息。第一主成分的贡献率为20.357%，该主成分以与分蘖期干物质量密切相关的根长（0.260）、根体积（0.292）、叶面积（0.300）、叶重（0.285）、地上干物重（0.307）、根干重（0.343）的载荷较高，可将主成分1称为分蘖期干物质量因子；第二主成分的CR为16.145%，其中穗数（0.33）、产量（0.37）、生物产量（0.29）的载荷较高，可称为产量因子；第三主成分的CR为11.172%，以齐穗期叶面积（0.51）、叶重（0.50）、地上干物重（0.49）的载荷较高，称为齐穗期干物质量因子；第四主成分的CR为8.872%，以穗粒数（0.47）、穗重（0.41）的载荷较大，称为穗重因子；第五主成分的CR为7.882%，以分蘖期根直径（0.49）具有较大的正载荷，分蘖期根尖数（-0.35）具有较大的负载荷，故称为分蘖期根直径因子；第六主成分的CR为6.846%，以不同生育时期的株高载荷较高，可称为株高因子；第七主成分和第八主成分的CR分别为5.101%和4.290%，分别以经济系数（0.428）和千粒重（0.672）的载荷最高，称为经济系数因子和粒重因子。

表5-24　参试材料28个性状耐盐碱系数的相关分析

	NP	GP	SSR	KGW	Y	Bio	EC	SPW	RLT	RAT	RVT	RDT	NRTT	NRBT	LAT	LWT	MWT	RWT	LAH	LWH	MWH	T7L	T9L	MNT	PH5L	PH7L	PH9L	PH11L	D
NP	1.00																												
GP	-0.25	1.00																											
SSR	0.33*	-0.25	1.00																										
KGW	-0.06	-0.24	0.10	1.00																									
Y	0.70**	0.34*	0.44**	0.13	1.00																								
Bio	0.55**	0.18	0.20	0.12	0.72**	1.00																							
EC	0.35*	0.27	0.45**	0.05	0.59**	-0.11	1.00																						
SPW	-0.09	0.69**	0.08	0.23	0.53**	0.48**	0.20	1.00																					
RLT	-0.24	0.17	-0.11	-0.03	-0.11	-0.13	-0.05	-0.07	1.00																				
RAT	-0.18	0.10	-0.14	0.04	-0.08	-0.07	-0.07	-0.11	0.81**	1.00																			
RVT	-0.11	0.00	-0.19	0.08	-0.10	-0.07	-0.08	-0.17	0.54**	0.90**	1.00																		
RDT	-0.02	0.08	-0.07	0.07	0.14	-0.04	0.11	-0.10	0.41**	0.56**		1.00																	
NRTT	-0.14	0.13	-0.06	0.00	-0.06	-0.18	0.06	-0.07	0.66**	0.38**	0.23	-0.38**	1.00																
NRBT	-0.32*	0.20	-0.08	-0.04	-0.04	-0.12	-0.12	0.00	0.95**	0.69**	0.42**	-0.19	0.63**	1.00															
LAT	0.31*	-0.08	0.11	0.02	0.24	0.20	0.17	-0.05	0.17	0.40**	0.41**	0.33*	-0.09	0.05	1.00														
LWT	0.17	-0.07	0.20	-0.07	0.13	0.05	0.18	-0.09	0.20	0.31*	0.31*	0.14	-0.05	0.09	0.61**	1.00													
MWT	0.10	-0.06	0.06	-0.09	0.03	0.00	0.07	-0.14	0.35**	0.44**	0.39**	0.18	0.01	0.26	0.62**	0.89**	1.00												

（续表）

	NP	GP	SSR	KGW	Y	Bio	EC	SPW	RLT	RAT	RVT	RDT	NRTT	NRBT	LAT	LWT	MWT	RWT	LAH	LWH	MWH	T7L	T9L	MNT	PH5L	PH7L	PH9L	PH11L	D
RWT	0.01	0.04	-0.04	-0.02	0.04	0.02	-0.01	-0.08	0.62**	0.88**	0.82**	0.47**	0.20	0.49**	0.59**	0.47**	0.57**	1.00											
LAH	-0.01	-0.03	0.13	-0.07	0.02	-0.01	0.05	-0.09	0.07	-0.09	-0.18	-0.23	0.02	0.08	0.05	0.13	0.11	-0.07	1.00										
LWH	0.03	0.09	0.12	-0.27	0.07	0.08	0.02	0.01	-0.04	-0.13	-0.17	-0.09	0.00	0.00	0.05	0.08	0.06	-0.07	0.87**	1.00									
MWH	0.04	0.08	0.10	-0.20	0.08	0.09	0.07	0.02	0.00	-0.08	-0.13	-0.06	0.02	0.02	0.11	0.12	0.06	-0.07	0.81**	0.94**	1.00								
T7L	0.33*	-0.10	0.19	0.01	0.27	0.18	0.24	-0.06	0.25	0.31*	0.28*	0.02	0.03	0.23	0.51**	0.45**	0.37**	0.13	0.13	0.08	0.15	1.00							
T9L	0.50**	-0.05	0.33*	0.19	0.55**	0.42**	0.33*	0.09	0.12	0.13	0.13	0.01	0.05	0.04	0.39**	0.40**	0.33*	0.13	0.05	-0.09	-0.02	0.60**	1.00						
MNT	0.50**	0.04	0.41**	0.03	0.54**	0.38**	0.36**	0.00	0.15	0.20	0.18	0.11	-0.01	0.06	0.44**	0.43**	0.38**	0.29*	0.09	0.04	0.08	0.58**	0.77**	1.00					
PH5L	0.04	-0.02	0.24	-0.11	0.04	-0.13	0.25	-0.10	0.14	0.18	0.17	0.05	0.14	0.16	0.19	0.14	0.13	0.15	-0.26	-0.21	-0.17	0.41**	0.13	0.21	1.00				
PH7L	0.18	-0.02	0.17	0.08	0.21	0.16	0.14	0.07	0.02	0.04	0.08	0.16	-0.10	0.07	-0.04	-0.01	-0.04	-0.28*	-0.19	-0.14	0.09	0.15	0.28*		0.55**	1.00			
PH9L	0.10	0.11	0.24	0.06	0.25	0.26	0.08	0.08	0.17	-0.20	-0.24	0.04	-0.04	-0.12	-0.22	-0.30*	-0.21	0.04	0.13	0.12	-0.17	0.08	0.12	0.16		0.58**	1.00		
PH11L	-0.01	0.08	0.00	-0.24	0.00	0.19	-0.24	-0.02	-0.06	0.01	0.11	0.21	-0.19	-0.04	-0.08	-0.14	-0.14	-0.06	0.07	0.02	0.02	-0.18	-0.06	0.12	0.01	0.20	0.45**	1.00	
D	0.26	0.18	0.34*	-0.08	0.45**	0.28*	0.37*	0.16	0.14	0.30*	0.28*	0.33*	-0.07	0.07	0.58**	0.50**	0.46**	0.44**	0.59**	0.66**	0.69**	0.47**	0.36*	0.52**	0.13	0.19	0.09		1.00

NP: 穗数; GP: 穗粒数; SSR: 结实率; KGW: 千粒重; Y: 产量; Bio: 生物量; EC: 经济系数; SPW: 单穗重; RVT: 根体积; RDT: 根直径; NRTT: 根尖数; NRBT: 根分叉数; RLT: 根长; RAT: 根表面积; RWT: 根干重; LAH: 齐穗期叶面积; LWH: 齐穗期叶面积; MWH: 齐穗期干物重; LWT: 分蘖期叶面积; LAT: 分蘖期干物重; MWT: 分蘖期叶干重; T7L: 7叶期分蘖数; T9L: 9叶期分蘖数; MNT: 最高分蘖数; PH5L: 5叶期株高; PH7L: 7叶期株高; PH9L: 9叶期株高; PH11L: 11叶期株高; 下同。

表 5-25 前 8 个主成分的特征向量、E、CR 及 CCR

	PV1	PV 2	PV 3	PV 4	PV 5	PV 6	PV 7	PV 8
穗数	0.102	0.334	-0.033	-0.128	-0.067	-0.007	-0.200	-0.253
穗粒数	0.010	0.008	0.003	0.468	0.187	-0.202	0.376	-0.194
结实率	0.074	0.260	0.022	-0.013	-0.202	0.119	0.021	0.241
千粒重	0.011	0.043	-0.156	0.005	-0.074	-0.220	-0.324	0.672
产量	0.125	0.373	-0.054	0.232	0.024	-0.172	-0.026	-0.047
生物量	0.073	0.287	-0.057	0.175	0.232	-0.105	-0.365	-0.179
经济系数	0.097	0.227	-0.006	0.101	-0.229	-0.113	0.428	0.173
单穗重	-0.021	0.152	-0.080	0.405	0.182	-0.321	0.141	0.122
根长	0.260	-0.256	0.070	0.262	-0.150	0.015	-0.139	-0.052
根表面积	0.324	-0.245	-0.047	0.107	0.110	0.023	-0.080	0.095
根体积	0.292	-0.206	-0.113	-0.003	0.208	0.065	-0.067	0.136
根直径	0.127	-0.007	-0.174	-0.097	0.489	0.026	0.125	0.241
根尖数	0.107	-0.176	0.046	0.315	-0.351	0.073	-0.117	-0.012
根分叉数	0.208	-0.260	0.091	0.299	-0.172	0.005	-0.140	-0.079
分蘖期叶面积	0.300	0.087	0.023	-0.173	0.135	-0.009	0.095	0.049
分蘖期叶重	0.285	0.054	0.116	-0.223	0.026	-0.084	0.193	-0.058
分蘖期干物重	0.307	-0.026	0.121	-0.205	0.051	-0.080	0.155	-0.095
分蘖期根干重	0.343	-0.154	-0.032	0.003	0.186	0.023	-0.001	0.067
齐穗期叶面积	0.004	0.067	0.512	0.037	0.017	0.075	-0.079	0.189
齐穗期叶重	-0.017	0.092	0.503	0.090	0.142	0.160	0.028	0.094
齐穗期干物重	0.012	0.097	0.486	0.083	0.129	0.147	0.043	0.147
7 叶期分蘖数	0.287	0.117	0.073	-0.091	-0.144	-0.005	0.009	-0.067
9 叶期分蘖数	0.238	0.254	-0.036	-0.009	-0.140	-0.084	-0.210	-0.069

（续表）

	PV1	PV 2	PV 3	PV 4	PV 5	PV 6	PV 7	PV 8
最高分蘖数	0.266	0.252	-0.005	-0.013	-0.061	0.077	-0.119	-0.098
5 叶期株高	0.142	0.026	-0.185	0.016	-0.229	0.335	0.356	0.012
7 叶期株高	0.071	0.135	-0.253	0.122	-0.080	0.426	0.098	0.129
9 叶期株高	-0.075	0.195	-0.095	0.232	0.092	0.435	-0.045	0.173
11 叶期株高	-0.031	0.031	-0.076	0.107	0.318	0.408	-0.144	-0.253
特征值	5.700	4.521	3.128	2.484	2.207	1.917	1.428	1.201
方差贡献率（%）	20.357	16.145	11.172	8.872	7.882	6.846	5.101	4.290
累计贡献率（%）	20.357	36.502	47.674	56.546	64.428	71.275	76.375	80.665

（三）耐盐碱性综合评价

依据式（5-2）计算各参试材料的综合指标值，进一步利用式（5-3）计算各参试材料盐碱胁迫下各主成分隶属函数值。依据主成分贡献率的大小，利用式（5-4）计算出各主成分的权重分为 0.25、0.20、0.14、0.11、0.10、0.08、0.06、0.05。利用式（5-5）对各综合指标隶属函数值和相应权重进行线性加权，计算得到耐盐碱综合评价值 D。表 5-26 结果表明，50 个参试材料平均 D 值为 0.451，分布区间在 0.29～0.68。对照品种 S12（长白 9 号）的 D 值为 0.61，排位第 3 名。S34（松 98-131）和 S49（SR-824-14）的 D 值大于对照品种 S12，D 值分别为 0.68 和 0.63，可作为耐盐碱种质资源使用。S27 的 D 值（0.29）最小，即耐盐碱能力最差，S23（0.32）排名倒序第二。

（四）参试材料耐旱性的聚类分析

以 D 值为依据，采用欧氏距离离差平方和法对 50 份参试材料进行聚类分析。由图 5-14 可知，在欧式距离 0.515 处分为 4 类：强耐盐碱型、耐盐碱型、中间型和盐碱敏感型。第 Ⅰ 类为由 3 个材料（S12、S49、S34）组成的强耐盐碱型类群，占总材料数的 6%；第 Ⅱ 类由 S10、S13、S14、S15、S16、S18、S22、S28、S31、S32、S36、S39、S41 等 13 个材料组成的耐盐碱型类群，占总材料数的 26%；第 Ⅲ 类由 S02、S03、S04、S07、S08、S11、S21、S25、S29、S33、S35、S38、S44、S46、S48、S50 等 16 个材料组成的中间型类群，占总材料数的 32%；第 Ⅳ 类为由剩余材料组成的盐碱敏感类群，占总材料数的 39%。

表5-26　50个参试材料的权重、隶属函数数值、D值及耐盐碱性排序

	$\mu(Z_1)$	$\mu(Z_2)$	$\mu(Z_3)$	$\mu(Z_4)$	$\mu(Z_5)$	$\mu(Z_6)$	$\mu(Z_7)$	$\mu(Z_8)$	D	排位
S01	0.36	0.68	0.20	0.52	0.20	0.63	0.09	0.57	0.42	33
S02	0.08	0.99	0.01	0.31	0.64	0.44	0.40	0.89	0.43	32
S03	0.41	0.87	0.22	0.14	0.64	0.32	0.43	0.49	0.47	20
S04	0.29	0.75	0.21	0.42	0.38	0.62	0.30	0.67	0.44	26
S05	0.29	0.78	0.18	0.59	0.16	0.51	0.18	0.29	0.40	41
S06	0.31	0.46	0.33	0.48	0.34	0.39	0.07	0.32	0.36	45
S07	0.30	0.36	0.32	0.82	0.52	0.64	0.01	0.98	0.44	27
S08	0.52	0.64	0.27	0.61	0.13	0.68	0.22	0.41	0.47	19
S09	0.17	0.71	0.13	0.57	0.03	0.46	0.38	0	0.33	48
S10	0.46	0.86	0.31	0.59	0.21	0.50	0.37	0.22	0.49	14
S11	0.65	0.54	0.50	0.58	0.22	0.32	0.14	0.25	0.48	17
S12	0.41	0.81	0.86	0.33	0.62	0.64	0.28	0.97	0.61	03
S13	0.61	0.52	0.13	0.60	0.56	0.65	0.17	0.85	0.51	08
S14	0.69	0.75	0.24	0.51	0.53	0.35	0.36	0.79	0.56	04
S15	0.46	0.86	0.10	0.39	0.64	0.14	1.00	0.90	0.53	05
S16	0.26	0.91	0.32	0.41	0.63	0.39	0.51	0.81	0.50	09

	$\mu(Z_1)$	$\mu(Z_2)$	$\mu(Z_3)$	$\mu(Z_4)$	$\mu(Z_5)$	$\mu(Z_6)$	$\mu(Z_7)$	$\mu(Z_8)$	D	排位
S26	0.39	0.31	0.22	0.75	0.47	0.55	0.18	0.30	0.39	43
S27	0.03	0.60	0	0.59	0.51	0.28	0.06	0.26	0.29	50
S28	0.43	0.74	0.15	0.78	0.68	0.22	0.33	0.57	0.50	10
S29	0.63	0.29	0.32	0.38	0.53	0.55	0.23	0.42	0.44	28
S30	0.32	0.46	0.18	0.68	0.56	0.45	0.51	0.11	0.40	39
S31	0.59	0.51	0.14	0.68	0.45	0.42	0.43	0.80	0.49	13
S32	0.59	0.58	0.34	0.73	0.25	0.20	0.47	0.58	0.50	11
S33	0.63	0.35	0.36	0.91	0.30	0.28	0.39	0.14	0.46	21
S34	0.31	0.87	1.00	0.77	0.43	1.00	0.32	1.00	0.68	01
S35	0.61	0.74	0.10	0	0.56	0.35	0.48	0.58	0.46	22
S36	0.56	0.52	0.24	0.30	0.81	0.71	0.49	0.52	0.51	07
S37	0.28	0.49	0	0.31	0.46	0.68	0.13	0.54	0.34	47
S38	0.49	0.56	0.08	0.38	0.52	0.40	0.40	0.63	0.43	29
S39	0.68	0.40	0.35	0.69	0.44	0.61	0.24	0.47	0.51	06
S40	0.27	0.62	0.31	0.75	0	0.65	0.34	0.25	0.41	35
S41	1.00	0	0.10	0.66	0.57	0.52	0.09	0.74	0.48	16

（续表）

	μ(Z_1)	μ(Z_2)	μ(Z_3)	μ(Z_4)	μ(Z_5)	μ(Z_6)	μ(Z_7)	μ(Z_8)	D	排位
S17	0.30	0.86	0.26	0.25	0.23	0.46	0.33	0.14	0.40	42
S18	0.52	0.71	0.27	0.43	0.36	0.48	0.36	0.75	0.50	12
S19	0.34	0.76	0.18	0.41	0.09	0.54	0.26	0.47	0.41	38
S20	0.18	0.83	0.12	0.32	0.45	0.26	0.35	0.60	0.38	44
S21	0.32	0.94	0.12	0.64	0.43	0	0.38	0.17	0.43	31
S22	0.40	0.67	0.30	0.32	1.00	0.50	0.27	0.40	0.49	15
S23	0.20	0.66	0.10	0.70	0.10	0.15	0.15	0.31	0.32	49
S24	0	0.72	0.22	0.42	0.66	0.40	0.28	0.36	0.36	46
S25	0.21	0.93	0.54	0.28	0.37	0.46	0.51	0.37	0.47	18
权重	0.25	0.20	0.14	0.11	0.10	0.08	0.06	0.05		

	μ(Z_1)	μ(Z_2)	μ(Z_3)	μ(Z_4)	μ(Z_5)	μ(Z_6)	μ(Z_7)	μ(Z_8)	D	排位
S42	0.64	0.26	0.30	0.61	0.20	0.48	0	0.43	0.41	37
S43	0.31	0.58	0.10	0.84	0.21	0.62	0.08	0.53	0.41	36
S44	0.33	0.60	0.37	0.82	0.30	0.53	0.24	0.42	0.46	24
S45	0.30	0.43	0.27	0.60	0.56	0.57	0.08	0.72	0.41	34
S46	0.44	0.52	0.19	0.58	0.62	0.29	0.42	0.58	0.45	25
S47	0.38	0.53	0.02	0.35	0.56	0.96	0.23	0.21	0.40	40
S48	0.40	0.48	0.20	1.00	0.33	0.46	0.34	0.58	0.46	23
S49	0.76	1.00	0.21	0.46	0.90	0.42	0.30	0.25	0.63	02
S50	0.58	0.39	0.24	0.63	0.26	0.57	0.24	0.31	0.43	30
权重	0.25	0.20	0.14	0.11	0.10	0.08	0.06	0.05		

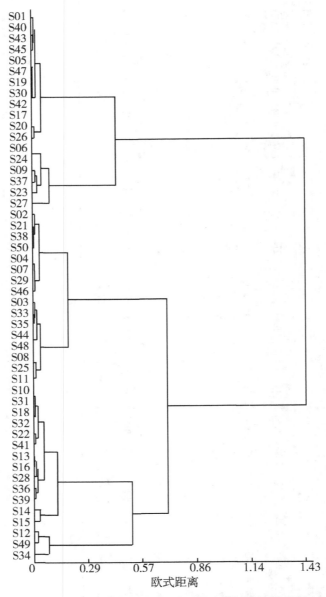

图 5-14　50 个参试材料耐盐碱能力的系统聚类分析

（五）水稻耐盐碱鉴定指标的筛选

以 D 值为因变量，各鉴定指标的耐盐碱系数作为自变量，建立耐盐碱性评价的逐步回归方程。除 X_1 和 X_9 外，其余鉴定指标全部进入回归方程，回归方程如下。

$D = -0.772 + 0.058X_2 + 0.110X_3 + 0.023X_4 + 0.077X_5 + 0.032X_6 + 0.093X_7 + 0.070X_8 + 0.034X_{10} + 0.052X_{11} + 0.110X_{12} - 0.021X_{13} - 0.021X_{14} + 0.085X_{15} + 0.042X_{16} + 0.029X_{17} + 0.063X_{18} + 0.123X_{19} + 0.166X_{20} + 0.170X_{21} + 0.042X_{22} + 0.022X_{23} + 0.078X_{24} + 0.077X_{25} +$

$0.127X_{26}+0.163X_{27}+0.072X_{28}$

式中，X_2、X_3、X_4、X_5、X_6、X_7、X_8、X_{10}、X_{11}、X_{12}、X_{13}、X_{14}、X_{15}、X_{16}、X_{17}、X_{18}、X_{19}、X_{20}、X_{21}、X_{22}、X_{23}、X_{24}、X_{25}、X_{26}、X_{27}和X_{28}分别表示穗数、穗粒数、结实率、千粒重、产量、生物量、经济系数、单穗重、根表面积、根体积、根直径、根尖数、根分叉数、分蘖期叶面积、分蘖期叶重、分蘖期干物重、分蘖期根干重、齐穗期叶面积、齐穗期叶重、齐穗期干物重、7叶期分蘖数、9叶期分蘖数、最高分蘖数、5叶期株高、7叶期株高、9叶期株高和11叶期株高的耐盐碱系数。

回归方程的F值为111 646.3，方程F测验极显著（$P<0.01$）。

由表5-24参试材料28个性状耐盐碱系数的相关分析结果表明，D值与结实率、产量、生物量、经济系数、根表面积、根体积、根直径、分蘖期叶面积、分蘖期叶重、分蘖期干物重、分蘖期根干重、齐穗期叶面积、齐穗期叶重、齐穗期干物重、7叶期分蘖数、9叶期分蘖数、最高分蘖数17个鉴定指标的耐盐碱系数显著或极显著正相关。进一步分析，分蘖期叶面积、分蘖期叶重、分蘖期干物重、分蘖期根干重、7叶期分蘖数、9叶期分蘖数和最高分蘖数7个指标的耐盐碱系数相互显著或极显著正相关，为减少鉴定指标数量，简化鉴定程序，选择与D值相关最密切的分蘖期叶面积耐盐碱系数（$r=0.58^{**}$）作为鉴定指标；齐穗期叶面积、齐穗期叶重与齐穗期干物重的耐盐碱系数极显著正相关，选择与D值相关最密切的齐穗期干物重耐盐碱系数（$R=0.69^{**}$）作为鉴定指标；分蘖期根表面积、根体积与根直径的耐盐碱系数极显著正相关，选择与D值相关最密切的分蘖期根体积耐盐碱系数（$r=0.44^{**}$）作为鉴定指标。因此，可将结实率、产量、生物量、经济系数、根体积、分蘖期叶面积和齐穗期干物重等7个指标作为移栽至成熟期水稻耐盐碱性评价的指标。

三、讨　论

（一）关于水稻耐盐碱鉴定条件的探讨

水稻耐盐碱的种质资源筛选、遗传分析和生理生化研究，多采用氯化钠、碳酸钠、碳酸氢钠模拟盐或碱的逆境条件，其优点是利于精确地控制胁迫强度，可以区分盐胁迫和碱胁迫的不同效应，符合唯一差异原则。如田蕾等（2017）利用125 mmol/L NaCl溶液，以相对芽长、根长、发芽势、发芽率、盐害率等为指标对64份粳稻种质资源进行了芽期耐盐筛选。祁栋灵等（2009）采用0.15% Na_2CO_3溶液对水稻幼苗前期的根数、根长及苗高的相对碱害率进行了QTLs（quantitative trait loci）检测。梁银培等（2017）分别以6 ds/m的NaCl溶液和pH值9.0的Na_2CO_3溶液对水稻进行全生育期处理，分析水稻产量相关性状的耐盐和耐碱主效QTL，并且分析其加性、上位性与环境互作效应。这种方法适合针对特定逆境因子的比较研究，而在生产的范畴上，盐碱地的逆境是土壤中盐、碱及与其对应的物理、化学、生物等性质协同作用的结果，如苏打盐碱土在Na^+影响下胶体高度分散，土壤孔隙度低，容重大；土壤pH值高至9.0左右时，HPO_4^{2-}与PO_4^{3-}数量较多，Na^+、Cl^-、CO_3^{2-}等与有效磷竞争，交换性钙也与之结合成难溶性磷酸钙盐（赵兰坡，2017）；pH值升高直接降低土壤溶液Zn离子浓度和Zn在土壤固相上的吸附量以及吸收能力，并间接影响碳酸盐结合态Zn的含量（Curtin，1983；

谢忠雷，2006）。因此，以生产应用为目的的耐盐碱品种筛选和耐盐碱育种亲本鉴定应直接采用盐碱土，保证获得的目标材料适应盐碱地的综合胁迫环境。

（二）关于水稻耐盐碱性的综合评价

耐盐碱性是多种因子综合影响的复杂表型（Gimhanilm，2016；Krishnamurthy，2017；邹德堂，2018），除自身基因型外，还容易受到外界环境条件的影响，故单一指标难以全面、真实评价水稻的耐盐碱力（袁军伟，2018），而仅利用隶属函数法进行多指标评价时，又会因为各指标间的相关性，导致各单项指标提供的信息发生重叠，不易得出简明的规律，影响鉴定效果（周广生，2003）。本研究采用主成分分析法将 28 个指标简化为分蘖期干物质量因子、产量因子、齐穗期干物质量因子、穗重因子、分蘖期根直径因子、株高因子、经济系数因子和粒重因子等彼此互不相关的 8 个主成分，CCR 达 80.665%。结合各主成分隶属函数值及相应权重性加权，计算出 50 份参试材料平均综合评价 D 值为 0.451，分布区间在 0.29~0.68。采用欧氏距离离差平方和法，依据 D 值将 50 份参试材料分为强耐盐碱型、耐盐碱型、中间型和盐碱敏感型。松 98-131（0.68）、SR-824-14（0.63）和'长白 9 号'（0.61）划入强耐盐碱类型，并且前二者 D 值高于对照品种'长白 9 号'，可以作为耐盐碱育种的杂交亲本。

另外，不同研究者所筛选得到的耐盐碱指标也不尽相同。徐晨等（2013）认为盐碱胁迫下，水稻的地上部鲜质量与根系干质量，叶片的净光合速率（net photosynthetic rate，Pn）、气孔导度（stomatal conductance，Gs）、蒸腾作用（transpiration rate，Tr）和表观叶肉导度（apparent mesophyll conductance，AMC）在耐盐碱品种和盐碱敏感型品种间表现出显著差异。王秋菊等（2012）以死叶率、耐盐碱指数及产量为指标对 100 份黑龙江省水稻推广品种及引进资源进行了耐盐碱鉴定。李红宇等（2015）报道产量、穗数、穗粒数、一二次枝梗数和一二次枝梗粒数可用于耐盐碱筛选。本研究逐步回归及相关分析结果表明，结实率、产量、生物量等 17 个指标与 D 值显著或极显著相关，可用于水稻耐盐碱筛选，但是指标数量过多，可操作性差。为了减少鉴定指标数量、简化鉴定程序，依据若性状间相关显著，则从中选择与 D 值相关性最强的作为代表的原则，将 7 个与分蘖密切相关的指标简化为分蘖期叶面积，3 个与齐穗期干物质量相密切相关的指标简化为齐穗期干物重，3 个与分蘖期根部性状密切相关的指标简化为分蘖期根体积，最终确定结实率、产量、生物量、经济系数、根体积、分蘖期叶面积和齐穗期干物重 7 个指标的耐盐碱系数作为移栽至成熟期水稻耐盐碱性评价的指标。

四、结 论

通过主成分和隶属函数分析，利用 D 值对 50 份种质资源的耐盐碱性进行综合评价，获得强耐盐碱种质资源'松 98-131'和'SR-824-14'。通过逐步回归分析和相关分析，从 28 个指标中筛选出结实率、产量、生物量、经济系数、根体积、分蘖期叶面积和齐穗期干物重等 7 项适宜作为移栽至成熟期水稻耐盐碱性筛选的指标，为水稻农业耐盐碱种质资源筛选与鉴定，耐盐碱品种选育提供依据。

第六节 盐碱胁迫下稻米垩白粒率和垩白度的稳定性分析

松嫩平原盐碱化土地面积 $373×10^4 hm^2$，是世界上三大片苏打盐碱地集中分布地区之一，而且重度盐碱化土地面积仍以每年 1.4% 的速度扩展，盐碱化程度不断加剧（Yang，2009）。盐碱地种植水稻"予改良于种植之中"，是盐碱地治理的良好措施（徐璐，2011）。选择耐盐碱品种是盐碱地水稻增产的内因，是盐碱地利用最有效途径之一。水稻品质包括加工、外观、营养及蒸煮食味品质组成，其中外观品质是水稻商品性的直接体现，直接影响消费者喜好，而垩白是衡量水稻外观品质优劣的重要指标之一（邱先进，2014）。因此，研究苏打盐碱土对水稻垩白性状的影响，以及垩白性状在不同程度盐碱土上的稳定性对盐碱地水稻高产优质生产意义重大。耐盐碱品种的丰产和优质性可以通过方差分析进行多重比较，而其稳定性和适应性主要决定于基因型与环境互作效应的大小（李红宇，2014）。稳定性分析可以反映水稻基因型、环境型，以及互作关系。蒋开锋（2001）在 AMMI 模型分析杂交水稻的产量及产量构成因素性状稳定性之间千粒重表现最稳定。产量、结实率和穗粒数分别与千粒重和结实率的稳定性均呈显著正相关。刘丽华（2013）利用 AMMI 模型对水稻产量进行稳定性分析，基因型与环境互作对水稻产量和产量构成因素的影响明显，水稻品种在不同地点种植，产量存在差异，其中垦稻 08-924 产量最稳定最好。苏振喜（2010）研究认为直链淀粉含量、胶稠度和蛋白质含量在基因型、环境及基因型和环境互作间的方差达到显著或极显著水平。万向元（2001）认为淀粉 RVA 谱特征值在不同品种和环境间的差异以及基因与环境互作效应都达到极显著水平，稳定性随品种不同而变化较大。刘丽华（2013）利用 AMMI 模型对其蛋白质含量、游离脂肪酸含量、直链淀粉含量进行了稳定性和适应性分析，基因型间、环境间及基因型与环境互作间的方差均达到极显著水平。郑桂萍（2015）研究发现整精米率总变异基因型与环境互作>基因型>环境，碾磨品质以'龙粳 23''东农 425'和'中龙稻 1 号'在不同生态区的稳定性较好且整精米率较高，蛋白质和食味总变异的顺序为环境>基因型与环境互作>基因型。上述研究表明利用 AMMI 模型进行稳定性分析，能够简单、直接、有效的反应出环境与基因型的关系，但该模型在盐碱条件下稻米品质性状的稳定性方面尚无应用。稻米品质性状和水稻耐盐性存在一定关联性（肖文斐，2013），盐碱条件下稻米垩白性状具有较大的变异度（余为仆，2014）。本试验研究了 5 个耐盐碱水稻品种在 5 个盐碱梯度上垩白性状的环境型（盐碱）、基因型差异及其互作关系，以期为苏打盐碱地水稻外观品质的改良提供理论参考。

一、材料与方法

（一）试验方法

试验于 2016 年在黑龙江八一农垦大学进行，采用盆栽试验，盆钵高 30 cm，上直径 30 cm，下直径 25 cm，每盆装土 12 kg。采用品种和盐碱程度二因素完全随机试验设计，品种采用前期工作筛选出的 5 份耐盐碱水稻品种（'龙稻 16''13G028'

'13G030''13G040''长白9'），参试土壤为取自大庆的重度苏打盐碱土、常规田园土及二者混合而成的3个盐碱梯度土壤（土壤背景值见表5-27）。每个处理组合种植12盆，每盆4穴，每穴3苗。全生育期施肥46.4%尿素1.271 g/盆，基：蘖：调：穗=4：3：1：2；64%磷酸二铵0.847 g/盆，100%基施；50%硫酸钾1.111 g/盆，基：穗=6：4。4月17日播种，5月25日插秧，其他管理同常规。

稻谷收获后室内保存3个月左右用于垩白测定。测定前各样品统一用风选机等风量风选，使用大米外观品质判别仪（日本静冈制机株式会社ES-1000）测定垩白粒率和垩白度。

表5-27　参试土壤的化学性质

处理	pH值	全盐含量（%）	EC（ds/m）	CEC（cmol/kg）	交换性Na$^+$（cmol/kg）	ESP（%）
T1（对照）	7.10	0.412	0.338	25.20	0.61	2.42
T2	8.23	0.574	0.529	23.67	3.05	12.89
T3	8.75	0.729	0.612	21.55	6.12	28.40
T4	8.91	0.886	0.758	19.08	8.45	44.29
T5	9.10	1.190	1.024	18.22	10.67	58.56

（二）统计方法

在基因型与环境互作效应显著的基础上，进行同质性测验和联合方差分析，利用AMMI模型进行品种稳定性分析。

$$Y_{ger} = u + \alpha_g + \beta_e + \sum_{i=1}^{n} \lambda_n r_{gn} \delta_{en} + \theta_{ger} \quad （苏振喜，2000）$$

式中，Y_{ger}代表第g个基因型在第e个环境中第r次重复观测值，u是总体平均值，α_g是基因型平均偏差（即各个基因型平均值减去总平均值），β_e是环境的平均偏差（即各个环境的平均值减去总平均值），λ_n是第n个主成分分析特征值，γ_{gn}是第n个主成分基因型主成分得分，δ_{en}是第n个主成分环境主成分得分，n代表模型主成分分析中主成分因子轴的总个数，θ_{ger}代表误差。$\sum_{i=1}^{n} \lambda_n r_{gn} \delta_{en}$为所估算的基因型与环境互作，$\lambda_n^{0.5} r_{gn}$和$\lambda_n^{0.5} \delta_{en}$分别代表基因型和环境交互作用的第$n$个交互作用主成分（$IPCA_n$）。在所有显著的$IPCA$上有较小值的基因型或环境就为稳定的基因型或环境，因此，在$IPCA$双标图上越接近坐标原点的基因型或环境越稳定（Piepho，1997）。

参照吴为人（2000）的方法计算品种稳定性参数D_i。它是指一个品种（或基因型）在交互作用的主成分（$IPCA$）空间中的位置与原点的欧氏距离。

$$D_i = \sqrt{\sum_{i=1}^{n} \omega_n r_{in}}$$

式中，n是显著的$IPCA$个数，γ_{in}是第i个基因型在第n个$IPCA$上的得分，ω_n是权

重系数，它表示每个 $IPCA$ 所解释的平方和占全部 $IPCA$ 所解释的平方和的比例。用 D_i 为所有基因型给出相应的定量指标，品种的 D_i 值越小，其稳定性越好。

采用 Microsoft Excel 2000 和 DPS 7.05 分析数据。

二、结果与分析

（一）基因型与环境互作的 AMMI 模型分析

表 5-28 和表 5-29 结果表明，试验中各个参试品种的平均垩白粒率和垩白度在不同程度苏打盐碱土上表现出不同数值，说明水稻品种间垩白粒率和垩白度的稳定性不同。品种间平均垩白粒率和垩白度以'龙稻 16'和'13G028'最高，其次为'13G030'和'长白 9'，'13G040'最低。土壤间平均垩白粒率和垩白度平均值不同，说明不同环境对水稻垩白性状的影响不同。垩白粒率和垩白度与盐碱程度呈二次曲线关系，在 T3 处垩白粒率和垩白度出现峰值。

表 5-28　同一品种在不同土壤的垩白粒率和垩白度平均值

品种	垩白粒率					垩白度				
	均值（%）	$IPCA_1$	$IPCA_2$	$IPCA_3$	D_i	均值（%）	$IPCA_1$	$IPCA_2$	$IPCA_3$	D_i
龙稻 16	22.71aA	−1.090	0.303	1.119	1.591	13.10aA	−0.815	0.146	0.895	1.219
13G028	22.73aA	−1.796	−1.129	−1.369	2.524	12.37bB	−1.336	−0.664	−1.134	1.874
13G030	14.97bB	−1.518	1.063	0.394	1.894	8.41cC	−1.133	0.761	0.320	1.402
13G040	12.62cC	2.377	1.128	−1.003	2.815	7.28dD	1.894	0.860	−0.620	2.170
长白 9	14.92bB	2.027	−1.364	0.859	2.589	8.18cC	1.390	−1.103	0.539	1.855

表 5-29　同一土壤不同品种的垩白粒率和垩白度平均值

处理	垩白粒率					垩白度				
	均值（%）	$IPCA_1$	$IPCA_2$	$IPCA_3$	D_i	均值（%）	$IPCA_1$	$IPCA_2$	$IPCA_3$	D_i
T1	17.72cC	1.786	−0.472	0.841	2.030	9.90cC	1.409	−0.424	0.561	1.575
T2	21.08bB	−3.200	0.464	0.822	3.337	11.72bB	−2.344	0.301	0.690	2.462
T3	22.82aA	−0.737	−0.799	−1.772	2.079	12.66aA	−0.627	−0.416	−1.387	1.578
T4	17.93cC	0.776	−1.050	0.552	1.417	10.16cC	0.498	−0.829	0.334	1.022
T5	8.40dD	1.375	1.857	−0.442	2.353	4.90dD	1.064	1.367	−0.197	1.743

对各盐碱梯度数据误差方差进行同质性测验，误差方差同质，进而进行产量联合方差分析（表 5-30）。利用基因型、环境及基因型×环境平方和占总平方和的百分比（即 $SS\%$）表示三者对垩白粒率和垩白度性状的影响力。表 5-30 结果显示，垩白粒率品

种、盐碱程度及交互作用的平方和分别占方差分析总平方和 44.11%、32.49% 和 23.41%，垩白度分别占总平方和 42.32%、33.45% 和 24.23%。垩白粒率和垩白度在品种间、盐碱程度间差异及品种与盐碱程度互作效应均达到极显著水平，故有必要利用 AMMI 模型对垩白性状进行稳定性分析。

（二）垩白粒率和垩白度的稳定性及盐碱程度影响分析

方差分析只能对施肥处理和环境效应进行比较详细的解释，但对二者互作的解释不尽完全，需要进一步分析。对互作的主成分分析结果表明，垩白粒率和垩白度 $IPCA_1$、$IPCA_2$ 和 $IPCA_3$ 均达到了极显著水平。垩白粒率 $IPCA_1$、$IPCA_2$ 和 $IPCA_3$ 平方和分别占互作平方和的 82.37%、9.62% 和 7.66%，残差仅占 0.35%，3 项累计解释了 99.65% 的互作平方和。垩白粒度平方和分别占互作平方和的 83.11%、8.72% 和 7.96%，残差仅占 0.20%，3 项累计解释了 99.80% 的互作平方和。可见，主成分分析较好的分析了交互作用的信息。

垩白粒率和垩白度的主成分因子 $IPCA_1$ 和 $IPCA_2$ 分别解释了品种×盐碱梯度总变异平方和的 91.99% 和 91.83%。因此，可以利用 $IPCA_1$ 和 $IPCA_2$ 代表的互作部分对垩白粒率和垩白度稳定性进行评价。5 个品种和 5 个盐碱梯度的主成分因子和相应稳定性参数 D_i 值和 D_j 值列于表 5-30。5 个参试材料垩白粒率稳定性呈 '龙稻 16' > '13G030' > '13G028' > '长白 9' > '13G040'，垩白度的稳定性呈 '龙稻 16' > '13G030' > '长白 9' > '13G028' > '13G040'，垩白粒率和垩白度品种稳定性趋势基本相符。以 D_i 值表示试验地点对品种垩白粒率和垩白度的影响，D_j 值越大表示盐碱梯度对品种垩白粒率和垩白度影响越强，反之，影响越弱。由表 5-30 可以看出，试验 5 个盐碱梯度中，对垩白粒率和垩白度影响最强的是 T2，其次是 T5，再次是 T3 农场，影响最差的为 T4。

表 5-30　参试品种的基因型和环境互作效应分析

方法	变异来源	DF	垩白粒率			垩白度		
			SS	SS%	F	SS	SS%	F
方差分析	总的	74	4 300.83			1 301.73		
	处理	24	4 220.76	98.14	109.82 **	1 275.33	97.97	100.66 **
	基因	4	1 861.64	44.11	290.63 **	539.71	42.32	255.59 **
	环境	4	1 371.19	32.49	214.06 **	426.66	33.45	202.05 **
	交互作用	16	987.93	23.41	38.56 **	308.97	24.23	36.58 **
	误差	50	80.07	1.86		26.39	2.03	
线性回归分析	交互作用	16	987.93	23.41	38.56 **	308.97	24.23	36.58 **
	联合回归	1	28.30	2.86	17.67 **	1.25	0.40	2.37
	基因回归	3	86.87	8.79	18.08 **	18.65	6.04	11.78 **
	环境回归	3	426.51	43.17	88.78 **	125.00	40.46	78.93 **
	残差	9	446.25	45.17	30.96 **	164.07	53.10	34.54 **

（续表）

方法	变异来源	DF	垩白粒率			垩白度		
			SS	SS%	F	SS	SS%	F
AMMI 模型分析	交互作用	16	987.93	23.41	38.56**	308.97	24.23	36.58**
	$IPCA_1$	7	813.71	82.37	33.70**	256.79	83.11	58.18**
	$IPCA_2$	5	95.06	9.62	5.51**	26.95	8.72	8.55**
	$IPCA_3$	3	75.71	7.66	7.32**	24.60	7.96	13.00**
	残差	1	3.45	0.35		0.63	0.20	

（三）品种适应性分析

由于基因型×环境的 $IPCA_1 + IPCA_2$ 能够分别解释垩白粒率和垩白度总变异的 91.99% 和 91.83%（表 5-30），以 $IPCA_1$ 为横轴，$IPCA_2$ 为纵轴制作 AMMI 双标图（图 5-15），能够直观表示品种的稳定性和盐碱梯度的影响力。在 AMMI 双标图上，以数据点距离坐标原点的距离表示品种的稳定性，距离越短，品种稳定性越好（Piepho，1995），距离越远，盐碱梯度影响力越强。所以，双标图所反映出的品种稳定性和盐碱梯度影响力与表 5-28 和表 5-29 结果相一致。

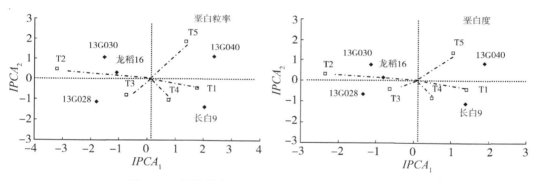

图 5-15　垩白粒率和垩白度的 AMMI 交互作用双标图

三、结论与讨论

稻米外观品质的优劣直接影响着稻米的价格和商品流通。垩白是衡量稻米外观品质优劣的重要指标之一，是淀粉合成与积累不正常导致淀粉颗粒排列不紧密形成的（Cheng，2005；Yamakawa，2007），不仅影响稻谷产量，还对稻米加工品、蒸煮及和食味品质有较大影响（陈书强，2014）。稻米垩白性状包括垩白粒率、垩白度等，是典型的数量性状，受多基因控制，并以加性效应为主，且存在明显的基因型与环境互作（王林森，2016）。逆境胁迫利于低垩白粒率与垩白度材料的筛选，逆境胁迫下选择出的材料利用价值更高（李贤勇，2005）。罗成科等（2017）对宁夏银北盐碱土的研究表明，总盐量 0.1%～0.4% 盐碱土土壤引起稻米垩白粒率显著提高。李红宇等（2015）对黑龙江大庆苏打盐碱土的研究结果显示，21 个品种平均垩白粒率和垩白度有所增加，但差异不显著。可见，盐碱胁迫对稻米垩白粒率和垩白度存在一定影响。本研究结果表明，垩白粒率和垩白度随盐碱加重先升后降，垩白性状的影响因素呈基因型>盐碱>基因型和盐碱互作，垩白粒率和垩白度的 $IPCA_1$、$IPCA_2$ 和 $IPCA_3$ 平方和分别累计解释了基因型和盐碱互作平方和的 99.65% 和 99.80%。参试材料在不同盐碱梯度下的稳定性以 '龙稻 16' 最强，其次为 '13G030'，再次为 '13G028' 和 '长白 9'，'13G040' 稳定性最差。

第六章　北方粳稻耐旱种质资源筛选

第一节　基于非线性主成分分析的寒地水稻
齐穗期抗旱性评价

随着全球气候变暖，水资源日趋匮乏，干旱缺水已经严重影响到水稻安全生产。中国是个严重缺水国家，人均水资源占有量仅为世界平均水平的1/4。中国农田灌溉水的利用率仅为40%~45%，远低于发达国家70%~80%的利用率。水稻灌溉用水占中国农业用水的70%左右（田又升，2015；Munasinghe，2016），供水问题已成为制约水稻生产良性发展的主要瓶颈之一（刘三雄，2015）。筛选和培育抗旱的水稻品种是解决这一问题的最有效途径（Gomez，2010）。

作物抗旱性是自身对干旱环境的适应性变化（袁杰，2019），是多种生理生化性状共同构成的复杂性状，包括形态特征、生理生化特性及生长发育进程改变等（杨瑰丽，2015）。品种间及同一品种的不同生育时期间抗旱机制存在一定差异，进行抗旱鉴定时，单一抗性指标不能全面、准确反映作物的抗性，应运用综合指标法对作物复杂性状的抗性进行综合评判（杨瑰丽，2015）。在统计分析方面，综合指标法主要采用相关分析、主成分分析、聚类分析、多元逐步回归分析、模糊综合评价、灰色关联分析等方法进行组合评价，以利用不同统计分析方法在指标体系构建、指标赋权、数据需求等方面的优势，减少随机偏差和系统误差发生的可能性，有助于解决评价结论不一致问题，提高综合评价的质量（纪龙，2019）。田又升等（2015）在PEG-6000高渗溶液模拟干旱条件，采用发芽势、发芽率、最大胚根长等11个萌发性状指标对33份水稻材料进行了萌发期抗旱性综合鉴定，通过主成分分析将11个生长指标归类为4个互不相关的因子，以各指标的隶属函数值进行模糊聚类，将参试品种的抗旱性分为4大类。但是，多种统计方法的组合评价仍存在一定问题，如参试指标间可能存在非线性关系，使用传统主成分分析法进行线性降维，会导致评价结果发生偏差（叶双峰，2001）。针对此问题，叶明确等（2016）提出了一种基于非线性投影的对数主成分评价法，并从理论基础、几何意义和适用范围等方面阐明了该算法的合理性和有效性。纪龙等（2019）首次将其引入作物种质资源综合评价。本研究采用对数主成分评价法，在全生育期干旱条件下，从形态特征、物质生产、光合及生理特性方面对12份寒地水稻种质资源齐穗期抗旱性进行了综合评价，以期为寒地水稻抗旱育种和节水栽培提供种质资源支持。

一、材料与方法

（一）参试材料和处理

试验于 2017 年和 2018 年在黑龙江八一农垦大学校内试验基地防雨棚内进行。盆栽试验，二因素完全随机试验设计。品种因素 12 水平，包括前期工作筛选出的苗期抗旱材料（DPB120、垦稻 24、DPB71、DPB112、DPB70、DPB15）和敏感材料各 6 份（'齐粳 10''绥育 117463''绥稻 3 号''莹稻 2''绥育 118146''绥粳 21'）。干旱因素 2 水平，即常规灌溉对照和干旱处理。常规灌溉水分管理为花打水插秧、深水扶苗、浅水增温促蘖、减少分裂期深水护苗、结实期干湿交替灌溉；干旱处理于返青期后开始干旱胁迫处理，返青期以 80% 以上秧苗早晚叶尖吐水为标志。干旱处理的方法是返青期排干水，采用负压式土壤湿度计测定土壤水势（将湿度计的陶头插入土表以下 10 cm 位置），保持全生育期土壤水势在 $-35 \sim -30$ kPa，常规灌溉对照和干旱处理每份材料各种植 14 盆，插秧规格为 4 穴/盆，4 苗/穴。其他管理方法同常规。

（二）调查与测定

1. 干物质量和叶面积的测定

齐穗期各品种处理和对照分别取代表性植株 12 穴，从基部切除根系，余下部分分为茎鞘、穗、上三叶和其余叶片四部分。采用长宽系数法测定上三叶叶面积（高效叶面积）和有效叶面积。各部分单独包装，105 ℃杀青 30 min，80 ℃烘干至恒重。

2. 光合指标的测定

在齐穗期天气晴朗的上午 9：00—11：00，使用 CIRAS-3 型便携式光合荧光测定系统测定剑叶净净光合速率（Pn）、蒸腾速率（Ts）、气孔导度（Gs）和胞间 CO_2 浓度（Ci）。

3. 剑叶 SPAD 值的测定

于齐穗期每处理选主茎剑叶 20 片，使用叶绿素 SPAD-502 仪（日本 MINOLTA 产）测定剑叶中部的 SPAD 值，测定时注意避开叶脉和有损伤的叶片。

4. 剑叶可溶性蛋白质含量、游离脯氨酸含量、SOD 活性和 POD 活性测定

齐穗期各品种取处理和对照主茎剑叶 6 片，快速去除叶脉后，置于液氮中冷冻，在超低温冰箱中保存备用。采用考马斯亮蓝-250 染色法测定可溶性蛋白质含量（李合生，2000）；采用磺基水杨酸法提取游离脯氨酸，茚三酮显色法进行测定（李合生，2000）；参照卢少云等（1999）的方法提取、测定还原型谷胱甘肽（GSH）含量。采用任红旭等（2001）的方法提取超氧化物歧化酶（SOD）和过氧化物酶（POD），并参照李合生（2000）的方法进行测定。

5. 糖花比的测定

齐穗期每品种处理和对照各选择长势均一的主茎 15 个，计数主穗颖花数。采用蒽酮比色法测定主茎茎鞘中的淀粉和可溶性糖含量，并参照赵步洪（2004）的方法计算糖花比。糖花比（mg/颖花）= 茎鞘非结构性碳水化合物含量／每穗颖花数。

6. 茎秆伤流量的测定

齐穗期每品种处理和对照各选取代表性植株 4 穴，于 17：00 从距地表 10 cm 处横

切 10 个茎，用已称重（W_1）的脱脂棉完全覆盖切口，自封塑料袋包扎以收集根系伤流液，并记录时间 T_1，10h 后记录时间 T_2。取下包装物并称重，记为 W_2。利用下式计算单茎根系伤流量。单茎根系伤流量（mg/h）=（$W_2 - W_1$）/〔$10 \times$（$T_2 - T_1$）〕。

（三）数据处理及统计分析

1. 抗旱系数（DTC）

采用水稻抗旱系数（drought tolerant coefficients，DTC），即各抗旱指标的相对值进行抗旱性综合分析，以消除参试材料间的基础性状差异。

$$DTC = 干旱胁迫下指标值/对照指标值 \qquad (6-1)$$

2. 原始数据无量纲化和对数化

采用均值化方法对原始指标进行无量纲化处理。

$$X_i = \sum x_{ij}/n \qquad (i = 1, 2, \cdots, 17) \qquad (6-2)$$

均值化处理后的指标为，在此基础上进行对数化处理，得到 $\ln X_i$（$i = 1, 2, \cdots, 18$）。

3. 指标的权重分配

对 $\ln X_i$ 进行主成分分析，根据特征值大于 1 或累计方差贡献率超过 80%（85%）的原则确定主成分个数。根据主成分载荷矩阵计算 $\ln X_i$ 的权重和主成分：

$$l_{ij} = e_{ij}/\sqrt{\lambda_{ij}} \qquad (6-3)$$

e_{ij} 代表第 i 个评价指标在第 j 主成分中的特征向量，λ_j 表示第 j 个主成分的特征值。

$$P_j = l_{ij} \times \ln X_i \qquad (i = 1, 2, \cdots, 18, j = 1, 2, \cdots, k) \qquad (6-4)$$

4. 主成分 P_j 权重（W_j）和主成分综合得分（S_f）

$$W_j = \lambda_i / \sum_j^p \lambda_j \qquad (6-5)$$

$$S'_f = \sum_{j=1}^k W_j P_j \qquad (6-6)$$

对式（6-6）两边取指数得到 S_f。

$$S_f = e_f^{S'} = e \sum_{j=1}^k W_j P_j = \prod_{i=1}^n X_i^{\sum_j^k W_j l_{ij}} \qquad (6-7)$$

5. 统计分析软件

各指标两年数据平均值用于统计分析。利用 Microsoft Excel 2010 进行数据整理、描述性分析、权重和抗旱综合评价 S_f 值的计算。利用 DPS 7.05 软件进行主成分分析、聚类分析和灰色关联度分析。

二、结果与分析

（一）各单项指标的抗旱系数及相关分析

依据式（6-1）计算各单项指标的相对值即抗旱系数（DTC），以消除基因型间本底差异和指标间的量纲差异。表 6-1 结果表明，水分胁迫条件下 12 个参试材料 17 个性状的抗旱系数平均值为 0.722，数值分布在 0.090~1.919。对各指标的年际间差异进行成组数据 t 测验，伤流量、茎鞘非结构性碳水化合物含量、净光合速率、蒸腾速率、间

隙 CO_2 浓度、气孔导、可溶性蛋白含量、超氧化物歧化酶活性、超氧化物歧化酶活性、游离脯氨酸含量、还原型谷胱甘肽含量等 11 个指标的抗旱系数年际间差异显著或极显著，其他指标年际间差异不显著。从变异系数方面看，变异系数最大为伤流量（185.183%），气孔导度（133.471%）次之，SOD（47.910%）再次之；变异系数最小为有效叶面积（11.997%），干物质量次之（12.265%），SPAD 值再次之（13.637%）。

表 6-1　各单项指标的抗旱系数

指标	均值（%）	标准差	变异系数（%）	最小值（%）	最大值（%）
伤流量	0.090*	0.166	185.183	0.008	0.601
干物质量	0.585	0.072	12.265	0.492	0.716
高效叶面积	0.627	0.087	13.899	0.424	0.748
有效叶面积	0.651	0.078	11.997	0.503	0.768
茎鞘非结构性碳水化合物	0.998*	0.278	27.883	0.731	1.624
主穗颖花数	0.537	0.079	14.755	0.352	0.644
糖花比	1.919	0.557	29.032	1.233	3.096
净光合速率	0.619*	0.181	29.296	0.382	0.999
蒸腾速率	0.562*	0.184	32.780	0.303	0.928
胞间隙 CO_2 浓度	0.877*	0.152	17.359	0.586	1.096
气孔导度	0.239*	0.319	133.471	0.012	0.914
SPAD	0.988	0.135	13.637	0.845	1.369
可溶性蛋白含量	0.913*	0.357	39.078	0.442	1.545
超氧化物歧化酶	0.753*	0.361	47.910	0.296	1.447
过氧化物酶	1.268*	0.524	41.339	0.577	2.349
游离脯氨酸含量	1.106*	0.485	43.839	0.559	1.842
还原型谷胱甘肽含量	0.946*	0.206	21.758	0.668	1.394

（二）对数主成分分析

主成分分析可在损失较少信息量的前提下，将多指标简化为少量综合指标，以浓缩数据、简化指标，弥补利用单项指标评价抗旱性的不足。主成分数目的确定应同时满足数据降维和信息综合的要求。确定合适的指标权重是应用主成分分析进行综合评价的核心内容之一。各指标的权重分配依赖于主成分个数的选取，通常根据特征值大于 1 或累计方差贡献率超过 80%（或 85%）的原则确定主成分个数。对对数化处理后的数据（$\ln X_i$）进行主成分分析，前 5 个主成分的特征值均大于 1，贡献率分别为 28.905%、

21.087%、13.811%、11.862%和8.164%，其累计贡献率达到83.829%，即前5个相互独立的主成分代表了17个指标83.829%的变异信息，其余可忽略不计（表6-2）。

前5个主成分的载荷矩阵如表6-3所示，第一主成分的贡献率为28.905%，该主成分以蒸腾速率载荷的绝对值最高（-0.336 3），净光合速率、间隙CO_2浓度和气孔导度在第一主成分也具有较高载荷，可称为光合因子；第二主成分的贡献率为21.087%，该主成分以高效叶面积(0.418 8)和有效叶面积(0.434 4)载荷最高，可称为叶面积因子；第三主成分的贡献率为13.811%，该主成分以SPAD、可溶性蛋白含量、超氧化物歧化酶、过氧化物酶、游离脯氨酸含量载荷最高，称为生理因子；第四主成分的贡献率为11.862%，伤流量的载荷最高(0.504 0)，称为伤流量因子；第五主成分的贡献率为8.164%，干物质量的载荷最高(0.440 8)，称为干物质量因子（表6-3）。

表6-2　特征值与方差贡献率

编号	特征值	方差贡献率（%）	累计方差贡献率（%）	权重（W_j）
1	4.914	28.905	28.905	0.345
2	3.585	21.087	49.992	0.252
3	2.348	13.811	63.803	0.165
4	2.017	11.862	75.665	0.142
5	1.388	8.164	83.829	0.097

表6-3　主成分载荷矩阵

指标	主成分因子					$\ln X_i$的权重（l_{ij}）				
	PC1	PC2	PC3	PC4	PC5	PC1	PC2	PC3	PC4	PC5
伤流量（$\ln X_1$）	0.104 2	0.016 2	0.040 4	0.504 0	-0.437 4	0.047 0	0.008 6	0.026 4	0.354 9	-0.371 3
干物质量（$\ln X_2$）	-0.161 9	0.242 0	-0.160 0	0.237 5	0.440 8	-0.073 0	0.127 8	-0.104 4	0.167 2	0.374 2
高效叶面积（$\ln X_3$）	-0.017 7	0.418 8	0.257 1	0.125 9	-0.268 1	-0.008 0	0.221 2	0.167 8	0.088 7	-0.227 6
有效叶面积（$\ln X_4$）	0.091 7	0.434 4	-0.019 6	0.190 4	-0.236 0	0.041 4	0.229 4	-0.012 8	0.134 1	-0.200 3
茎鞘非结构性碳水化合物（$\ln X_5$）	0.325 9	0.237 5	0.146 5	-0.246 8	0.017 6	0.147 0	0.125 4	0.095 6	-0.173 8	0.014 9
主穗颖花数（$\ln X_6$）	0.231 8	-0.177 5	0.167 3	0.380 3	0.276 5	0.104 6	-0.093 7	0.109 2	0.267 8	0.234 7
糖花比（$\ln X_7$）	0.137 8	0.304 9	0.030 9	-0.468 3	-0.176 4	0.062 2	0.161 0	0.020 2	-0.329 8	-0.149 7
净光合速率（$\ln X_8$）	-0.308 1	0.007 3	0.453 3	-0.074 5	-0.032 3	-0.139 0	0.003 9	0.295 8	-0.052 5	-0.027 4
蒸腾速率（$\ln X_9$）	-0.336 3	0.085 0	0.302 1	-0.196 7	0.157 9	-0.151 7	0.044 9	0.197 2	-0.138 5	0.134 0
胞间隙CO_2浓度（$\ln X_{10}$）	-0.317 9	-0.006 1	0.351 8	0.240 0	-0.114 0	-0.143 4	-0.003 2	0.229 6	0.169 0	-0.096 8
气孔导度（$\ln X_{11}$）	-0.328 0	0.266 3	0.191 2	-0.009 4	0.198 6	-0.148 0	0.140 6	0.124 8	-0.006 6	0.168 6

（续表）

指标	主成分因子					$\ln X_i$的权重（l_{ij}）				
	PC1	PC2	PC3	PC4	PC5	PC1	PC2	PC3	PC4	PC5
SPAD（$\ln X_{12}$）	−0.082 6	0.256 4	−0.327 4	0.030 9	0.032 8	−0.037 3	0.135 4	−0.213 7	0.021 8	0.027 8
可溶性蛋白含量（$\ln X_{13}$）	0.322 5	0.114 2	0.310 6	0.022 9	0.254 3	0.145 5	0.060 3	0.202 7	0.016 1	0.215 9
超氧化物歧化酶（$\ln X_{14}$）	0.311 1	0.054 9	0.208 1	0.031 2	0.423 4	0.140 3	0.029 0	0.135 8	0.022 0	0.359 4
过氧化物酶（$\ln X_{15}$）	0.226 8	0.366 4	−0.053 1	0.003 9	0.033 9	0.102 3	0.193 5	−0.034 7	0.002 7	0.028 8
游离脯氨酸含量（$\ln X_{16}$）	0.161 2	−0.307 7	0.228 2	−0.288 6	−0.216 4	0.072 7	−0.162 5	0.148 9	−0.203 2	−0.183 7
还原型谷胱甘肽含量（$\ln X_{17}$）	0.271 3	−0.085 4	0.311 5	0.157 8	−0.086 6	0.122 4	−0.045 1	0.203 3	0.111 1	−0.073 5

根据式（6-3）计算 $\ln X_i$ 的权重 l_{ij}（表6-3），利用式（6-4）得到5个主成分的解析式如下。

$P_1 = 0.047\ 0\ \ln X_1 - 0.073\ 0\ \ln X_2 - 0.008\ 0\ \ln X_3 + 0.041\ 4\ \ln X_4 + 0.147\ 0\ \ln X_5 + 0.104\ 6$
$\ln X_6 + 0.062\ 2\ \ln X_7 - 0.139\ 0\ \ln X_8 - 0.151\ 7\ \ln X_9 - 0.143\ 4\ \ln X_{10} - 0.148\ 0\ \ln X_{11} - 0.037\ 3$
$\ln X_{12} + 0.145\ 5 \ln X_{13} + 0.140\ 3\ \ln X_{14} + 0.102\ 3\ \ln X_{15} + 0.072\ 7\ \ln X_{16} + 0.122\ 4\ \ln X_{17}$

$P_2 = 0.008\ 6\ \ln X_1 + 0.127\ 8\ \ln X_2 + 0.221\ 2\ \ln X_3 + 0.229\ 4\ \ln X_4 + 0.125\ 4\ \ln X_5 - 0.093\ 7$
$\ln X_6 + 0.161\ 0 \ln X_7 + 0.003\ 9\ \ln X_8 + 0.044\ 9 \ln X_9 - 0.003\ 2\ \ln X_{10} + 0.140\ 6\ \ln X_{11} + 0.135\ 4$
$\ln X_{12} + 0.060\ 3\ \ln X_{13} + 0.029\ 0\ \ln X_{14} + 0.193\ 5 \ln X_{15} - 0.162\ 5\ \ln X_{16} - 0.045\ 1\ \ln X_{17}$

$P_3 = 0.026\ 4\ \ln X_1 - 0.104\ 4\ \ln X_2 + 0.167\ 8\ \ln X_3 - 0.012\ 8\ \ln X_4 + 0.095\ 6\ \ln X_5 + 0.109\ 2$
$\ln X_6 + 0.020\ 2\ \ln X_7 + 0.295\ 8\ \ln X_8 + 0.197\ 2\ \ln X_9 + 0.229\ 6\ \ln X_{10} + 0.124\ 8\ \ln X_{11} - 0.213\ 7$
$\ln X_{12} + 0.202\ 7\ \ln X_{13} + 0.135\ 8\ \ln X_{14} - 0.034\ 7\ \ln X_{15} + 0.148\ 9\ \ln X_{16} + 0.203\ 3\ \ln X_{17}$

$P_4 = 0.354\ 9\ \ln X_1 + 0.167\ 2\ \ln X_2 + 0.088\ 7\ \ln X_3 + 0.134\ 1\ \ln X_4 - 0.173\ 8\ \ln X_5 + 0.267\ 8$
$\ln X_6 - 0.329\ 8\ \ln X_7 - 0.052\ 5\ \ln X_8 - 0.138\ 5\ \ln X_9 + 0.169\ 0\ \ln X_{10} - 0.006\ 6\ \ln X_{11} + 0.021\ 8$
$\ln X_{12} + 0.016\ 1\ \ln X_{13} + 0.022\ 0\ \ln X_{14} + 0.002\ 7\ \ln X_{15} - 0.203\ 2\ \ln X_{16} + 0.111\ 1\ \ln X_{17}$

$P_5 = -0.371\ 3\ \ln X_1 + 0.374\ 2\ \ln X_2 - 0.227\ 6\ \ln X_3 - 0.200\ 3\ \ln X_4 + 0.014\ 9\ \ln X_5 + 0.234\ 7$
$\ln X_6 - 0.149\ 7\ \ln X_7 - 0.027\ 4\ \ln X_8 + 0.134\ 0\ \ln X_9 - 0.096\ 8\ \ln X_{10} + 0.168\ 6\ \ln X_{11} + 0.027\ 8$
$\ln X_{12} + 0.215\ 9\ \ln X_{13} + 0.359\ 4\ \ln X_{14} + 0.028\ 8\ \ln X_{15} - 0.183\ 7\ \ln X_{16} - 0.073\ 5\ \ln X_{17}$

依据各主成分的特征值大小，利用式（6-5）计算出各主成分的权重分别为0.345、0.252、0.165、0.142、0.097。利用式（6-7）对 $\ln X_i$ 的权重 l_{ij} 和主成分权重（W_j）计算得到抗旱综合评价值 S_f。

$$S_f = \prod_{i=1}^{n} x_I \sum_{j}^{k} W_j l_{ij} = X_1^{0.037} X_2^{0.050} X_3^{0.071} X_4^{0.069} X_5^{0.075} X_6^{-0.091} X_7^{0.004} X_8^{-0.008} X_9^{-0.015} X_{10}^{0.002} X_{11}^{0.020}$$
$$X_{12}^{-0.008} X_{13}^{0.122} X_{14}^{0.116} X_{15}^{0.081} X_{16}^{-0.038} X_{17}^{0.073}$$

表6-4结果表明，各品种平均 S_f 值为0.706，分布区间在0.548~0.872，95%置信度为0.077。综合抗旱 S_f 值排名前三位的材料分别为齐粳10（0.872）、DPB15

（0.859）、DPB120（0.859）。综合抗旱 S_f 值排名后三位的材料分别为莹稻 2（0.548）、DPB112（0.549）、绥稻 3 号（0.570）。

表 6-4　品种抗旱性综合评价结果

名称	S_f	排位	名称	S_f	排位	名称	S_f	排位
DPB120	0.859	3	DPB70	0.609	9	绥稻 3 号	0.570	10
垦稻 24	0.660	8	DPB15	0.859	2	莹稻 2	0.548	12
DPB71	0.739	6	齐粳 10	0.872	1	绥育 118146	0.694	7
DPB112	0.549	11	绥育 117463	0.745	5	绥粳 21	0.764	4

（三）聚类分析

以抗旱综合评价 S_f 值为依据，采用欧氏距离最长距离法对 12 个参试材料进行聚类分析，最长距离大于 0.104 时分为 3 类：强抗旱型、中抗旱型和旱敏感型（图 6-1）。第 Ⅰ 类包括齐粳 10、DPB120 和 DPB15，属强抗旱类型；第 Ⅱ 类包括绥育 117463、DPB71、齐粳 10、绥育 118146 和垦稻 24，属中抗旱类型；第 Ⅲ 类由 DPB70、绥稻 3 号、DPB112 和莹稻 2 组成，属敏感型。对类型间各指标的抗旱系数和综合抗旱值进行方差分析，强抗旱类型的可溶性蛋白、SOD 和 POD 与中抗旱型差异不显著，与旱敏感型差异显著或极显著；强抗旱类型的抗旱综合评价值极显著高于中抗旱类型，中抗旱类型极显著高于旱敏感类型（表 6-5）。

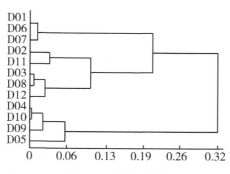

图 6-1　聚类分析

表 6-5　不同类型抗旱系数及抗旱综合评价值的方差分析

抗旱类型	抗旱综合评价值	伤流量	干物质量	高效叶面积	有效叶面积	茎鞘非结构性碳水化合物含量	主穗颖花数	糖花比	净光合速率
强抗旱型	0.863aA	0.246aA	0.634aA	0.687aA	0.707aA	1.093aA	0.591aA	1.833aA	0.672aA
中抗旱型	0.720bB	0.050aA	0.548aA	0.645aA	0.654aA	1.113aA	0.531aA	2.159aA	0.516aA

（续表）

抗旱类型	抗旱综合评价值	伤流量	干物质量	高效叶面积	有效叶面积	茎鞘非结构性碳水化合物含量	主穗颖花数	糖花比	净光合速率
旱敏感型	0.569cC	0.022aA	0.593aA	0.561aA	0.603aA	0.781aA	0.505aA	1.683aA	0.707aA

抗旱类型	蒸腾速率	胞间隙 CO_2 浓度	气孔导度	SPAD	可溶性蛋白含量	超氧化物歧化酶	过氧化物酶	游离脯氨酸含量	还原型谷胱甘肽含量
强抗旱型	0.536aA	0.941aA	0.351aA	0.942aA	1.263aA	1.043aA	1.620aA	0.977aA	1.128aA
中抗旱型	0.523aA	0.803aA	0.139aA	1.030aA	0.959abAB	0.789abA	1.417abA	1.128aA	0.912aA
旱敏感型	0.629aA	0.923aA	0.280aA	0.970aA	0.593bB	0.491bA	0.817bA	1.176aA	0.851aA

（四）抗旱系数与抗旱综合评价值的灰色关联分析

采用灰色关联分析法分析各指标抗旱系数与抗旱综合评价值的关联程度。将所有指标的抗旱系数视为一个灰色系统，每个指标的抗旱系数作为比较数列（子序列），抗旱综合评价值作为参考数列（母序列），将各指标的抗旱系数与抗旱综合评价值作灰色关联分析，关联度越大，说明该指标的抗旱系数与抗旱综合评价值的变化趋势越接近。抗旱综合评价值与其他指标抗旱系数的关联序如表6-6所示，除游离脯氨酸含量、伤流量和气孔导度的关联系数小于0.5，其他14个指标关联系数均大于0.5，与抗旱综合指标值有较大关联。考虑到进行抗旱筛选的效率，可以选用关联系数大，并容易测定的有效叶面积、高效叶面积、干物质量和主穗颖花数为抗旱鉴定指标。

表6-6 抗旱系数与抗旱综合评价值的灰色关联系数

因子	关联系数	因子	关联系数	因子	关联系数
有效叶面积	0.724	SPAD	0.638	蒸腾速率	0.562
高效叶面积	0.706	可溶性蛋白含量	0.636	超氧化物歧化酶	0.553
干物质量	0.705	胞间隙 CO_2 浓度	0.622	游离脯氨酸含量	0.466
主穗颖花数	0.686	净光合速率	0.583	伤流量	0.394
茎鞘非结构性碳水化合物含量	0.68	糖花比	0.583	气孔导度	0.291
还原型谷胱甘肽含量	0.652	过氧化物酶	0.582		

三、讨 论

（一）关于采用对数主成分分析合理性的探讨

作物的抗旱性是多种抗旱机理的综合反映，受基因型、环境和基因型与环境互作的共同影响，采用形态、生理、生化等与抗旱性密切相关的多个指标综合反映作物抗旱性已达成共识（张笑笑，2019；单云鹏，2019）。当前多数学者（陈永坤，2019；崔静宇，2019；张宇君，2017）采取的方法是以抗旱系数（单项指标处理与对照的比值）描述单项指标变异，对各指标的抗旱系数进行主成分分析，计算各主成分的隶属函数和主成分权重，然后进行多个主成分加权，获得各参试材料的抗旱性评价综合 D 值。但是，传统主成分分析法属于线性降维，而评价指标之间以及主成分和原始数据之间仍可能存在非线性关系，从而导致评价结果的偏差。为此，叶明确等（2016）提出了一种对数主成分评价法，并通过传统的主成分分析法和对数主成分评价法的比较，证明了传统的主成分分析法运用多个主成分进行综合评价是不可取性，仅用第一主成分进行排名也存在不准确性，而对数主成分评价法解决了指标之间以及主成分与原始数据之间的非线性关系，具有现实意义上的合理性。纪龙等（2019）在运用该方法对绿色超级稻品种进行综合评价的过程中，对数主成分分析的指标权重同专家打分法所得到的指标权重较传统主成分分析更为接近，也从另一个方面验证了其合理性。本研究采用均值化法对抗旱系数进行无量纲化和取对数处理，之后进行主成分分析，将 17 个指标简化为 5 个相互独立的主成分，方差累计贡献率达 83.829%。在对数主成分分析的基础上，计算各指标的 $\ln X_i$ 权重和主成分权重，进而得到抗旱综合评价 S_f 值。各参试品种 S_f 值变幅在 0.548~0.872，平均 0.706，95%置信度为 0.077，综合抗旱性最强的品种为齐粳 10，最差的品种为莹稻 2。'齐粳 10'已经通过黑龙江省品种审定委会审定，可以应用于旱直播栽培或节水栽培，但其耐旱机理尚需进一步研究。

（二）关于抗旱筛选指标选择的探讨

在进行作物种质资源抗旱性综合评价时，如何确定与抗旱性关系最密切的评价指标，如何提高评价效率是要解决的基本问题。一般的做法是以利用主成分加权得到的综合评价指标值为依变量，以各单项指标抗旱系数为自变量，进行逐步回归分析，或者对综合评价指标值和各单项指标抗旱系数作直线相关分析，或者将逐步回归与相关分析结合以筛选抗旱评价指标（胡树平，2016；吕学莲，2019）。但是，作物生理因素间复杂的互作关系，加之环境因素的影响，构成了一个具有许多不确定因素的灰色系统。当采用白化系统的方法进行分析时，难以确切反映事物的本质，如直线相关分析的 R^2 若小于 0.5，二者关系能用线性解释的分量不足 50%，基本不存在直线关系（姚素梅，2007）。灰色关联度分析是基于灰色系统的灰色过程而进行的因素间时间序列比较，可比较客观地反映出各指标抗旱系数与作物抗旱性之间的相关密切程度。结果表明，参试材料有效叶面积、高效叶面积、干物质量等 14 个指标的抗旱系数与抗旱综合评价 S_f 值的灰色关联系数较大。考虑到工作效率和鉴定成本，可以选用关联系数排名前 4 位的有效叶面积、高效叶面积、干物质量和主穗颖花数作为抗旱鉴定指标。

四、结　论

通过对数主成分分析和聚类分析，利用抗旱综合评价值 S_f 对 12 份参试材料的抗旱性进行评价，获得强耐旱材料'齐粳 10''DPB120'和'DPB15'，旱敏感材料'DPB70'

'绥稻3号''DPB112'和'莹稻2'。通过灰色关联分析，从17个指标中筛选出有效叶面积、高效叶面积、干物质量和主穗颖花数4项适宜作为抗旱性筛选的指标，为寒地水稻种质资源抗旱性鉴定及抗旱育种提供依据。

第二节 基于 BP 人工神经网络的寒地水稻抗旱性综合评价

我国是水资源相对匮乏的国家，而且分布十分不均。干旱会导致水稻产量及品质下降，甚至绝收（李艳，2005；高焕晔，2012；王成瑷，2014；董蕾，2013）。筛选和培育抗旱的水稻品种是解决上述问题的最有效途径。水稻抗旱性是其对干旱环境的一种适应性变化，包括形态抗性、生理生化抗性以及生长发育进程的改变等，是由多种因素相互作用构成的复杂的综合系统，而其中的每种因素都和抗旱性有一定的相关性，只是相关性大小存在差异（杨瑰丽，2015；Goswami，2013）。在抗旱性鉴定时，仅通过单一的抗性指标对其鉴定是不全面的，应该运用多种指标综合衡量。水稻从种子发芽到成熟都可以进行抗旱性的评价，所涉及的指标也很多（周少川，2010；张鸿，2018）。敬礼恒等（2014）认为，相对发芽率、相对芽长等指标可作为水稻种子萌发期抗旱性评价指标；钟娟等（2015）认为，在进行水稻的抗旱性评价时可以选取干物质胁迫指数、株高胁迫指数、胁迫敏感指数作为研究指标；张军等（2019）对7份喀麦隆水稻种质资源的发芽势、发芽率、芽鞘长、芽长、根数目和根鲜重进行测定，将发芽势、发芽率、胚芽鞘长和根数等4项指标作为鉴定水稻苗期抗旱性的指标，并采用加权隶属函数法进行萌发期抗旱性综合评价；王贺正等（2007）研究了水、旱条件下水稻苗期和开花期的形态及生理指标，认为叶龄、心叶下倒数第1叶叶面积、叶鲜重、根长等4项指标可作为苗期抗旱性的形态指标；刘云开等（2009）考查了18个水稻品种分蘖盛期、孕穗期在不同水分环境下的叶绿素含量（SPAD 值）、产量性状等，发现孕穗期 SPAD 值在2种水分处理下差异小的品种，其旱管处理下的结实率、千粒重、实际产量均较高，认为孕穗期是水稻对水分敏感的临界期；刘三雄等（2015）选用形态、生理、产量等方面的多个指标，构建水稻抗旱综合评价体系，并运用隶属函数综合分析，提高了评价的准确性。由于综合指标法全面考虑了各指标的贡献率大小，同时去除了重复的信息，具有科学、准确、全面的特点。因此，此方法已广泛应用于作物复杂性状的抗性鉴定及评价（徐建欣，2015；Zhang，2014）。目前，对水稻抗旱指标适宜性评价研究多集中在对抗旱力指标进行回归分析的单一评价，缺少准确性与稳定性。现有的少数关联方法多利用线性模型定性或定量关联水稻生育性状与抗旱能力，存在抗旱适宜性评价不合理、抗旱特征指标筛选不全面、模型关联性差等问题，预测准确率较低。通过构建 BP 神经网络学习模型，实现水稻抗旱指标适宜性的定量预测，筛选水稻抗旱适宜性评价的特征指标，为作物种质资源综合评价提供方法和支持。

一、材料与方法

（一）试验材料和设计

试验于 2018 年在黑龙江八一农垦大学校园内大棚试验基地内进行。盆栽试验，采用二因素完全随机试验设计，水分因素 2 水平，常规灌溉和干旱胁迫，品种因素 30 水平，为前期初步筛选出的 30 份抗旱材料（表 6-7）。常规灌溉水分管理为花打水插秧、深水扶苗、浅水增温促蘖、减少分蘖期深水护苗、结实期干湿交替灌溉；干旱胁迫于返青期后开始干旱胁迫处理，返青期以 80% 以上秧苗早晚叶尖吐水为标志。干旱胁迫的方法是返青期排干水，采用负压式土壤湿度计测定土壤水势（将湿度计的陶头插入土表以下 10 cm 位置），保持全生育期土壤水势在 −35～−30 kPa，常规灌溉和干旱胁迫每份材料各种植 14 盆，插秧规格为 4 穴/盆，4 苗/穴。其他管理方法同常规。

表 6-7 参试材料名称及来源

编号	名称	编号	名称	编号	名称
H01	农丰 8 号	H11	绥粳 21	H21	农丰 3084
H02	农丰 1704	H12	农丰 3007	H22	农丰 3156
H03	农丰 1705	H13	农丰 3021	H23	农丰 3161
H04	农丰 3085	H14	农丰 3022	H24	农丰 3162
H05	农丰 3068	H15	农丰 3023	H25	农丰 3163
H06	农丰 3055	H16	农丰 3027	H26	农丰 3169
H07	稻坚强	H17	农丰 3035	H27	农丰 3186
H08	DPB120	H18	农丰 3056	H28	农丰 3210
H09	DPB70	H19	农丰 3062	H29	农丰 3221
H10	DPB15	H20	农丰 3081	H30	农丰 3226

（二）测定项目与方法

水稻返青后，定点 15 穴植株，调查拔节期株高、最高分蘖数。齐穗期每处理取样 6 穴，每穴分叶、茎鞘、穗 3 部分，测量叶片长宽，每部分单独包装，105 ℃杀青 30 min，80 ℃烘干至恒重，计算齐穗期叶面积、齐穗期叶重、齐穗期干物重。

成熟期每处理选择长势均匀的植株 10 穴，于阴凉通风处风干，之后分为穗和茎叶两部分，分别称重。穗用于穗数、穗粒数、结实率和千粒重考察。计算产量、生物量、经济系数和单穗重。

（三）数据处理及统计分析

1. 抗旱系数（DTC）

采用水稻抗旱系数（drought tolerant coefficients，DTC），即各抗旱指标的相对值进行抗旱性综合分析，以消除参试材料间的基础性状差异。

$$抗旱系数（DTC）=（干旱胁迫性状值/非旱胁迫性状值） \qquad (6-8)$$

2. 综合指标值

综合指标值计算公式如下。

$$Z_i = \sum_{i=1}^{n} \alpha_i X_i \qquad (i=1，2，3，\cdots，n) \qquad (6-9)$$

式中：α_i 是某一指标特征值所对应的特征向量；X_i 是指标相对值。

3. 隶属函数分析

参试材料各主成分的隶属函数值计算公式如下。

$$\mu(Z_i) = (Z_i - Z_{imin})/(Z_i - Z_{imax}) \qquad (i=1，2，3，\cdots，n) \qquad (6-10)$$

式中：$\mu(Z_i)$ 是各参试材料第 i 个主成分的隶属函数值；Z_i 是各参试材料第 i 个综合指标值；Z_{imin} 和 Z_{imax} 分别是各参试材料第 i 个综合指标的最小值和最大值。

4. 各综合指标的权重

根据各主成分贡献率计算各主成分权重的公式如下。

$$W_i = P_i / \sum_{i=1}^{n} P_i \qquad (i=1，2，3，\cdots，n) \qquad (6-11)$$

式中：W_i 是各参试材料第 i 个综合指标的权重；P_i 是各参试材料第 i 个综合指标的贡献率。

5. 参试材料的综合抗旱 D 值

参试材料综合抗旱 D 值计算公式如下。

$$D = \sum_{i=1}^{n} \left[\mu(Z_i) \times W_i \right] \qquad (i=1，2，3，\cdots，n) \qquad (6-12)$$

式中：D 值为干旱胁迫下各参试材料应用主成分评价的抗旱性综合评分值。

6. BP 神经网络建模思路

为构建水稻抗旱性状与抗旱性综合品质关联模型，本研究选用 25 个水稻参试材料样本采用 BP 神经网络算法构建学习模型，其中输入层为抗旱力特征指标值，输出层为抗旱综合评价值，剩余 5 个样本为验证样本，评价学习模型的预测准确性。为优化建模样本同时验证建模方法的稳定性，变换 3 组学习样本（25 个）构建 3 个学习模型，对比 3 个模型的预测准确性。若预测准确率均在合理范围内，则说明该建模方法合理、稳定。

7. 统计分析软件

利用 Microsoft Excel 2010 进行数据整理、描述性分析、权重和抗旱综合评价 D 值的计算。利用 DPS 7.05 软件进行主成分分析、聚类分析以及 BP 神经网络模型构建并计算指标预测值。

二、结果与分析

(一) 参试材料抗旱系数和相关分析

表6-8结果表明，干旱胁迫条件下30个参试材料的13个性状的抗旱系数平均值为0.735，数值分布在0.475~0.894，穗数、穗粒数、千粒重、拔节期株高、最高分蘖数5个性状的抗旱系数大于0.8，产量性状的抗旱系数小于0.5。

表6-8　参试材料抗旱系数的描述性分析

指标	平均	标准差	变异系数 (%)	分布区间
穗数	0.846	0.098	11.54	0.620~0.992
穗粒数	0.814	0.096	11.78	0.669~0.997
结实率	0.733	0.133	11.25	0.401~0.931
千粒重	0.894	0.050	5.54	0.714~0.970
产量	0.475	0.118	24.83	0.214~0.868
生物量	0.648	0.063	9.74	0.527~0.748
穗重	0.607	0.104	17.10	0.375~0.818
拔节期株高	0.817	0.037	4.56	0.746~0.886
最高分蘖数	0.806	0.109	13.52	0.625~1.000
齐穗期叶面积	0.741	0.102	13.76	0.562~0.990
齐穗期叶重	0.758	0.107	14.06	0.565~0.990
齐穗期干物重	0.585	0.072	12.32	0.452~0.744
经济系数	0.786	0.091	11.61	0.543~0.994

从变异系数方面看，变异系数最大为产量 (24.83%)，穗重 (17.10%) 次之，齐穗期叶重 (14.06%) 再次之；变异系数最小为拔节期株高 (4.56%)，千粒重 (5.54%) 次之，生物量 (9.74%) 再次之。

对干旱胁迫下13个性状间的相关分析结果 (表6-9) 表明，性状间存在不同程度的相关性，性状间的相关性易导致信息重叠。因此，对这些性状直接利用会影响抗旱性评价的真实性。为消除这些重叠信息的不利影响，使用主成分分析法对水稻抗旱性进行综合评价。

表 6-9 参试材料 13 个性状抗旱系数的相关分析

相关系数	D值	穗重	穗数	穗粒数	结实率	千粒重	产量	生物产量	经济系数	拔节期株高	最高分蘖数	齐穗期干物重	齐穗期叶重	齐穗期叶面积
D值	1													
穗重	0.88**	1												
穗数	-0.17	-0.43*	1											
穗粒数	0.68**	0.57**	-0.38*	1										
结实率	0.79**	0.74**	-0.13	0.25	1									
千粒重	-0.08	-0.07	0.01	-0.52**	0.19	1								
产量	0.77**	0.48**	0.3	0.36*	0.78**	0.17	1							
生物产量	0.51**	0.32	0.49**	0.11	0.25	0.03	0.49**	1						
经济系数	0.66**	0.69**	0.07	0.26	0.74**	-0.07	0.64**	0.18	1					
拔节期株高	0.3	0.3	-0.45*	0.43*	0.05	-0.13	-0.02	-0.04	-0.05	1				
最高分蘖数	-0.16	-0.42*	0.35	-0.04	-0.3	-0.11	0.01	0.2	-0.32	-0.33	1			
齐穗期干物重	-0.22	-0.12	-0.35	-0.04	-0.40*	-0.12	-0.51**	-0.25	-0.26	0.16	0.14	1		
齐穗期叶重	0	-0.09	0.16	0.16	-0.37*	-0.22	-0.29	0.06	-0.28	0.07	0.32	0.51**	1	
齐穗期叶面积	-0.12	-0.17	-0.22	0.16	-0.47**	-0.22	-0.42*	-0.02	-0.48**	0.08	0.38*	0.69**	0.73**	1

注：*和**分别表示在 5%和 1%水平差异显著；NS：不显著。

（二）参试材料抗旱性的主成分分析

主成分累计贡献率大于80%即可认为信息具有代表性。表6-10结果表明，前5个主成分的贡献率分别为32.404%、20.972%、15.024%、8.553%和6.808%，其累计贡献率达到83.761%，即前5个相互独立的主成分代表了13个性状83.761%的变异信息。

第一主成分的贡献率为32.404%，该主成分以与产量密切相关的穗重（0.346）、结实率（0.432）、产量（0.400）、经济系数（0.393）的正载荷较高，齐穗期干物重（-0.307）和齐穗期叶面积（-0.342）的负载荷较高，可将主成分1称为产量因子；第二主成分的贡献率为20.972%，其中穗粒数（0.442）、拔节期株高（0.393）的正载荷较高，穗数（-0.466）具有较大的负载荷，可称为穗数因子；第三主成分的贡献率为15.024%，以生物产量（0.495）、最高分蘖数（0.460）、齐穗期叶重（0.338）载荷较高，称为生物量因子；第四主成分的贡献率为8.553%，以千粒重（0.700）、齐穗期干物重（0.334）的载荷较大，称为千粒重因子；第五主成分的贡献率为6.808%，以拔节期株高（0.664）具有较大的正载荷，经济系数（-0.461）具有较大的负载荷，故称为株高因子。

表6-10　前5个主成分特征向量、主成分特征值、贡献率及累计贡献率

指标	产量因子 PV1	穗数因子 PV2	生物量因子 PV3	千粒重因子 PV4	株高因子 PV5
穗重	0.346	0.360	0.066	0.197	-0.077
穗数	0.030	-0.466	0.340	-0.153	0.065
穗粒数	0.145	0.442	0.259	-0.311	0.071
结实率	0.432	0.082	0.014	0.242	-0.148
千粒重	0.067	-0.248	-0.260	0.700	0.250
产量	0.400	-0.060	0.281	0.107	0.066
生物产量	0.169	-0.102	0.495	0.199	0.405
经济系数	0.393	0.077	0.067	0.030	-0.461
拔节期株高	0.032	0.393	-0.126	-0.081	0.664
最高分蘖数	-0.197	-0.172	0.460	0.009	-0.084
齐穗期干物重	-0.307	0.269	0.005	0.334	-0.256
齐穗期叶重	-0.271	0.222	0.338	0.245	-0.071
齐穗期叶面积	-0.342	0.251	0.274	0.248	-0.036
特征值	4.213	2.726	1.953	1.112	0.885
方差贡献率（%）	32.404	20.972	15.024	8.553	6.808
累计贡献率（%）	32.404	53.376	68.400	76.953	83.760

（三）抗旱性综合评价

依据式（6-9）计算各参试材料的综合指标值，进一步利用式（6-10）计算各参试材料干旱胁迫下各主成分隶属函数值。依据主成分贡献率的大小，利用式（6-11）计算出前5个主成分的权重分为0.387、0.250、0.179、0.102、0.081。利用式（6-12）对各综合指标隶属函数值和相应权重进行线性加权，计算得到抗旱综合评价值D。表6-11结果表明，30个参试材料平均D值为0.517，分布区间在0.187~0.768。品种H23（农丰3161）的D值为0.660，排位第3名。H06（农丰3055）和H08（DPB120）的D值大于H23，D值分别为0.768和0.685，可作为抗旱种质资源使用。H07（稻坚强）的D值（0.187）最小，即抗旱能力最差，H10（DPB15）D值为0.211次之。

表6-11　30个参试材料的D值及抗旱性排序

编号	D值	排位	编号	D值	排位	编号	D值	排位
H01	0.479	21	H11	0.376	27	H21	0.599	11
H02	0.468	22	H12	0.496	19	H22	0.335	28
H03	0.536	15	H13	0.508	18	H23	0.660	03
H04	0.632	05	H14	0.442	23	H24	0.480	20
H05	0.632	04	H15	0.394	25	H25	0.577	13
H06	0.768	01	H16	0.612	08	H26	0.585	12
H07	0.187	30	H17	0.614	07	H27	0.532	16
H08	0.685	02	H18	0.608	09	H28	0.531	17
H09	0.425	24	H19	0.599	10	H29	0.384	26
H10	0.211	29	H20	0.537	14	H30	0.628	06

（四）参试材料抗旱性的聚类分析

以D值为依据，采用欧氏距离离差平方和法对30份参试材料进行聚类分析，在欧式距离0.71处分为4类：强抗旱型、抗旱型、中间抗旱型和干旱敏感型（图6-2）。第Ⅰ类为由1个材料（H06）组成的强抗旱型类群，占总材料数的3%；第Ⅱ类由H04、H05、H30、H08、H23、H16、H17、H18、H19、H21、H25、H26共12个材料组成的抗旱型类群，占总材料数的40%；第Ⅲ类由H09、H10、H11、H29、H15、H22共6个材料组成的中间抗旱型类群，占总材料数的20%；第Ⅳ类由H01、H24、H02、H12、H13、H09、H14、H03、H20、H27、H28共11个剩余材料组成的干旱敏感型类群，占总材料数的37%。

（五）水稻抗旱鉴定指标的筛选

以Y值为因变量，各鉴定指标的抗旱系数作为自变量，建立抗旱性评价的逐步回归方程。除X_5、X_{10}和X_{11}外，其余鉴定指标全部进入回归方程。回归方程如下。

$$Y = -0.977 + 0.418X_1 - 0.063X_2 + 0.267X_3 + 0.223X_4 + 0.375X_6 + 0.366X_7 + 0.076X_8 +$$

$0.296X_9 + 0.148X_{12} + 0.102X_{13}$

式中，X_1、X_2、X_3、X_4、X_6、X_7、X_8、X_9、X_{12} 和 X_{13} 分别表示穗重、穗数、穗粒数、结实率、产量、生物产量、经济系数、拔节期株高、齐穗期叶重和齐穗期叶面积的抗旱系数。

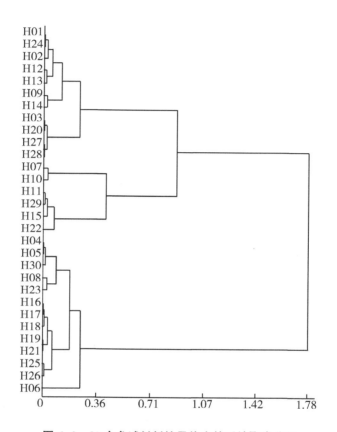

图 6-2　30 个参试材料抗旱能力的系统聚类分析

回归方程的 F 值为 25 977.42，方程极显著（$P<0.01$）。

相关分析结果（表 6-9）表明，D 值与穗重、穗粒数、结实率、产量、生物产量、经济系数 6 个鉴定指标的抗旱系数显著或极显著正相关。可将这 6 个指标作为农业抗旱力评价的指标。

（六）水稻抗旱指标适宜性评价模型的构建

通过 30 个水稻参试材料样本中筛选出 25 个样本作为学习样本进行神经网络学习模型构建，剩余 5 个样本作为预测样本验证模型准确性，其中 BP 神经网络学习模型结构如图 6-3 所示。该模型包含输入层、隐含层和输出层 3 层，其中模型输入为穗重、穗粒数、结实率、产量等 6 项抗旱力特征指标值，因此有 6 个神经元。模型输出为抗旱综合评价值 D，因此输出层神经元有 1 个。隐含层神经元在 BP 神经网络中扮演特征检验算子的角色，起到决定性作用，隐藏层节点数一般设为输入层节点数的一半左右，本神经网络将隐藏层设为 4 个节点。最终构建一个"输入层—隐藏层—输出层"为"6-4-1"的三层 BP 神经网络。

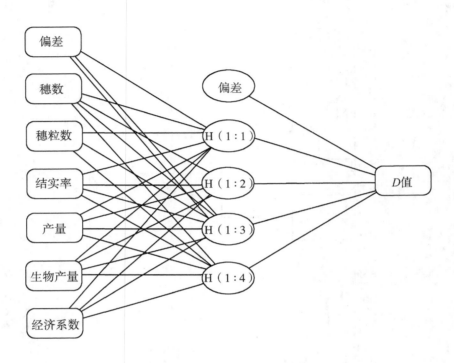

图 6-3 BP 神经网络结构示意

本研究从 30 个水稻参试材料样本中随机筛选 25 个样本建立学习模型，剩余 5 个样本进行抗旱指标适宜性得分预测。为评价模型预测准确性及建模方法稳定性，变换 25 个学习样本构建了 3 个学习模型，其预测结果如表 6-12 所示。3 个学习模型共 15 个验证样本抗旱适宜性预测得分与实际得分相对误差均小于 10%，最小相对误差仅为 0.07%，说明 BP 神经网络模型预测效果较好。将水稻参试材料实际得分与神经网络预测得分进行回归分析，以参试材料实际得分作为横坐标，模型预测值作为纵坐标进行线性拟合，3 组预测结果的决定系数 R^2 分别为 0.972 1、0.913 9、0.959 5（图 6-4），预测值与实际值相符程度均较高，证明神经网络模型能够较准确、稳定地评价水稻抗旱力指标是否适宜进行水稻的抗旱性综合评价。不同水稻参试材料样本构建的学习模型预测效果存在较大差异，说明用于建立学习模型的样本数量仍较少，变换少量学习样本对预测效果产生较大影响。同时，学习模型所需的样本应具有典型性与代表性，部分水稻参试材料样本与其他样本差异较大也可能对预测效果产生较大影响。

表 6-12　基于 BP 神经网络算法水稻抗旱指标适宜性预测结果

学习模型	验证样本	实际得分	预测得分	相对误差（%）
学习模型 1	农丰 3035	0.613 8	0.614 2	0.07
	农丰 3163	0.577 4	0.579 9	0.43
	农丰 3007	0.495 7	0.542 1	9.36
	DPB120	0.684 6	0.652 0	−4.76
	农丰 3226	0.628 0	0.606 8	−3.38
学习模型 2	农丰 3021	0.508 0	0.554 7	9.19
	农丰 3186	0.532 4	0.543 6	2.10
	农丰 3023	0.394 2	0.381 7	−3.17
	农丰 1705	0.536 3	0.534 7	−0.30
	DPB70	0.424 8	0.447 8	5.41
学习模型 3	农丰 3062	0.599 2	0.606 3	1.18
	农丰 1704	0.467 7	0.486 3	3.98
	农丰 3210	0.531 2	0.516 4	−2.79
	农丰 3055	0.767 7	0.696 7	−9.25
	农丰 3023	0.394 2	0.379 9	−3.63

三、讨　论

水稻受自然进化压力以及人工选择的作用，产生了多种不同类型的适应干旱能力，但水稻全生育期的抗旱性评价指标还缺乏统一的标准（王英，2018；张灿军，2005；张安宁，2008）。水稻抗旱性受到多基因控制，并且在干旱环境下的应对机制上也有很大的区别（Lee，2018）。在水稻抗干旱性研究中，综合考虑、分析水稻的表型、生理生化功能等多种方面的因素，才能使分析和判断更为准确、可靠。在水稻全生育期中，相比于其他时期，在苗期进行抗旱性鉴定具有时间短、容量大、重复性强、环境影响小等优点。通过对水稻抗旱性鉴定指标的研究、筛选，李艳等（2005）对水稻品种抗旱性进行了综合实验分析和鉴定评价，得出了与大田试验结果基本一致的数据，充分证明了在水稻苗期进行抗寒性鉴定，可以更好地展现出水稻在营养生长和生殖生长的整个生育期内的抗旱性能。以往在鉴定和评价水稻品种的抗旱能力时，都采用产量抗旱系数和抗旱指数进行分析研究，其中产量抗旱系数主要反映水稻对干旱的敏感程度，弱化了水稻自身的丰产特性。但运用此项指标开展水稻抗旱性评测工作时，需要较多参试材料作为研究基础，如果供试材料的数量较少，或者水稻的基因型比较单一，其研究结果的准确性就会有所减弱（王贺正，2005；胡标林，2007；周国雁，2015；栗雨勤，2004）。本研究采用主成分分析法将 13 个指标简化为产量因子、穗数因子、生物量因子、千粒

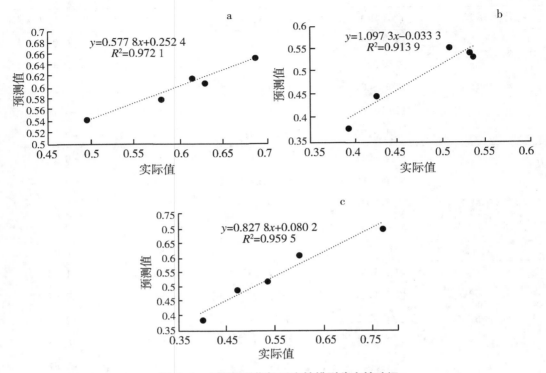

图6-4　水稻抗旱指标适宜性模型稳定性验证
（a. 学习模型1；b. 学习模型2；c. 学习模型3）

重因子和株高因子彼此互不相关的5个主成分，方差累计贡献率达83.761%。结合各主成分隶属函数值及相应权重加权，计算出30份参试材料平均综合评价D值为0.517 3，分布区间在0.186 7~0.767 7。采用欧氏距离离差平方和法，依据D值将30份参试材料分为强抗旱型、抗旱型、中间抗旱型和干旱敏感型。排在第二位和第三位的品种分别为'DPB120'和'农丰3161'，D值分别为0.684 6和0.660 3，农丰3055（0.767 7）排名第一，为强抗旱类型，可以作为抗旱育种的杂交亲本。

另外，不同研究者所筛选得到的抗旱指标也不尽相同。抗旱水稻品种的筛选与水稻生育周期密不可分。发芽期主要利用聚乙二醇、甘露醇等高渗液模拟干旱胁迫（王英，2013），筛选指标为发芽率、发芽势、胚芽长度，以及烘干后的种子干重、胚芽干重和物质转运率等（田又升，2014）。安永平等（2006）认为，萌发胁迫指数和芽鞘长的反应指数可作为评价水稻苗期抗旱性的间接鉴定指标。而王贺正等（2004）则认为，胚芽鞘长不适合作为水稻抗旱鉴定指标为；相对根干重尽管是根系生长状况的综合反映，但其变异较大，不适于品种间选择。王贺正等（2007）还认为POD酶活性、GSH含量、叶鲜重和叶龄4个指标的相对值与水稻苗期的抗旱性显著相关。人工神经网络是一种由多个单一、简单的微小单元组合而成的复杂、综合、非线性的系统，其结构类似于人体大脑的神经元，本质是一种通过学习确定大量神经元之间的相互关联，并且能够完成对大量信息数据进行处理的数学模型。人工神经网络具有良好的自适应能力、泛化性、容错性和自我学习能力。对于非线性系统，利用 BP 神经网络可以很好地完成系统内各神经元之间权重值的调整工作（2020）。BP 神经网络主要包括正向的工作过程和反向的学习过程（梁春华，2019），工作过程即由输入层经隐藏层各节点向输出层开展计算，学习过程则是将得到的实际结果与已知的理想输出结果做比较，并得出相对计算误差，然后由输出层反向传递误差信号调整各节点的权值，从而完善神经网络结构。本研究通过逐步回归及相关分析，筛选得到穗重、穗粒数、结实率、产量、生物产量和经济系数 6 个与 D 值显著或极显著相关的指标，可用于水稻抗旱筛选，并讨论了基于 BP 人工神经网络算法的水稻抗旱指标适宜性评价方法，取得了较好的效果，但仍有许多需要优化与改进的地方。在未来的工作中，要提高模型预测准确性与稳定性，优化该评价方法，也可以与软件结合，形成实用型水稻抗旱指标适宜性预测工具。

四、结　论

通过主成分分析、隶属函数分析及聚类分析，利用 D 值对 30 份种质资源的农业抗旱能力进行综合评价，获得强抗旱种质资源'农丰 3055'。通过逐步回归分析和相关分析，并构建 BP 神经网络预测抗旱力指标的准确性，从 13 个指标中筛选出穗重、穗粒数、结实率、产量、生物产量和经济系数 6 项适宜作为农业抗旱性筛选的指标，为农业抗旱的水稻种质资源筛选与鉴定，及其抗旱品种选育提供依据。

参考文献

安永平，强爱玲，张媛媛，等，2006. 渗透胁迫下水稻种子萌发特性及抗旱性鉴定指标研究 [J]. 植物遗传资源学报，7（4）：421-426.

鲍根良，奚永安，1997. 粳稻垩白与产量性状、品质性状及其他性状的相关分析 [J]. 浙江农业学报，9（4）：1-4.

步金宝，2012. 盐碱胁迫下寒地粳稻产质量形成机理的研究 [D]. 哈尔滨：东北农业大学.

步金宝，赵宏伟，刘化龙，等，2012. 盐碱胁迫对寒地粳稻产量形成机理的研究 [J]. 农业现代化研究，33（4）：485-488.

蔡一霞，王维，朱智伟，等，2006. 不同类型水稻支链淀粉理化特性及其与米粉糊化特征的关系 [J]. 中国农业科学，39（6）：1 122-1 129.

蔡一霞，朱庆森，王志琴，等，2002. 灌浆期土壤温度对水稻品质的影响 [J]. 作物学报，28（5）：601-608.

曹聪，2007. 水稻早期盐胁迫生长调控中的 DNA 甲基化研究 [D]. 北京：首都师范大学.

曹丽萍，罗宝君，2005. 黑龙江省苏达盐渍土种稻的障碍因素与改良措施 [J]. 作物杂志（3）：33-35.

曹萍，吕文彦，程海涛，等，2008. 辽宁省代表性水稻品种食味特性及其与糙米粒质关系分析 [J]. 华中农业大学学报，27（4）：451-455.

柴立涛，耿玉辉，宋引弟，等，2015. 施磷对吉林省西部盐碱土水田土壤无机磷组分的影响 [J]. 水土保持学报，29（6）：197-201.

晁园，冯付春，高冠军，等，2012. 利用重组自交系群体定位水稻品质相关性状的 QTL [J]. 华中农业大学学报，31（4）：397-403.

陈洁，2003. 水稻幼苗耐盐性的定量鉴定及耐盐生理生化研究 [D]. 儋州：华南热带农业大学.

陈莉，李帅，王阳，2001. 黑龙江省气温变化的研究 [J]. 黑龙江气象（3）：29-31.

陈隆勋，邵永宁，张清芬，1991. 近四十年我国气候变化的初步分析 [J]. 应用气象学报，2（2）：164-174.

陈书强，2014. 粳稻不同粒位上垩白及粒形与品质性状间的关系 [J]. 华北农学报，29（5）：161-167.

陈温福，徐正进，2007. 水稻超高产育种理论与方法［M］. 北京：科学出版社.

陈温福，徐正进，张龙步，1995. 水稻超高产育种生理基础［M］. 沈阳：辽宁科学技术出版社.

陈温福，徐正进，张龙步，2003. 水稻超高产育种［M］. 沈阳：辽宁科学技术出版社.

陈永坤，李灿辉，雷春霞，等，2019. 二倍体马铃薯 S. phureja 种质资源的抗旱性鉴定与综合评价［J］. 分子植物育种，17（10）：3 416-3 423.

陈志德，仲维功，杨杰，等，2003. 不同类型水稻品种品质性状间相互关系的分析［J］. 上海交通大学学报（农业科学版），21（1）：20-24.

陈专专，杨勇，冯琳皓，等，2020. Wx 与 ALK 主要等位基因不同组合对稻米品质的影响［J］. 中国水稻科学，34（3）：228-236.

程方民，钟连进，2001. 不同气候生态条件下稻米品质性状的变异及主要影响因子分析［J］. 中国水稻科学，15（3）：187-191.

程广有，许文会，黄永秀，1994. 关于水稻苗期 Na_2CO_3 筛选浓度和鉴定指标的研究［J］. 延边农学院学报，26（1）：42-51.

程广有，许文会，黄永秀，1996. 植物耐盐碱性的研究——水稻耐盐性与耐碱性相关分析［J］. 吉林林学院学报，12（4）：214-217.

程广有，许文会，黄永秀，等，1995. 水稻品种耐盐碱性的研究［J］. 延边农学院学报，17（4）：195-201.

程海涛，姜华，薛大伟，等，2008. 水稻芽期与幼苗前期耐碱性状 QTL 定位［J］. 作物学报，34（10）：1 719-1 727.

程侃声，1993. 亚洲栽培稻籼粳亚种的鉴别［M］. 昆明：云南科技出版社.

程式华，2010. 中国超级稻育种［M］. 北京：科学出版社.

程式华，胡培松，2008. 中国水稻科技发展战略［J］. 中国水稻科学，22（2）：223-226.

程新奇，严钦泉，周清明，等，2006. 籼、粳稻及其杂种谷粒苯酚染色反应研究［J］. 杂交水稻，21（3）：72-74.

褚庆全，齐成喜，杨飞，等，2005. 我国杂交粳稻发展现状、问题及其对策［J］. 作物杂志（1）：9-12.

崔静宇，关小康，杨明达，等，2019. 基于主成分分析的玉米萌发期抗旱性综合评定［J］. 玉米科学，27（5）：62-72.

崔章林，盖钧镒，Thomas E，等，1998. 中国大豆育成品种及其系谱分析（1923—1995）［M］. 北京：中国农业出版社.

戴海芳，武辉，阿曼古丽·买买提阿力，等，2014. 不同基因型棉花苗期耐盐性分析及其鉴定指标筛选［J］. 中国农业科学，47（7）：1 290-1 300.

戴平安，易国英，1999. 硫镁钙营养不同配比量对水稻品质和产量的影响［J］. 作物研究，13（3）：31-35.

戴小军，欧立军，李文嘉，等，2007. 水稻籼型、粳型特异性分子标记的研究和应

用 [J]. 湖南农业大学学报（自然科学版），S1（174）：216.

单云鹏，陈新慧，万平，等，2019. 小豆种质资源苗期抗旱性评价及抗旱资源筛选 [J]. 植物遗传资源学报，20（5）：1 151-1 159.

邓化冰，陈立云，2004. 稻米品质性状遗传及性状间相关性的研究综述 [J]. 杂交水稻，19（4）：1-6.

丁一汇，戴晓苏，1994. 中国近百年来的温度变化 [J]. 气象，20（12）：19-26.

丁颖，1983. 丁颖稻作论文选集 [M]. 北京：农业出版社.

董蕾，李吉跃，2013. 植物干旱胁迫下水分代谢、碳饥饿与死亡机理 [J]. 生态学报，33（18）：5 477-5 483.

杜洪艳，2008. NaCl 胁迫和氮形态对水稻幼苗生长的影响 [D]. 扬州：扬州大学.

樊龙江，胡秉民，许德信，2000. 水稻区域试验点对品种判别能力估算方法的研究 [J]. 中国水稻科学，14（1）：58-60.

樊叶杨，庄杰云，吴建利，等，2000. 应用微卫星标记鉴别水稻籼粳亚种 [J]. 遗传，22（6）：392-394.

房世波，沈斌，谭凯炎，等，2010. 大气 CO_2 和温度升高对农作物生理及生产的影响 [J]. 中国生态农业学报，18（5）：1 116-1 124.

冯钟慧，刘晓龙，姜昌杰，等，2016. 吉林省粳稻种质萌发期耐碱性和耐盐性综合评价 [J]. 土壤与作物，5（2）：120-127.

符淙斌，董文杰，温刚，等，2003. 全球变化的区域响应和适应 [J]. 气象学报，61（2）：245-250.

符文英，陈俊，1997. 稻米营养品质研究综述 [J]. 海南大学学报（自然科学版），15（1）：67-72.

付深造，辛霞，张志娥，等，2011. 利用热稳定蛋白特异条带鉴别籼粳稻的方法研究 [J]. 植物遗传资源学报，12（1）：19-24.

高海涛，王书子，王翠玲，2003. AMMI 模型在旱地小麦区域试验中的应用 [J]. 麦类作物学报，23（4）：43-46.

高虹，李飞飞，吕国依，等，2013. 籼粳稻杂交对中国东北粳稻品质的影响 [J]. 作物学报，39（10）：1 806-1 813.

高焕晔，王三根，宗学凤，等，2012. 灌浆结实期高温干旱复合胁迫对稻米直链淀粉及蛋白质含量的影响 [J]. 中国生态农业学报，20（1）：40-47.

高尚，李红宇，潘世驹，等，2014. 寒地水稻芽期耐碱鉴定指标分析与筛选 [J]. 黑龙江农业科学（12）：36-39.

高显颖，2014. 不同浓度盐碱胁迫对水稻生长及生理生态特性影响 [D]. 长春：吉林大学.

高永刚，那济海，顾红，等，2007. 黑龙江省气候变化特征分析 [J]. 东北林业大学学报，35（5）：47-50.

高永刚，温秀卿，顾红，等，2007. 黑龙江省气候变化趋势对自然植被第一性净生产力的影响 [J]. 西北农林科技大学学报（自然科学版），35（6）：171-178.

宫李辉，高振宇，马伯军，等，2011. 水稻粒形遗传的研究进展 ［J］. 植物学报，46（6）：597-605.

龚金龙，胡雅杰，龙厚元，等，2012. 大穗型杂交粳稻产量构成因素协同特征及穗部性状 ［J］. 中国农业科学，45（11）：2 147-2 158.

顾春梅，解保胜，赵黎明，等，2012. 寒地水稻减叶成因及后期田间栽培管理对策 ［J］，黑龙江农业科学（5）：31-33.

顾节经，1991. 全球变暖对辽宁省气候影响的初步分析 ［C］//国家气象局气候监测应用管理司. 全国气候变化诊断分析会议论文集. 北京：气象出版社.

顾铭洪，2010. 水稻高产育种中一些问题的讨论 ［J］. 作物学报，36（9）：1 431-1 439.

郭建平，高素华，刘玲，2001. 气象条件对作物产量品质影响实验研究 ［J］. 气候与环境研究，6（3）：361-367.

郭泰，刘成贵，郑伟，等，2014. 美国矮秆大豆资源引入与育种利用效果分析 ［J］. 大豆科学，33（5）：538-641.

郭望模，傅亚萍，孙宗修，等，2003. 盐胁迫下不同水稻种质形态指标与耐盐性的相关分析 ［J］. 植物遗传资源学报，4（3）：245-251.

郭艳华，徐海，朱春杰，等，2008. 水稻籼粳交后代亚种特性的变化及其与维管束性状的关系 ［J］. 种子，27（3）：1-4.

国世友，邹立尧，吴琼，2003. 近百年来黑龙江省气候变化特征 ［J］. 黑龙江气象（4）：8-11.

韩朝红，孙谷畴，林植芳，1998. NaCl 对吸胀后水稻的种子发芽和幼苗生长的影响 ［J］. 植物生理学通讯，34（5）：339-342.

韩贵清，周连仁，2011. 黑龙江盐渍土改良与利 ［M］. 北京：中国农业出版社.

韩龙植，张三元，2004. 水稻耐冷性鉴定评价方法 ［J］. 植物遗传资源学报，5（1）：75-80.

贺浩华，彭小松，刘宜柏，1997. 环境条件对稻米品质的影响 ［J］. 江西农业学报，9（4）：66-72.

贺晓鹏，朱昌兰，刘玲珑，等，2010. 不同水稻品种支链淀粉结构的差异及其与淀粉理化特性的关系 ［J］. 作物学报，36（2）：276-284.

胡标林，余守武，万勇，等，2007. 东乡普通野生稻全生育期抗旱性鉴定 ［J］. 作物学报，33（3）：425-432.

胡秉民，耿旭，1993. 作物稳定性分析法 ［M］. 北京：科学出版社.

胡锋，2009. 保障我国粮食安全的水稻品种创新与应用研究 ［J］. 种子，28（2）：106-110.

胡树平，苏治军，于晓芳，等，2016. 玉米自交系抗旱相关性状的主成分分析与模糊聚类 ［J］. 干旱地区农业研究，34（6）：81-88，176.

胡希远，尤海磊，宋喜芳，2009. 作物品种稳定性分析不同模型的比较 ［J］. 麦类作物学报，29（1）：110-117.

黄发松, 孙宗修, 胡培松, 等, 1998. 食用稻米品质形成研究的现状与展望 [J]. 中国水稻科学, 12 (3): 172-176.

纪龙, 申红芳, 徐春春, 等, 2019. 基于非线性主成分分析的绿色超级稻品种综合评价 [J]. 作物学报, 45 (7): 982-992.

季彪俊, 2005. 影响水稻产量因子的研究 [J]. 南京农业大学学报 (自然科学版), 27 (5): 579-584.

冀建华, 刘光荣, 李祖章, 等, 2012. 基于 AMMI 模型评价长期定位施肥对双季稻总产量稳定性的影响 [J]. 中国农业科学, 45 (4): 685-696.

贾宝艳, 蒋文春, 王术, 等, 2004. 粳稻品质与穗部性状关系的研究 [J]. 沈阳农业大学学报, 35 (4): 340-345.

贾良, 丁雪云, 王平荣, 等, 2008. 稻米淀粉 RVA 谱特征及其与理化品质性状相关性研究 [J]. 作物学报, 34 (5): 790-794.

姜丽霞, 闫平, 王萍, 等, 2006. 黑龙江省影响水稻安全生产的气象要素 [J]. 自然灾害学报, 15 (3): 46-51.

姜敏, 刘欣芳, 郝楠, 等, 2010. 辽宁省部分骨干自交系产量配合力分析 [J]. 玉米科学, 18 (1): 15-19.

姜秀娟, 张素红, 苗立新, 等, 2009. 盐胁迫对水稻幼苗的影响研究 [J]. 北方水稻, 1 (40): 21-24.

姜元华, 许俊伟, 赵可, 等, 2015. 甬优系列籼粳杂交稻根系形态与生理特征 [J]. 作物学报, 41 (1): 89-99.

姜元华, 张洪程, 韦还和, 等, 2014. 亚种间杂交稻不同冠层叶形组合产量差异及其形成机理 [J]. 中国农业科学, 47 (12): 2 313-2 325.

蒋开锋, 郑家奎, 曾德初, 等, 1998. 杂交水稻稳产性配合力初步研究 [J]. 中国水稻科学, 12 (3): 134-138.

蒋开锋, 郑家奎, 赵甘霖, 等, 1999. 杂交水稻结实率稳定性的遗传分析 [J]. 生物数学学报, 14 (2): 241-246.

蒋开锋, 郑家奎, 赵甘霖, 等, 2001. 杂交水稻产量性状稳定性及其相关性研究 [J]. 中国水稻科学, 15 (1): 68-70.

矫江, 2002. 黑龙江省水稻发展问题 [J]. 垦殖与稻作 (2): 3-6.

金丽晨, 耿志明, 李金州, 等, 2011. 稻米淀粉组成及分子结构与食味品质的关系 [J]. 江苏农业学报, 27 (1): 13-18.

敬礼恒, 陈光辉, 刘利成, 等, 2014. 水稻种子萌发期的抗旱性鉴定指标研究 [J]. 杂交水稻, 29 (3): 65-69.

KBAR A, 宋景芝, 王明珍, 1982. 在盐土上发展水稻的前景 [J]. 国外农业科技 (5): 21-24.

孔宇, 张文忠, 高继平, 等, 2016. 钾硅镁配施对寒地水稻产量及品质的影响 [J]. 沈阳农业大学学报, 47 (2): 224-229.

李德剑, 华正雄, 沙安勤, 等, 2009. 两个杂交粳稻组合超高产生长特性的研究

［J］. 中国水稻科学，23（2）：179-185.

李丁鲁，张建明，王慧，等，2010. 长江下游地区部分优质粳稻品种与越光稻米支链淀粉结构特征及品质性状比较 ［J］. 中国水稻科学，24（4）：379-384.

李刚，邓其明，李双成，等，2009. 稻米淀粉 RVA 谱特征与品质性状的相关性 ［J］. 中国水稻科学，23（1）：99-102.

李国章，1994. 用丰稳指数法综合评定水稻品种的丰产性和稳产性 ［J］. 四川农业大学学报，12（3）：406-413.

李合生，2000. 植物生理生化实验原理和技术 ［M］. 北京：高等教育出版社.

李红宇，刘梦红，王海泽，等，2011. 东北地区水稻产量和品质演进特征研究 ［J］. 种子，30（11）：28-36.

李红宇，潘世驹，钱永德，等，2015. 混合盐碱胁迫对寒地水稻产量和品质的影响 ［J］. 南方农业学报，46（12）：2 100-2 105.

李红宇，任淑娟，魏玉光，等，2014. 利用 AMMI 模型分析寒地水稻区试品种产量的基因型与环境互作 ［J］. 黑龙江八一农垦大学学报，26（4）：5-8.

李红宇，张龙海，刘梦红，等，2012. 利用 SSR 标记分析黑龙江水稻区域试验品系的遗传多样性 ［J］. 华北农学报，27（2）：105-110.

李金峰，钱永德，吕艳东，等，2004. 空育 131 高产群体的产量构成和分蘖利用 ［J］. 沈阳农业大学学报，35（4）：308-312.

李明，张俊华，2018. 不同施肥模式对盐碱化稻作土壤细菌群落的影响 ［J］. 干旱地区农业研究，36（5）：142-148.

李取生，李秀军，李晓军，等，2003. 松嫩平原苏打盐碱地治理与利用 ［J］. 资源科学，25（1）：15-20.

李任华，徐才国，孙传清，等，1999. 栽培稻的基因型差异程度和分类 ［J］. 作物学报，25（4）：518-526.

李霞，曹昆，阎丽娜，等，2008. 盐碱胁迫对不同水稻材料苗期生长特性的影响 ［J］. 中国农学通报，24（8）：252-256.

李先喆，徐庆国，刘红梅，2016. 不同地域水稻的 RVA 谱特征值及其与蛋白质含量的关系 ［J］. 湖南农业大学学报（自然科学版）（1）：1-5.

李贤勇，王楚桃，李顺武，等，2005. 高温、低昼夜温差环境胁迫对水稻垩白的选择效应 ［J］. 西南农业学报，18（6）：694-698.

李贤勇，王元凯，王楚桃，2001. 稻米蒸煮品质与营养品质的相关性分析 ［J］. 西南农业学报，14（3）：21-24.

李小玉，2011. 我国杂交水稻育种技术的传播研究 ［D］. 长沙：湖南大学.

李晓鸣，2002. 矿质镁对水稻产量及品质影响的研究 ［J］. 植物营养与肥料学报，8（1）：125-126.

李欣，汤述翁，印志同，等，2000. 粳型杂种稻米品质性状的表现及遗传控制 ［J］. 作物学报，26（4）：411-419.

李艳，马均，王贺正，等，2005. 水稻品种苗期抗旱性鉴定指标筛选及其综合评价

［J］．西南农业学报，18（3）：250-255.

李智念，徐海波，王光明，2001. 温度与稻米垩白形成的研究综述［J］．耕作与栽培（6）：58-60.

栗雨勤，张文英，王有增，等，2004. 作物抗旱性鉴定指标研究及进展［J］．河北农业科学，8（1）：58-61.

梁春华，2019. 人工神经网络在数据挖掘中的应用研究［J］．无线互联科技（22）：17-18.

梁银培，孙健，索艺宁，等，2017. 水稻耐盐性和耐碱性相关性状的QTL定位及环境互作分析［J］．中国农业科学，50（10）：1 747-1 762.

梁正伟，杨富，王志春，等，2004. 盐碱胁迫对水稻主要生育性状的影响［J］．生态环境，13（1）：43-46.

廖红，严小龙，2003. 高等植物营养学［M］．北京：科技出版社.

林葆，林继雄，李家康，1994. 长期施肥的作物产量和土壤肥力变化［J］．植物营养与肥料学报，1（试刊）：6-18.

林建荣，石春海，吴明国，2003. 不同环境条件下粳型杂交稻稻米外观品质性状的遗传效应［J］．中国水稻科学，17（1）：16-20.

林世成，闵绍楷，1991. 中国水稻品种及其系谱［M］．上海：上海科技出版社.

刘大群，王恒立，1988. 品种稳定性评价方法的比较和分析［J］．作物学报，14（2）：290-295.

刘恩良，金平，马林，等，2013. 新疆冬小麦耐盐指标筛选及分析评价研究［J］．新疆农业科学，50（5）：809-816.

刘化龙，王敬国，赵宏伟，等，2011. 黑龙江水稻育种骨干亲本及系谱分析［J］．东北农业大学学报，42（4）：18-21.

刘建，魏亚凤，徐少安，2005. 水稻生育中期氮肥施用与稻米蛋白质含量及淀粉粘滞性的关系［J］．江苏农业学报，21（2）：80-85.

刘健，2002. 环境因子对稻米品质影响研究进展［J］．湖北农学院学报，22（6）：550-553.

刘杰，2010. 稻米中8种矿质元素含量的QTL定位［D］．北京：中国农业科学院.

刘丽华，胡远富，陈乔，等，2013. 利用AMMI模型分析寒地水稻3个品质性状的基因型与环境互作［J］．作物学报，39（10）：1 849-1 855.

刘丽华，王新兵，汤凤兰，等，2013. 水稻产量及产量构成的稳定性和高产相关性分析［J］．干旱地区农业研究，31（5）：84-88.

刘三雄，黎用朝，吴俊，等，2015. 应用隶属函数法综合评价水稻主栽品种抗旱性的研究［J］．杂交水稻，30（1）：74-78.

刘万友，杨振玉，1991. 程氏指数法分类性状的遗传分析［J］．沈阳农业大学学报（S1）：87-91.

刘文江，李浩杰，汪旭东，等，2002. 用AMMI模型分析杂交水稻基本性状的稳定性［J］．作物学报，28（4）：569-573.

刘玉莲, 吴洪宝, 2004. 用 SSA-MEM 分析黑龙江省近 45 年气温变化 [J]. 黑龙江气象 (1): 16-19.

刘云开, 方宝华, 庞冰, 等, 2009. 水稻品种节水抗旱适应性筛选研究 [J]. 湖南农业科学 (5): 24-26, 30.

刘贞琦, 刘振业, 马达鹏, 等, 1984. 水稻叶绿素含量及其光合速率关系的研究 [J]. 作物学报, 10 (1): 57-62.

卢宝荣, 蔡星星, 金鑫, 2009. 籼稻和粳稻的高效分子鉴定方法及其在水稻育种和进化研究中的意义 [J]. 自然科学进展, 19 (6): 628-638.

卢少云, 黎用朝, 郭振飞, 等, 1999. 钙提高水稻幼苗抗旱性的研究. 中国水稻科学, 13 (3): 161-164.

卢瑶, 凌英华, 杨正林, 等, 2007. 不同环境条件下籼型杂交水稻粒形遗传效应的研究 [J]. 西南大学学报 (自然科学版), 29 (10): 45-50.

吕文彦, 曹萍, 侯秀英, 等, 2000. 辽宁省水稻品质及品质与产量关系研究 [J]. 辽宁农业科学 (5): 1-4.

吕学莲, 白海波, 惠建, 等, 2019. 籼粳稻杂交衍生 RIL 系的苗期抗旱性评价 [J]. 植物遗传资源学报, 20 (3): 556-563.

罗成科, 肖国举, 张峰举, 等, 2017. 不同浓度复合盐胁迫对水稻产量和品质的影响 [J]. 干旱区资源与环境, 31 (1): 137-141.

罗玉坤, 朱智伟, 陈能, 等, 2004. 中国主要稻米的粒型及其品质特性 [J]. 中国水稻科学, 18 (2): 135-139.

马波, 刘传增, 胡继芳, 等, 2011. 寒地粳稻耐盐碱种质资源筛选 [J]. 黑龙江农业科学 (1): 6-8.

马均, 周开达, 马文波, 等, 2002. 水稻不同穗型品种穗颈节间组织与籽粒充实特性的研究 [J]. 作物学报, 28 (2): 215-220.

毛恒青, 万晖, 2002. 华北、东北地区积温的变化 [J]. 中国农业气象, 21 (3): 1-6.

毛艇, 徐海, 郭艳华, 等, 2009a. 利用 SSR 分子标记进行水稻籼粳分类体系的初步构建 [J]. 华北农学报, 24 (1): 119-124.

毛艇, 徐海, 郭艳华, 等, 2009b. 籼粳稻杂交后代群体形态分化与遗传分化的比较 [J]. 中国水稻科学, 23 (3): 323-326.

毛艇, 徐海, 郭艳华, 等, 2010. 籼粳交重组自交系的亚种属性与稻米品质性状的关系 [J]. 中国水稻科学, 24 (5): 474-478.

梅捍卫, 黎志康, 王一平, 等, 1997. "Lemont/特青" 重组自交系的六性状籼粳分类研究 [J]. 中国水稻科学 (4): 193-197.

孟丽君, 林秀云, 崔彦茹, 等, 2010. 利用高代回交导入群体进行水稻耐盐碱鉴定与筛选 [J]. 分子植物育种, 8 (6): 1 142-1 150.

孟亚利, 周治国, 1997. 结实期温度与稻米品质的关系 [J]. 中国水稻科学, 11 (1): 51-54.

莫惠栋, 1993. 我国稻米品质的改良 [J]. 中国农业科学, 26 (4): 8-14.

牛东玲, 王启基, 2002. 盐碱地治理研究进展 [J]. 土壤通报, 33 (2): 449-455.

潘华盛, 张桂华, 2002. 黑龙江气候变暖的时空变化特征 [J]. 黑龙江气象 (3): 3-11.

潘世驹, 李红宇, 姜玉伟, 等, 2015. 寒地水稻幼苗期耐盐资源筛选 [J]. 南方农业学报, 46 (10): 1 775-1 779.

潘世驹, 李红宇, 姜玉伟, 等, 2016. 寒地水稻幼苗期耐碱种质资源筛选 [J]. 四川农业大学学报, 34 (2): 137-141.

潘媛媛, 梁立娜, 蔡亚岐, 等, 2008. 高效阴离子交换色谱—脉冲安培检测法分析啤酒和麦汁中的糖 [J]. 色谱, 26 (5): 626-630.

彭波, 孙艳芳, 庞瑞华, 等, 2017. 水稻种子蛋白质含量遗传研究进展 [J]. 南方农业学报, 48 (3): 401-407.

彭俊华, 1991. 水稻产量的基因型×环境互作分析及生态类型区的划分 [J]. 川农业大学学报, 9 (3): 327-333.

彭俊华, 曾德初, 龙太康, 等, 1996. 应用不完全双列杂交法协作选配杂交水稻新组合的研究: Ⅱ数量性状配合力和遗传力的分析 [J]. 西南农业学报, 9 (3): 1-10.

彭小松, 朱昌兰, 王方, 等, 2014. 籼粳杂种后代支链淀粉结构及其与稻米糊化特性相关性分析 [J]. 核农学报, 28 (7): 1 219-1 225.

祁栋灵, 郭桂珍, 李明哲, 等, 2007. 水稻耐盐碱性生理和遗传研究进展 [J]. 植物遗传资源学报, 8 (4): 486-493.

祁栋灵, 郭桂珍, 李明哲, 等, 2009. 碱胁迫下粳稻幼苗前期耐碱性的数量性状基因座检测 [J]. 作物学报, 35 (2): 301-308.

祁栋灵, 张三元, 曹桂兰, 等, 2006. 水稻发芽期和幼苗前期耐碱性的鉴定方法研究 [J]. 植物遗传资源学报 (1): 74-80.

钱春荣, 冯延江, 杨静, 等, 2007. 水稻籽粒蛋白质含量选择对杂种早代蒸煮食味品质的影响 [J]. 中国水稻科学, 21 (3): 323-326.

钱惠荣, 沈波, 林鸿宣, 等, 1994. 应用水稻籼粳特异性 RFLP 标记及广亲和品种亲缘关系分析. 中国水稻科学, 8 (2): 65-71.

钱前, 程式华, 2006. 水稻遗传学和功能基因组学 [M]. 北京: 科学出版社.

秦大河, 陈宜瑜, 李学勇, 等, 2005. 中国气候与环境演变——气候与环境变化的影响与适应、减缓对策 [M]. 北京: 科学出版社.

秦阳, 蒋文春, 张城, 等, 2004. 不同水稻品种播期与品质的关系 [J]. 沈阳农业大学学报 (4): 328-331.

秦忠彬, 赵守仁, 张月平, 1989. 作物抗逆性鉴定的原理与技术 [M]. 北京: 北京农业大学出版社.

邱先进, 袁志华, 何文静, 等, 2014. 水稻垩白性状遗传育种研究进展 [J]. 植物遗传资源学报, 15 (5): 992-998.

任红旭，陈雄，吴冬秀，2001. CO_2 浓度升高对干旱胁迫下蚕豆光合作用和抗氧化能力的影响 [J]. 作物学报（6）：729-736.

邵高能，唐绍清，焦桂爱，等，2009. 稻米蒸煮品质性状的 QTL 定位 [J]. 中国水稻科学，23（1）：94-98.

邵国军，王洪山，韩勇，等，2008. 辽宁省水稻品种系谱分析 [J]. 北方水稻，38（5）：12-16.

沈鹏，罗秋香，金正勋，2003. 稻米蛋白质与蒸煮食味品质关系研究 [J]. 东北农业大学学报，34（3）：368-371.

沈希宏，杨仕华，谢芙贤，2000. 水稻品种区域试验的品种×环境互作及其与气候因子的关系 [J]. 中国水稻科学，14（1）：31-36.

施万喜，2009. 利用 AMMI 模型分析陇东旱地冬小麦新品种（系）丰产稳产性 [J]. 干旱地区农业研究，27（3）：37-43.

石春海，何慈信，朱军，1998. 稻米加工品质遗传主效应及其与环境互作的遗传分析 [J]. 遗传学报，25（1）：46-53.

石剑，杜春英，2005. 黑龙江省热量资源及其分布 [J] 黑龙江气象（4）：65-68.

石吕，张新月，孙惠艳，等，2019. 不同类型水稻品种稻米蛋白质含量与蒸煮食味品质的关系及后期氮肥的效应 [J]. 中国水稻科学，33（6）：541-552.

松江勇次，吉野稔，原田浩二，1991. N，Mg，K 含量和食味的关系 [J]. 日作九支报，44：29-34.

苏振喜，赵国珍，廖新华，等，2010. 云南粳型特色软米食味品质性状稳定性分析 [J]. 中国水稻科学，24（3）：320-324.

隋炯明，李欣，严松，等，2005. 稻米淀粉 RVA 谱特征与品质性状相关性研究 [J]. 中国农业科学，38（4）：657-663.

孙传清，姜廷波，陈亮，等，2000. 水稻杂种优势与遗传分化关系的研究 [J]. 作物学报，26（6）：641-649.

孙传清，王象坤，吉村淳，等，1997. 普通野生稻和亚洲栽培稻核基因组的 RFLP 分析 [J]. 中国农业科学，30（4）：39-44.

孙凤华，任国玉，赵春雨，等，2005. 中国东北地区及不同典型下垫面的气温异常变化分析 [J]. 地理科学，25（2）：167-171.

孙凤华，杨素英，陈鹏狮，2005. 东北地区近 44 年的气候暖干化趋势分析及可能影响 [J]. 生态学杂志，24（7）：751-755.

孙平，1998. 蛋白质含量多会降低稻米食味吗？——试析日本产销界关于稻米食味和应否追肥问题的争议 [J]. 中国稻米（5）：31-33.

孙彤，杜震宇，张瑞珍，等，2006. 松嫩平原盐碱土盐碱胁迫对水稻分蘖及产量的影响 [J]. 吉林农业大学学报，28（6）：597-605.

孙新立，才宏伟，王象坤，等，1996. 同工酶基因数量化方法对亚洲栽培稻的分类研究 [J]. 作物学报，22（6）：693-699.

孙岩松，1983. 我省水稻品种系谱分析 [J]. 黑龙江农业科学（6）：32-37.

孙岩松，1993. 从寒地水稻育种实践看骨干亲本的作用［J］. 中国种业（1）：8-9.

孙勇智，2013. 黑龙江涉农区域经济发展中的金融支持研究［D］. 长春：东北师范大学.

谭凯炎，房世波，任三学，等，2009. 非对称性增温对农业生态系统影响研究进展［J］. 应用气象学报，20（5）：634-641.

谭震波，1990. 杂交水稻新组合区域试验中产量稳定性探讨［J］. 四川农业大学学报，8（1）：71-74.

唐启义，冯明光，2002. 实用统计分析及其 DPS 数据处理系统［M］. 北京：科学出版社.

田蕾，陈亚萍，刘俊，等，2017. 粳稻种质资源芽期耐盐性综合评价与筛选［J］. 中国水稻科学，31（6）：631-642.

田佩占，1975. 大豆育种的结荚习性问题［J］. 遗传学报，2（4）：337-343.

田爽，王晓萍，2014. 水稻蛋白质的研究进展［J］. 哈尔滨师范大学自然科学学报，30（5）：92-95.

田又升，谢宗铭，王志军，等，2014. 水稻种子芽期抗旱性与产量抗旱系数关系分析［J］. 作物杂志（5）：148-153.

田又升，谢宗铭，吴向东，等，2015. 水稻种质资源萌发期抗旱性综合鉴定［J］. 干旱地区农业研究，33（4）：173-180.

佟立纯，谷音，2006. 盐碱对水稻生产的危害及防治对策［J］. 垦殖与稻作（2）：45-46.

万建民，2010. 中国水稻遗传育种与品种系谱（1986—2005）［M］. 北京：中国农业出版社.

万向元，陈亮明，王海莲，等，2004. 水稻品种胚乳淀粉 RVA 谱的稳定性分析［J］. 作物学报，42（12）：1 185-1 191.

万向元，胡培松，王海莲，2005. 水稻品种直链淀粉含量、糊化温度和蛋白质含量的稳定性分析［J］. 中国农业科学，38（1）：1-6.

汪宗立，刘晓忠，王志霞，1986. 水稻耐盐性的生理研究——I. 盐逆境下水稻品种间水分关系和渗透调节的差异［J］. 江苏农业学报，2（3）：1-10.

王伯伦，贾宝艳，胡宁，等，2008. 我国北方水稻生产状况的分析［J］. 北方水稻，38（1）：1-5.

王才林，汤玉庚，1988. 杂交粳稻主要经济性状配合力的研究［C］//傅相全. 杂交水稻国际学术讨论会论文集. 北京：学术期刊出版社.

王彩红，徐群，于萍，等，2012. 亚洲栽培稻程氏指数与 SSR 标记分类的比较分析［J］. 中国水稻科学，26（2）：165-172.

王成瑗，赵磊，王伯伦，等，2014. 干旱胁迫对水稻生育性状与生理指标的影响［J］. 农学学报，4（1）：4-14.

王丹英，章秀福，朱智伟，等，2005. 食用稻米品质性状间的相关性分析［J］. 作物学报，31（8）：1 086-1 091.

王丰，程方民，钟连进，等，2003. 早籼稻米 RVA 谱特性的品种间差异及其温度效应特征 [J]. 中国水稻科学，17（4）：328-332.

王贺正，2007. 水稻抗旱性研究及其鉴定指标的筛选 [D]. 雅安：四川农业大学.

王贺正，李艳，马均，等，2007. 水稻苗期抗旱性指标的筛选 [J]. 作物学报，33（9）：1 523-1 529.

王贺正，马均，李旭毅，2005. 水稻开花期抗旱性鉴定指标的筛选 [J]. 作物学报，31（11）：1 485-1 489.

王贺正，马均，李旭毅，等，2004. 水稻种质芽期抗旱性和抗旱性鉴定指标的筛选研究 [J]. 西南农业学报，17（5）：594-599.

王惠清，魏春秀，倪超玉，1991. 吉林省近 40 年的气候变化的分析与诊断 [C] // 国家气象局气候监测应用管理司. 全国气候变化诊断分析会议论文集. 北京：气象出版社.

王继馨，张云江，程爱华，等，2008. 水稻蛋白亚基含量对米饭食味的影响 [J]. 中国农学通报，24（1）：89-92.

王建林，徐正进，高峰，2001. 杂交稻与常规稻叶绿素变化规律的研究 [J]. 辽宁农业科学（5）：18-21.

王凯荣，刘鑫，周卫军，等，2004. 稻田系统养分循环利用对土壤肥力和可持续生产力的影响 [J]. 农业环境科学学报，23（6）：1 041-1 045.

王亮，景希强，丰光，等，2009. 13 个玉米自交系植株形态配合力及遗传参数分析 [J]. 玉米科学，17（3）：15-18.

王林森，陈亮明，王沛然，等，2016. 利用高世代回交群体检测水稻垩白相关性状 QTL [J]. 南京农业大学学报，39（2）：183-190.

王鹏跃，沈庆霞，路兴花，等，2016. 米蛋白及其组分与米饭物性及感官的关联特征研究 [J]. 食品与机械，32（3）：24-27.

王萍，李廷全，纪仰慧，等，2008. 黑龙江省近 35 年气候变化对粳稻发育期及产量的影响 [J]. 农业气象，29（3）：268-271.

王萍，李廷全，闫平，等，2005. 近年黑龙江省春旱频繁发生的研究分析 [J]. 自然灾害学报，14（3）：95-98.

王庆胜，2010. 黑龙江垦区水稻品种骨干亲本评价与育种展望 [J]. 黑龙江农业科学（4）：30-32.

王秋菊，李明贤，赵宏亮，等，2012. 黑龙江省水稻种质资源耐盐碱筛选与评价 [J]. 作物杂志（4）：116-120.

王绍武，董光荣，2002. 中国西部环境特征及其演变 [M]. 北京：科学出版社.

王石立，庄立伟，王馥棠，2003. 近 20 年气候变暖对东北农业生产水热条件影响的研究 [J]. 应用气象学报，14（2）：152-164.

王守海，1987. 灌浆期气候条件对稻米糊化温度的影响 [J]. 安徽农业科学（1）：16-18.

王松文，刘霞，王勇，等，2006. RFLP 揭示的籼粳基因组多态性 [J]. 中国农业科学, 39 (5)：1 038-1 043.

王小雷, 刘杨, 孙晓棠, 等, 2020. 不同环境下稻米品质性状 QTL 的检测及稳定性分析 [J]. 中国水稻科学, 34 (1)：17-27.

王晓玲, 周治宝, 余传元, 等, 2011. 籼粳稻米食味品质差异的相关研究 [J]. 江西农业大学学报 (33)：634-649.

王旭虹, 李鸣晓, 张群, 等, 2019. 籼型血缘对籼粳稻杂交后代产量和加工及外观品质的影响 [J]. 作物学报, 45 (4)：538-545.

王英, 2013. 利用回交导入系筛选水稻高产、抗旱和耐盐株系及选择导入系相关性状的 QTL 定位 [D]. 北京：中国农业科学院.

王英, 张浩, 马军韬, 等, 2018. 水稻抗旱研究进展与展望 [J]. 热带作物学报, 39 (5)：1 038-1 043.

王志欣, 2012. 东北粳稻耐盐碱性种质筛选及相关性状的 QTL 定位 [D]. 哈尔滨：东北农业大学.

魏凤英, 曹鸿兴, 王丽萍, 2003. 20 世纪 80—90 年代我国气候增暖进程的统计事实 [J]. 应用气象学报, 14 (1)：79-86.

闻先喜, 马小杰, 刑树平, 1995. 盐胁迫对大麦种子细胞膜透性的影响 [J]. 植物学报, 12 (增刊)：53-54.

吴长明, 孙传清, 陈亮, 等, 2002. 应用 RFLP 图谱定位分析稻米粒形的 QTL [J]. 吉林农业科学, 27 (5)：3-7.

吴长明, 孙传清, 付秀林, 等, 2003a. 稻米品质性状与产量性状及籼粳分化度的相互关系研究 [J]. 作物学报, 29 (6)：822-828.

吴长明, 孙传清, 王象坤, 等, 2003b. 稻米食味品质性状 QTL 分析 [J]. 吉林农业科学, 28 (2)：6-14.

吴春赞, 叶定池, 林华, 等, 2006. 水稻产量构成因子与稻米品质性状关系的研究 [J]. 江西农业学报, 18 (2)：29-31.

吴殿星, 舒小丽, 吴伟, 2009. 稻米淀粉品质研究与利用 [M]. 北京：中国农业出版社.

吴殿星, 夏英武, 1999. 食用稻米品质的研究进展及其改良策略 [J]. 中国农学通报 (3)：36-37.

吴洪恺, 刘世家, 江玲, 等, 2009. 稻米蛋白质组分及总蛋白质含量与淀 RVA 谱特征值的关系 [J]. 中国水稻科学, 23 (4)：421-426.

吴为人, 2000. 对基于 AMMI 模型的品种稳定性分析方法的一点改进 [J]. 遗传, 22 (1)：31-32.

吴元奇, 潘光堂, 荣廷昭, 2005. 作物稳定性研究进展 [J]. 四川农业大学学报, 23 (4)：482-489.

西北农学院, 1987. 作物育种学 [M]. 北京：农业出版社.

夏英俊, 2014. 生态条件对籼粳稻杂交后代产量和品质性状的影响 [D]. 沈阳：沈阳农业大学.

向远鸿，唐启源，黄燕湘，1990. 稻米品质性状相关性研究—籼型粘稻食味与其他米质性状的关系 [J]. 湖南农业大学学报（自然科学版）（4）：325-330.

肖文斐，马华升，陈文岳，等，2013. 籼稻耐盐性与稻米品质性状的关联分析 [J]. 核农学报（12）：1 938-1 947.

谢国生，朱伯华，彭旭辉，等，2005. 水稻苗期对不同 pH 值下 NaCl 和 NaHCO₃ 胁迫响应的比较 [J]. 华中农业大学学报，24（2）：121-124.

谢建昌，马茂桐，朱月珍，等，1965. 红壤区土壤中镁肥肥效的研究 [J]. 土壤学报，13（4）：377-386.

谢黎虹，罗炬，唐绍清，等，2013. 蛋白质影响水稻米饭食味品质的机理 [J]. 中国水稻科学，27（1）：91-96.

谢艳辉，2013. 稻米蛋白及淀粉组成与其食用品质的关系研究 [D]. 天津：天津科技大学.

谢忠雷，杨佰玲，包国章，等，2006. 茶园土壤锌的形态分布及其影响因素 [J]. 农业环境科学学报，25（S1）：32-36.

熊冬金，赵团结，盖钧镒，2008. 1923—2005 年中国大豆育成品种种质的地理来源及其遗传贡献 [J]. 作物学报，34（2）：175-183.

徐晨，凌风楼，徐克章，等，2013. 盐胁迫对不同水稻品种光合特性和生理生化特性的影响 [J]. 中国水稻科学，27（3）：280-286.

徐大勇，金军，杜永，等，2002. 江苏省主要高产粳稻品种品质性状分析 [J]. 江苏农业学报，18（4）：203-207.

徐富贤，洪松，1994. 环境因素对稻米品质影响的研究进展 [J]. 西南农业学报，7（2）：101-105.

徐海，陶士博，唐亮，等，2012. 栽培稻的籼粳分化与杂交育种研究进展 [J]. 沈阳农业大学学报，43（6）：704-710.

徐恒恒，黎妮，刘树君，等，2014. 种子萌发及其调控的研究进展 [J]. 作物学报（7）：1 141-1 156.

徐建欣，杨洁，胡祥伟，等，2015. 云南陆稻芽期抗旱性鉴定指标筛选及其综合评价 [J]. 西南农业学报，28（4）：1 455-1 464.

徐璐，王志春，赵长巍，等，2011. 东北地区盐碱土及耕作改良研究进展 [J]. 中国农学通报，27（27）：23-31.

徐南平，王淑华，1991. 黑龙江省近 40 年气温变化的分析与诊断 [C] //国家气象局气候监测应用管理司. 全国气候变化诊断分析会议论文集. 北京：气象出版社.

徐正进，陈温福，2007. 水稻穗型改良的生理与遗传基础研究进展 [J]. 自然科学研究进展，17（9）：1 161-1 166.

徐正进，陈温福，2016. 中国北方粳型超级稻研究进展 [J]. 中国农业科学，49（2）：239-250.

徐正进，陈温福，韩勇，等，2007. 辽宁水稻穗型分类及其与产量和品质的关系 [J]. 作物学报，33（9）：1 411-1 418.

徐正进, 陈温福, 马殿荣, 等, 2004. 稻谷粒形与稻米主要品质性状的关系 [J]. 作物学报, 30 (9): 894-900.

徐正进, 陈温福, 马殿荣, 等, 2005. 辽宁水稻食味值及其与品质性状的关系 [J]. 作物学报, 31 (8): 1 092-1 094.

徐正进, 陈温福, 张龙步, 等, 1990. 水稻不同穗型群体冠层光分布的比较研究 [J]. 中国农业科学, 23 (4): 6-10.

徐正进, 陈温福, 张龙步, 等, 1993. 水稻品质性状的品种间差异及其与产量关系的研究 [J]. 沈阳农业大学学报, 24 (3): 217-223.

徐正进, 陈温福, 张龙步, 等, 1996. 水稻穗颈维管束性状的类型间差异及其遗传的研究 [J]. 作物学报, 22 (2): 167-172.

许旭明, 梁康迳, 张受刚, 等, 2009. 利用 ILP 标记分析水稻籼粳杂交亲本和衍生系的籼粳分化 [J]. 中国农业科学, 42 (10): 3 388-3 396.

许永亮, 熊善柏, 赵思明, 2007. 蒸煮工艺和化学成分对米饭应力松弛特性的影响 [J]. 农业工程学报, 23 (10): 235-240.

闫影, 张丽霞, 万常照, 等, 2016. 稻米淀粉 RVA 谱特征值及理化指标与食味值的相关性 [J]. 植物生理学报, 52 (12): 1 884-1 890.

严明建, 赵正武, 吕直文, 等, 2002. HSC 法与稳定性参数在水稻区试中的应用 [J]. 作物研究, 16 (1): 17-19.

严文潮, 裘伯钦, 1993. 浙江省早籼稻加工和商品品质现状及其改良途径探讨 [J]. 浙江农业科学 (2): 61-64.

杨帆, 王志春, 马红媛, 等, 2016. 东北苏打盐碱地生态治理关键技术研发与集成示范 [J]. 生态学报, 36 (22): 7 054-7 058.

杨福, 梁正伟, 王志春, 2010. 苏打盐碱胁迫对水稻品种长白 9 号穗部性状及产量构成的影响 [J]. 华北农学报, 25 (S): 59-61.

杨福, 梁正伟, 王志春, 等, 2007. 水稻耐盐碱品种 (系) 筛选试验与省区域试验产量性状的比较 [J]. 吉林农业大学学报, 29 (6): 596-600.

杨瑰丽, 杨美娜, 黄翠红, 等, 2015. 水稻幼穗分化期的抗旱性研究与综合评价 [J]. 华北农学报, 30 (6): 140-145.

杨瑰丽, 杨美娜, 李帅良, 等, 2015. 水稻萌芽期抗旱指标筛选与抗旱性综合评价 [J]. 华南农业大学学报, 36 (2): 1-5.

杨化龙, 杨泽敏, 卢碧林, 2001. 生态环境对稻米品质的影响 [J]. 湖北农业科学 (6): 14-16.

杨建平, 丁永建, 陈仁升, 等, 2002. 近 50 年来中国干湿气候界线的 10 年际波动 [J]. 地理学报, 57 (6): 655-661.

杨建平, 丁永建, 沈永平, 等, 2004. 近 40 年来江河源区生态环境变化的气候特征分析 [J]. 冰川冻土 (2): 7-17.

杨连新, 王云霞, 朱建国, 等, 2010. 开放式空气中 CO_2 浓度增高 (FACE) 对水稻生长和发育的影响 [J]. 生态学报, 30 (6): 1 573-1 585.

杨圣，黄菲，胡晓晨，等，2015. 盐及 ABA 对水稻 MYB 转录因子基因表达的影响 [J]. 中国农业科技导报，17（4）：15-22.

杨仕华，廖琴，谷铁城，等，2009. 南方稻区国家水稻区域试验进展及建议 [J]. 中国种业（12）：12-14.

杨守仁，沈锡英，顾慰连，等，1962. 籼粳稻杂交育种研究 [J]. 作物学报，1（2）：97-102.

杨守仁，张龙布，陈温福，等，1996. 水稻超高产育种的理论和方法 [J]. 中国水稻科学，10（2）：115-120.

杨守仁，张龙步，沈锡英，1987. 三十六年来籼粳稻杂交育种的研究及发展 [J]. 沈阳农业大学学报，18（3）：3-9.

杨守仁，赵纪书，1959. 籼粳稻育种研究 [J]. 农业学报，10（4）：256-268.

杨树明，曾亚文，张浩，等，2009. 不同时期温度变化对水稻产量及其构成因子的影响 [J]. 西南农业学报，22（5）：1 363-1 366.

杨亚春，倪大虎，宋丰顺，等，2011. 不同生态地点下稻米外观品质性状的 QTL 定位分析 [J]. 中国水稻科学，25（1）：43-51.

杨亚春，倪大虎，宋丰顺，等，2012. 不同生态环境下稻米淀粉 RVA 谱特征值的 QTL 定位分析 [J]. 作物学报，38（2）：264-274.

杨振玉，1998. 北方杂交粳稻发展的思考与展望 [J]. 作物学报，24（6）：840-846.

杨振玉，陈秋柏，陈荣芳，等，1981. 水稻粳型恢复系 C57 的选育 [J]. 作物学报（3）：153-156.

杨振玉，张中旭，高勇，等，1998. 偏高秆偏大穗粳爪交组合的选育路线、高产生理基础及其栽培体系 [J]. 杂交水稻（6）：5-7.

姚海根，姚坚，2000. 近 20 年来浙江省晚粳稻和晚糯稻品种推广应用概况及今后育种方向 [J]. 浙江农业科学（4）：155-159.

姚荣江，杨劲松，刘广明，2006. 东北地区盐碱土特征及其农业生物治理 [J]. 土壤，38（3）：256-262.

姚素梅，王维金，2007. 应用灰色关联度分析影响两系杂交稻结实率的生理因素 [J]. 生物数学学报（1）：157-163.

姚霞，李伟，颜泽洪，2005. AMMI 模型在小麦区域试验产量组成性状分析中的应用 [J]. 麦类作物学报（6）：103-107.

姚晓云，王嘉宇，刘进，等，2016. 粳稻蒸煮食味品质相关性状的 QTL 分析 [J]. 植物学报，51（6）：757-763.

叶明确，杨亚娟，2016. 主成分综合评价法的误区识别及其改进 [J]. 数量经济技术经济研究，33（10）：142-153.

叶双峰，2001. 关于主成分分析做综合评价的改进 [J]. 数理统计与管理，20（2）：52-55.

尹尚军，2002. NaCl 与 Na_2CO_3 对水培小麦幼苗胁迫作用的比较 [J]. 浙江万里学院学报，15（1）：54-57.

游晴如，黄庭旭，马宏敏，2006. 环境生态因子对稻米品质影响的研究进展[J]. 江西农业学报，18（3）：155-158.

于永红，朱智伟，类叶杨，等，2006. 应用重组自交系群体检测控制水稻糙米粗蛋白和粗脂肪含量的 QTL[J]. 作物学报，32（11）：1 712-1 716.

余本勋，张时龙，何友勋，等，2010. AMMI 模型在水稻品种稳定性和适应性评价中的应用[J]. 贵州农业科学，38（2）：64-66.

余为仆，2014. 秸秆还田条件下盐胁迫对水稻产量与品质形成的影响[D]. 扬州：扬州大学.

於卫东，蒋靓，庄杰云，等，2009. 盐胁迫下水稻部分生化性状的 QTL 定位[J]. 核农学报，23（1）：150-153.

袁杰，王奉斌，贾春平，等，2019. 新疆粳稻（Subsp. japonica）苗期对 PEG 胁迫的反应和抗旱性评价[J]. 分子植物育种，17（18）：6 088-6 096.

袁军伟，李敏敏，刘长江，等，2018. NaCl 胁迫下葡萄砧木幼苗生长及体内 Cl^-、Na^+、K^+ 的分布动态[J]. 核农学报，32（12）：2 448-2 454.

袁隆平，1973. 利用野败选育三系的进展[J]. 湖南农业科学（4）：1-5.

袁隆平，1987. 杂交水稻的育种战略设想[J]. 杂交水稻，1（1）：3.

袁隆平，1990. 两系法杂交水稻研究的进展[J]. 中国农业科学，23（3）：1-6.

袁隆平，1997. 杂交水稻超高产育种[J]. 杂交水稻，12（6）：1-3.

袁隆平，武小金，颜应成，等，1997. 水稻广谱广亲和系的选育策略[J]. 中国农业科学，30（4）：1-8.

曾德初，彭俊华，龙太康，等，1996. 应用不完全双列杂交选配杂交水稻新组合的研究：Ⅰ 杂交组合产量等主要性状的表现分析[J]. 西南农业学报，9（1）：5-18.

张安宁，王飞名，余新桥，等，2008. 基于土壤水分梯度鉴定法的栽培稻抗旱标识品种筛选[J]. 作物学报，34（11）：2 026-2 032.

张灿军，姚宇卿，王育红，等，2005. 旱稻抗旱性鉴定方法与指标研究——Ⅰ 鉴定方法与评价指标[J]. 干旱地区农业研究，23（3）：33-36.

张昌泉，胡冰，朱孔志，等，2013. 利用重测序的水稻染色体片段代换系定位控制稻米淀粉黏滞性谱 QTL[J]. 中国水稻科学，27（1）：56-54.

张春红，李金州，田孟祥，等，2010. 不同食味粳稻品种稻米蛋白质相关性状与食味的关系[J]. 江苏农业学报，26（6）：1 126-1 132.

张桂华，王艳秋，郑红，等，2004. 气候变暖对黑龙江省作物生产的影响及其对策[J]. 自然灾害学报，13（3）：95-100.

张国发，丁艳锋，2004. 温光因子对稻米品质影响的研究进展[J]. 中国稻米（1）：11-14.

张国发，王绍华，尤娟，等，2008. 结实期相对高温对稻米淀粉粘滞性谱及镁，钾含量的影响[J]. 应用生态学报（9）：1 959-1 964.

张洪程, 高辉, 2003. 推进稻米清洁生产, 提升稻米产业竞争力 [J]. 中国稻米 (3)：3-5.

张洪程, 吴桂成, 李德剑, 等, 2010. 杂交粳稻 13.5t/hm² 超高产群体动态特征及形成机制的探讨 [J]. 作物学报, 36 (9)：1 547-1 558.

张洪程, 张军, 龚金龙, 等, 2013. "籼改粳" 的生产优势及其形成机理 [J]. 中国农业科学, 46 (4)：686-704.

张鸿, 朱从桦, 谭杰, 等, 2018. 杂交籼稻新组合抗旱性鉴定评价及预测研究 [J]. 干旱地区农业研究, 36 (2)：161-169.

张慧丽, 曲力涛, 李景文, 等, 2001. NaHCO₃ 对小麦种子萌发特性的影响 [J]. 塔里木农垦大学学报, 13 (2)：8-11.

张佳, 程海涛, 徐海, 等, 2015. 籼粳稻杂交后代蒸煮食味品质与亚种分化的关系 [J]. 中国水稻科学, 29 (2)：167-173.

张坚勇, 万向元, 肖应辉, 2004. 水稻品种食味品质性状稳定性分析 [J]. 中国农业科学, 37 (6)：788-794.

张建勇, 袁佐清, 李仕贵, 等, 2005. 微卫星标记分析籼粳亚种间的遗传多样性 [J]. 山东理工大学报, 9 (2)：22-27.

张军, 崔潇, 赵章囡, 等, 2019. 7 份喀麦隆水稻种质资源萌发期抗旱性综合鉴定 [J]. 陕西农业科学, 65 (4)：32-34.

张群远, 孔繁玲, 2002. 作物品种区域试验统计分析模型的比较 [J]. 中国农业科学, 35 (4)：365-371.

张容, 2006. 盐胁迫条件下水稻幼苗 microRNA 的克隆与研究初探 [D]. 成都：四川农业大学.

张瑞珍, 邵玺文, 童淑媛, 等, 2006. 盐碱胁迫对水稻源库与产量的影响 [J]. 中国水稻科学, 20 (1)：116-118.

张笑笑, 潘映红, 任富莉, 等, 2019. 基于多重表型分析的准确评价高粱抗旱性方法的建立 [J]. 作物学报, 45 (11)：1 735-1 745.

张欣, 施利利, 丁得亮, 等, 2014. 稻米蛋白质相关性状与 RVA 特征谱及食味品质的关系 [J]. 食品科技, 39 (10)：188-191.

张学军, 徐正进, 2003. 水稻个别产量构成因素与产量的相关分析 [J]. 沈阳农业大学学报, 34 (5)：362-364.

张尧忠, 徐宁生, 1998. 酯酶酶带籼粳分类法及稻种籼粳分类体系的讨论 [J]. 西南农业学报, 11 (3)：88-93.

张宇君, 赵丽丽, 王普昶, 等, 2017. 燕麦萌发期抗旱指标体系构建及综合评价 [J]. 核农学报, 31 (11)：2 236-2 242.

张玉发, 宋立秀, 戚学清, 等, 1995. 寒地水稻旱育稀植 "三化" 栽培技术推广总结 [J]. 现代化农业 (6)：5-6.

张云江, 赵镛洛, 2000. 寒地稻米品质现状及改良目标 [J]. 黑龙江农业科学 (3)：45-47.

张泽，鲁成，向中怀，1998. 基于 AMMI 模型的品种稳定性分析 [J]. 作物学报，24（3）：304-309.

赵步洪，奚岭林，杨建昌，等，2004. 两系杂交稻茎鞘物质运转与籽粒充实特性研究 [J]. 西北农林科技大学学报（自然科学版）（10）：9-14，19.

赵春芳，岳红亮，黄双杰，等，2019. 南粳系列水稻品种的食味品质与稻米理化特性 [J]. 中国农业科学，52（5）：909-920.

赵海新，徐正进，黄晓群，等，2011. 寒地水稻芽期耐碱鉴定指标分析与筛选 [J]. 种子，10（30）：1-8.

赵洪英，2009. 硅钾镁对水稻生育和品质的影响 [D]. 大庆：黑龙江八一农垦大学.

赵可夫，范海，宋杰，等，2002. 中国盐生植物的种类、类型、植被及其经济潜势 [M]. 北京：气象出版社.

赵兰坡，王宇，冯君，2013. 松嫩平原盐碱地改良利用——理论与技术 [M]. 北京：科学出版社.

赵式英，1983. 灌浆期气温对稻米食用品质的影响 [J]. 浙江农业科学（4）：178-181.

郑桂萍，蔡永盛，赵洋，等，2015. 利用 AMMI 模型进行寒地水稻品质分析 [J]. 核农学报，29（2）：296-303.

郑桂萍，郭晓红，陈书强，等，2005. 水分胁迫对水稻产量和食味品质抗旱系数的影响 [J]. 中国水稻科学，19（2）：142-146.

郑桂萍，李金峰，钱永德，等，2006. 土壤水分对水稻产量与品质的影响 [J]. 作物学报，32（8）：1 261-1 264.

郑兢贵，1979. 环境条件对水稻蛋白质含氮的影响 [J]. 国外农业科技（2）：23.

郑琪，王振英，2000. 盐胁迫下水稻、番茄蛋白质变化的电泳分析 [J]. 天津师大学报，20（1）：50-55.

中国标准出版社第一室，2010. 中国农业标准汇编——粮油作物卷 [M]. 北京：中国标准出版社.

钟娟，傅志强，2015. 不同晚稻品种抗旱性相关指标研究 [J]. 作物研究，29（6）：575-580，602.

仲维功，1988. 中籼稻品种的丰产性和稳产性分析 [J]. 江苏农业学报（1）：11-13.

周根友，汪娟，赵祥强，2017. 大田评价水稻耐盐碱性的农艺性状指标研究 [J]. 华北农学报，32（S1）：102-107.

周广生，梅方竹，周竹青，等，2003. 小麦不同品种耐湿性生理指标综合评价及其预测 [J]. 中国农业科学，36（11）：1 378-1 382.

周国雁，伍少云，隆文杰，等，2015. 云南省不同小麦资源种子萌发期抗旱性相关性状差异及与抗旱指数、抗旱系数的相关性 [J]. 华南农业大学学报，36（2）：13-18.

周汇，Glaszmann J C，程侃声，等，1988. 栽培稻分类方法的比较 [J]. 中国水稻科学，2（1）：1-7.

周慧颖，彭小松，欧阳林娟，等，2018. 支链淀粉结构对稻米淀粉糊化特性的影响 [J]. 中国粮油学报，33（8）：25-30，36.

周开达，1982. 杂交水稻主要性状配合力的初步研究 [J]，作物学报，8（3）：145-152.

周瑞庆，1989. 施肥对稻米品质和产量影响的研究 [J]. 湖南农学院学报，15（3）：1-5.

周少川，李宏，卢德城，等，2010. 水稻抗旱育种材料的筛选与研究 [J]. 分子植物育种，8（6）：1 202-1 207.

朱昌兰，翟虎渠，万建民，2002. 稻米食味品质的遗传和分子生物学基础研究. 江西农业大学学报，24（4）：454-460.

朱霏晖，张昌泉，顾铭洪，等，2015. 栽培稻中 Wx 基因的等位变异及育种利用研究进展 [J]. 中国水稻科学，29（4）：431-438.

朱明霞，高显颖，邵玺文，等，2014. 不同浓度盐碱胁迫对水稻生长发育及产量的影响 [J]. 吉林农业科学，39（6）：12-16.

朱智伟，2006. 当前我国稻米品质状况分析 [J]. 中国稻米，1（1）：1-4.

朱智伟，陈能，王丹英，等，2004. 不同类型水稻品质性状变异特性及差异性分析 [J]. 中国水稻科学，18（4）：315-320.

邹德堂，郭微，孙健，等，2018. 水稻不同基因型耐盐相关性状主成分分析及综合评价 [J]. 东北农业大学学报，49（8）：1-9.

邹江石，吕川根，2005. 水稻超高产育种的实践与思考 [J]. 作物学报，31（2）：254-258.

左付山，李政原，吕晓，等，2020. 基于 BP 神经网络的汽油机尾气排放预测 [J]. 江苏大学学报（自然科学版），41（3）：307-313.

左洪超，吕世华，胡隐樵，2004. 中国近 50 年气温及降水量的变化趋势分析 [J]. 高原气象，23（2）：238-244.

AOKI N, UMEMOTO T, YOSHIDA S, et al., 2006. Genetic analysis of long chain synthesis in rice amylopectin [J]. Euphytica, 151 (2): 225-234.

ASANTE M D, OFFEI S K, GRACEN V, et al., 2013. Starch physicochemical properties of rice accessions and their association with molecular markers [J]. Starch - Stärke, 65 (11-12): 1 022-1 028.

BALL S G, VAN DE WAL M H B J, VISSER R G F, 1998. Progress in understanding the biosynthesis of amylose [J]. Trends in Plant Science, 3 (12): 462-467.

BAO J S. 2012. Towards understanding of the genetic and molecular basis of eating and cooking quality of rice [J]. Cereal Foods World, 57: 148-156.

BAO J, SHEN S, SUN M, et al., 2006. Analysis of genotypic diversity in the starch physicochemical properties of nonwaxy rice: apparent amylose content, pasting viscosity and gel texture [J]. Starch-Stärke, 58 (6): 259-267.

BAXTER G, BLANCHARD C, ZHAO J, 2014. Effects of glutelin and globulin on the physicochemical properties of rice starch and flour [J]. Journal of Cereal Science, 60 (2): 414-420.

CAI J, MAN J, HUANG J, et al., 2015. Relationship between structure and functional properties of normal rice starches with different amylose contents [J]. Carbohydrate Polymers, 125: 35-44.

CAI Z C, QIN S W, 2006. Dynamics of crop yields and soil organic carbon in a long-term fertilization experiment in the Huang-Huai-Hai Plain of China [J]. Geoderma, 136: 708-715.

CHEN W F, XU Z J, ZHANG W Z, et al., 2001. Creation of new plant type and breeding rice for super high yield [J]. Acta Agronomica Sinica, 27 (5): 665-672.

CHEN Y, WANG M, OUWERKERY P B F, 2012. Molecular and environmental factors determining grain quality in rice [J]. Food and Energy Security, 1 (2): 111-132.

CHENG CH Y, DAIGEN M, HIROCHIKA H, et al., 2006. Epigeneticm regulation of the rice retrotransposon Tos17 [J]. Molecular Genetics and Genomics, 276 (4): 378-390.

Cheng F M, Zhong L J, Wang F, et al., 2005. Differences in cooking and eating properties between chalky and translucent parts in rice grains [J]. Food Chemistry, 90 (1): 39-46.

CHUNG H J, LIU Q, LEE L, et al., 2011. Relationship between the structure, physicochemical properties and in vitro digestibility of rice starches with different amylose contents [J]. Food Hydrocolloids, 25 (5): 968-975.

CROSSA J, GAOCH H G, ZOBEL R W, 1990. Additive main effects and multiplication interaction analysis of two international maize cul-ture trials [J]. Crop Science, 30: 493-500.

CURTIN D, 1983. Soil solution composition as affected by liming and incubation [J]. Soil Science Society of America Journal, 47 (4): 701-707.

DENG X X, ZHANG X Q, SONG X J, et al., 2011. Response of transgenic rice at germination traits under salt and alkali stress [J]. African Journal of Agricultural Research, 6 (18): 4 335-4 339.

DIAN W, JIANG H, CHEN Q, et al., 2003. Cloning and characterization of the granule-bound starch synthase II gene in rice: gene expression is regulated by the nitrogen level, sugar and circadian rhythm [J]. Planta, 218 (2): 261-268.

DONALD C M, 1968. The breeding of crop ideotypes [J]. Euphytica, 17 (3): 385-403.

FAN M, WANG X, SUN J, et al., 2017. Effect of *indica* pedigree on eating and cooking quality in rice backcross inbred lines of *indica* and *japonica* crosses [J].

Breeding science, 67 (5): 450-458.

FOOLAD M R, JONES R A, 1993. Mapping salt-tolerance genes in tomato (Lycopersicon esculemum) using trait-base marker analysis [J]. Theoretical and Applied Genetics, 87: 184-192.

FUJITA N, KUBO A, FRANCISCO P B, et al., 1999. Purification, characterization, and cDNA structure of isoamylase from developing endosperm of rice [J]. Planta, 208 (2): 283-293.

FUJITA N, KUBO A, SUH D S, et al., 2003. Antisense inhibition of isoamylase alters the structure of amylopectin and the physicochemical properties of starch in rice endosperm [J]. Plant and Cell Physiology, 44 (6): 607-618.

FURUKAWA S, TANAKA K, MASUMURA T, et al., 2006. Influence of rice proteins on eating quality of cooked rice and on aroma and flavor of sake [J]. Cereal Chemistry, 83 (4): 439-446.

GIMHANILM D, GREGORIO G, KOTTEARACHCHI N, et al., 2016. SNP-based discovery of salinity-tolerant QTLs in a bi-parental population of rice (Oryza sativa) [J]. Molecular Genetic & Genomics, 291 (6): 2 081-2 099.

GLASZMANN J C, 1987. Isozymes and classification of Asian rice varieties [J]. Theoretical and Applied Genetics, 74 (1): 21-30.

GOMEZ S M, BOOPATHI N M, KUMAR S S, et al., 2010. Molecular mapping and location of QTLs for drought-resistance traits in indica rice (Oryza sativa L.) lines adaptedto target environments [J]. Acta Physiologiae Plantarum, 32: 355-364.

GOSWAMI A, BANERJEE R, RAHA S, 2013. Drought resistance in rice seedlings conferred by seed priming [J]. Protoplasma, 250 (5): 1 115-1 129.

HAN X Z, HAMAKER B R, 2001. Amylopectin fine structure and rice starch paste breakdown [J]. Journal of Cereal Science, 34 (3): 279-284.

HANASHIRO I, ABE J, HIZUKURI S, 1996. A periodic distribution of the chain length of amylopectin as revealed by high-performance anion-exchange chromatography [J]. Carbohydrate research, 283: 151-159.

HANASHIRO I, ITOH K, KURATOMI Y, et al., 2008. Granule-bound starch synthase I is responsible for biosynthesis of extra-long unit chains of amylopectin in rice [J]. Plant and Cell Physiology, 49 (6): 925-933.

HANASHIRO I, MATSUGASAKO J, EGASHIRA T, et al., 2005. Structural characterization of long unit-chains of amylopectin [J]. Journal of Applied Glycoscience, 52 (3): 233-237.

HASJIM J, LAVAU G C, GIDLEY M J, et al., 2010. In vivo and in vitro starch digestion: Are current in vitro techniques adequate [J]. Biomacromolecules, 11 (12): 3 600-3 608.

HE Z, ZHAI W, WEN H, et al., 2011. Two evolutionary histories in the genome of rice: the roles of domestication genes [J]. PLoS Genet, 7 (6): e1002100.

HIROSE T, TERAO T, 2004. A comprehensive expression analysis of the starch synthase gene family in rice (*Oryza sativa* L.) [J]. Planta, 220 (1): 9–16.

HIZUKURI S, TAKEDA Y, MARUTA N, et al., 1989. Molecular structures of rice starch [J]. Carbohydrate Research, 189 (89): 227–235.

HORIBATA T, NAKAMOTO M, FUWA H, et al., 2004. Structural and physicochemical characteristics of endosperm starches of rice cultivars recently bred in Japan [J]. Journal of Applied Glycoscience, 51: 303–313.

HUANG S J, ZHAO C F, ZHU Z, et al., 2020. Characterization of eating quality and starch properties of two *Wx* alleles *japonica* rice cultivars under different nitrogen treatments [J]. Journal of Integrative Agriculture, 19 (4): 2–12.

HUANG W H, YANG X G, LI M S et al., 2010. Evolution characteristics of seasonal drought in the south of China during the past 58 years based on standardized precipitation index [J]. Transactions of the CSAE, 26 (7): 50–59.

HUANG Y C, LAI H M, 2014. Characteristics of the starch fine structure and pasting properties of waxy rice during storage [J]. Food chemistry, 152: 432–439.

IPCC, 2001. Climate Change 2001: The Scientific Basis [M]. Cambridge, UK: Cambridge University Press.

IPCC, 2007. Climate Change 2007: Contribution of Working Group I to the Fourth Annual Assessment Report of the Intergovernmental Panel on Climate Change [M]. Cambridge, UK: Cambridge University Press.

IRRI, 2002. Rice Almanac: Source Book for the Most Important Economic Activity on Earth [R]. Oxon, UK: CABI Publishing.

JANE J L, CHEN J F, 1992. Effect of amylose molecular size and amylopectin branch chain length on paste properties of starch [J]. Cereal Chemistry, 69 (1): 60–65.

JIANG H, DIAN W, LIU F, et al., 2004. Molecular cloning and expression analysis of three genes encoding starch synthase II in rice [J]. Planta, 218 (6): 1 062–1 070.

JUN B T, 1985. Studies on the inheritance of grain size and shape in rice [J]. Crops, 27 (2): 1–27.

JUN Y S, 2002. Comparison of effect between saline (NaCl) and alkaline (Na$_2$CO$_3$) stress on water cultured wheat seedling [J]. Journal of Zhejiang Wanli University, 15 (1): 54–57.

KANG H J, HWANG I K, KIM K S, et al., 2006. Comparison of the physicochemical properties and ultrastructure of *japonica* and *indica* rice grains [J]. Journal of Agricultural and Food Chemistry, 54 (13): 4 833–4 838.

KANG M Y, RICO C W, KIM C E, et al., 2011. Physicochemical properties and eating qualities of milled rice from different Korean elite rice varieties [J]. International Journal of Food Properties, 14 (3): 640-653.

KATO S, KOSAKA H, HARA S, 1928. On the affinity of rice varieties as shown by fertility of hybrid plants [J]. Journal of the Faculty of Agricultur kyushu university, 3: 132-147.

KHAN A A, RAO S A, MC NEILLY T, 2003. Assessment of salinity tolerance based upon seedling root growth response functions in maize (*Zeamays* L.) [J]. Euphytica, 131: 81-89.

KHAN M S A, HAMID A. KARIM M A, 1997. Effect of sodium chloride on germination and seedling characters of different types of rice (*Oryza sativa* L.) [J]. Journal of Agronomy and Crop Science, 179: 163-169.

KHATUN S, RIZZO C A, FLOWERS T J, 1995. Genotypic variation in the effect of salinity on fertility in rice [J]. Plant and Soil, 173 (2): 239-250.

KONDO H, 2011. Research on appearance quality and eating quality of rice: The relationship between nutrients, weather conditions, and the rice eating quality [J]. Agron Hortic, 86: 652-658.

KONDO H, OZAKI H, ITOH K, et al., 2006. Flowering induced by 5-azacytidine, a DNA demethylating reagent in a short-day plant [J], Perilla frutescens var. crispa [J]. Physiologia Plantarum, 127 (1): 130-137.

KONG X, CHEN Y, ZHU P, et al., 2015. Relationships among genetic, structural, and functional properties of rice starch [J]. Journal of Agricultural and Food Chemistry, 63 (27): 6 241-6 248.

KRISHNAMURTHY S L, SHARMA P C, SHARMA D K, et al., 2017. Identification of mega environments and rice genotypes for general and specific adaptation to saline and alkaline stresses in India [J]. Scientific Reports, 7 (1): 1-14.

KUMAR I, 1975. Combining ability analysis for yield and yield compo-nents in rice (O. *sativa* L.) [J]. Crop Science, 2: 55-59.

LEE H, CHA J, CHOI C, et al., 2018. Rice WRKY11 plays a role in pathogen defense and drought tolerance [J]. Rice, 11 (1): 1-12.

LI H, FITZGERALD M A, PRAKASH S, et al., 2017. The molecular structural features controlling stickiness in cooked rice, a major palatability determinant [J]. Scientific Reports, 7: 43713.

LI H, PRAKASH S, NICHOLSON T M, et al., 2016. The importance of amylose and amylopectin fine structure for textural properties of cooked rice grains [J]. Food chemistry, 196: 702-711.

LI R L, SHI F C, FUKUDA K, 2010. Interactive effects of salt and alkali stresses on seed germination, germination recovery, and seed ling growth of a halophyte Spartina alterniflora (Poaceae) [J]. South African Journal of Botany, 76: 380-

387.

LIN J H, SINGH H, CIAO J Y, et al., 2013. Genotype diversity in structure of amylopectin of waxy rice and its influence on gelatinization properties [J]. Carbohydrate polymers, 92 (2): 1 858-1 864.

LIU T, BI W, ZHANG J, et al., 2016. Characterization of the relationship between vascular bundles features and *indica* [J]. Euphytica, 209 (3): 739-748.

LONG S P, AINSWOTH E A, LEAKEY A D B, et al., 2006. Food for Thought: Lower-Than-Expected crop yield stimulation with rising CO_2 concentrations [J]. Science, 312: 1 918-1 921.

LU S, CHEN L N, LII C Y, 1997. Correlations between the fine structure, physicochemical properties, and retrogradation of amylopectins from taiwan rice varieties [J]. Cereal Chemistry, 74 (1): 34-39.

MA Z H, WANG Y B, CHENG H T, et al., 2020. Biochemical composition distribution in different grain layers is associated with the edible quality of rice cultivars [J]. Food Chemistry, 311: 125896.

MANNERS D J, 1989. Recent developments in our understanding of amylopectin structure [J]. Carbohydrate Polymers, 11 (2): 87-112.

MAR N N, UMEMOTO T, ABDULAH S N A, et al., 2015. Chain length distribution of amylopectin and physicochemical properties of starch in Myanmar rice cultivars [J]. International Journal of Food Properties, 18 (8): 1 719-1 730.

MARSCHNER H, 1995. Mineral Nutrition of Higher Plants. 2nd edn [M]. London, UK: Academic Press.

MASUMURA T, SAITO Y, 2010. Research on appearance quality and eating quality of rice: Analysis on the distribution of storage protein affecting eating the in rice grain [J]. Agronomy Horticultural, 85: 1 235-1 239.

MCCOUCH S R, CHO Y G, YANO M, et al., 1997. Report on QTL nomenclature [J]. Rice Genet Newsl, 14 (11): 11-131.

MCPHERSON A E, JANE J, 1999. Comparison of waxy potato with other root and tuber starches [J]. Carbohydrate polymers, 40 (1): 57-70.

MIKAMI I, AIKAWA M, HIRANO H Y, et al., 1999. Altered tissue - specific expression at the *Wx* gene of the opaque mutants in rice [J]. Euphytica, 105 (2): 91-97.

MIURA K, LIN S Y, YANO M, et al., 2002. Mapping quantitative trait loci controlling seed longevity in rice (*Oryza sativa* L.) [J]. Theoretical and Applied Genetics, 104: 981-986.

MUNASINGHE M, ADAM H, 2016. Genetic and root phenotype diversity in Sri Lankan rice landraces may be related to drought resistance [J]. Munasinghe and Price Rice, 9 (24): 1-13.

NAGATA K, FUKTUTA Y, SHIMZU S, et al., 2002. Quantitative trait loci for sink size and ripening traits in rice (*Oryza sativa* L.) [J]. Breeding Science, 52 (4): 259-273.

NAKAMURA I, CHEN W B, SATO Y I, 1991. Analysis of chloroplast DNA from ancient rice seeds [J]. Annual Report of National Institute of Genetics, Japan, 2: 108-109.

NAKAMURA S, SATOH H, OHTSUBO K, 2015. Development of formulae for estimating amylose content, amylopectin chain length distribution, and resistant starch content based on the iodine absorption curve of rice starch [J]. Bioscience, biotechnology, and Biochemistry, 79 (3): 443-455.

NAKAMURA Y, 2002. Towards a better understanding of the metabolic system for amylopectin biosynthesis in plants: rice endosperm as a model tissue [J]. Plant and Cell Physiology, 43 (7): 718-725.

NAKAMURA Y, 2018. Rice starch biotechnology: Rice endosperm as a model of cereal endosperms [J]. Starch-Stärke, 70 (1-2): 1600375.

NAKAMURA Y, FRANCISCO P B, HOSAKA Y, et al., 2005. Essential amino acids of starch synthase IIa differentiate amylopectin structure and starch quality between *japonica* and *indica* rice varieties [J]. Plant Molecular Biology, 58 (2): 213-227.

NAKAMURA Y, SAKURAI A, INABA Y, et al., 2002. The fine structure of amylopectin in endosperm from Asian cultivated rice can be largely classified into two classes [J]. Starch /Starke, 54 (3-4): 117-131.

NAKASE M, YAMADA T, KIRA T, et al., 1996. The same nuclear proteins bind to the 5'-flanking regions of genes for the rice seed storage protein: 16 kDa albumin, 13 kDa prolamin and type II glutelin. [J]. Plant molecular biology, 32 (4): 621-630.

NI J, COLOWIT P M, MACKILL D J, 2002. Evaluation of genetic diversity in rice subspecies using microsatellite markers [J]. Crop Science, 42 (2): 601-607.

NISHI A, NAKAMURA Y, TANAKA N, et al., 2001. Biochemical and Genetic Analysis of the Effects of Amylose-Extender Mutation in Rice Endosperm [J]. Plant Physiology, 127 (2): 459-472.

OGAWA M, KUMAMARU T, SATOH H, et al., 1987. Purification of protein body-I of rice seed and its polypeptide composition [J]. Plant and Cell Physiology, 28 (8): 1 517-1 527.

ONG M H, BLANSHARD J M V, 1995. Texture determinants in cooked parboiled rice: 1. Rice starch amylose and the fine structure of amylopectin [J]. Journal Cereal Science, 21 (3): 251-260.

OO A N, IWAI C B, SAENJAN P, 2015. Soil properties and maize growth in saline and non-saline soils using cassava-industrial waste compost and vermicompost with or without earthworms [J]. Land Degradation and Development, 26 (3): 300-310.

PATINDOL J, GU X, WANG Y J, 2009. Chemometric analysis of the gelatinization and pasting properties of long-grain rice starches in relation to fine structure [J]. Starch, 61 (1): 3-11.

PEAT S, WHELAN W J, THOMAS G J, 1956. The enzymic synthesis and degradation of starch. Part XXII. Evidence of multiple branching in waxy-maize starch. A correction [J]. Journal of the Chemical Society, 714-722.

PENG B, KONG H, LI Y, et al., 2014. OsAAP6 functions as an important regulator of grain protein content and nutritional quality in rice [J]. Nature Communications, 5: 4 847.

PIEPHO H P, 1997. Analyzing genotype-environment data by mixed models with multiplicative effects [J]. Biometrics, 53: 761-766.

PIEPHO H P, 1999. Stability analysis using the SAS system [J]. Agronomy Journal, 91 (1): 154-160.

PIEPHO H P, 1995. Robustness of statistical tests for multiplicative termsin the AMMI model for cultivar trials [J]. Theoretical & Applied Genetics, 90 (3-4): 438-443.

POWAR S L, 1995. Mehta V B. Salt tolerance of some cultivars of rice (*Oryza sativa* L.) at germination stage [J]. Current Agriculture, 19 (2): 43-45.

PÉREZ S, BERTOFT E, 2010. The molecular structures of starch components and their contribution to the architecture of starch granules: A comprehensive review [J]. Starch-Stärke, 62 (8): 389-420.

QADAR A, 1998. Alleviation of sodicty stress on rice genotypes by phosphorus fertilization [J]. Plant and Soil, 203: 269-277.

QI X, TESTER R F, SNAPE C E, et al., 2003. Molecular basis of the gelatinisation and swelling characteristics of waxy rice starches grown in the same location during the same season [J]. Journal of Cereal Science, 37 (3): 363-376.

QIAN Q, HE P, ZHENG X, et al., 2000. Genetic analysis of morphological index and its related taxonomic traits for classification of indica/japonica rice [J]. Science in China Series C: Life Sciences, 43 (2): 113-119.

REDDY K R, ALI S Z, BHATTACHARYA K R, 1993. The fine structure of rice-starch amylopectin and its relation to the texture of cooked rice [J]. Carbohydrate Polymers, 22 (4): 267-275.

REDDY K R, SUBRAMANIAN R, ZAKIUDDIN ALI S, et al., 1994. Viscoelastic properties of rice-flour pastes and their relationship to amylose content and rice quality [J]. Cereal chemistry, 71 (6): 548-552.

SANO Y, 1984. Differential regulation of *waxy* gene expression in rice endosperm [J]. Theoretical and Applied Genetics, 68 (5): 467-473.

SATOH H, NISHI A, YAMASHITA K, et al., 2003. Starch-branching enzyme I-deficient mutation specifically affects the structure and properties of starch in rice endosperm [J]. Plant Physiology, 133 (3): 1 111-1 121.

SECK P A, DIAGNE A, MOHANTY S, et al., 2012. Crops that feed the world 7: rice [J]. Food Security. 4 (1): 7-24.

SECOND G, 1982. Origin of the genic diversity of cultivated rice (*Oryza* spp.): study of the polymorphism scored at 40 isozyme loci [J]. Japanese Journal of Genetics, 57 (1): 25-57.

SHA W Y, SHAO X M, HUANG M, 2002. Climate warming and its impaction natural regional growthlimit stage in China in the1980s [J]. Science in China (Series D), 45 (12): 1 099-1 113.

SHEWRY P R, HALFORD D G, 2020. Cereal seed storage proteins, structures, properties and role in grain utilization [J]. Journal of Experimental Botany, 53 (370): 947-958.

SINGH H, LIN J H, HUANG W H, et al., 2012. Influence of amylopectin structure on rheological and retrogradation properties of waxy rice starches [J]. Journal of Cereal Science, 56 (2): 367-373.

SINGH N, PAL N, MAHAJAN G, et al., 2011. Rice grain and starch properties: Effects of nitrogen fertilizer application [J]. Carbohydrate Polymers, 86 (1): 219-225.

SUN J, LIU D, WANG J Y, et al., 2012. The contribution of intersubspecific hybridization to the breeding of super-high-yielding *japonica* rice in northeast China [J]. Theoretical and Applied Genetics, 125 (6): 1 149-1 157.

TAKEDA Y, HIZUKURI S, JULIANO B O, 1987. Structures of rice amylopectins with low and high affinities for iodine [J]. Carbohydrate Research, 168 (1): 79-88.

TAKEDA Y, MARUTA N, HIZUKURI S, et al., 1989. Structure of *indica* rice starches (IR48 and IR64) having intermediate affinity for iodine [J]. Carbohydrate Research, 187 (2): 287-294.

TAKEDA Y, TAKEDA C, MIZUKAMI H, et al., 1999. Structures of large, medium and small starch granules of barley grain [J]. Carbohydrate Polymers, 38 (2): 109-114.

TAKEUCHI Y, 2011. Research on appearance quality and eating quality of rice: X. Rice taste value of genetic analysis and its application [J]. Agronomy Horticulture, 86: 752-756.

TAN Y F, XING Y Z, LI J X, et al., 2000. Genetic bases of appearance quality of rice grains in Shanyou 63, an elite rice hybrid [J]. Theoretical & Applied Genetics, 101 (5-6): 823-829.

TAN Y, CORKE H, 2002. Factor analysis of physicochemical properties of 63 rice varieties [J]. Journal of the Science of Food and Agriculture, 82 (7): 745-752.

TANAKA K I, OHNISHI S, KISHIMOTO N, et al., 1995. Structure, organization, and chromosomal location of the gene encoding a form of rice soluble starch synthase [J]. Plant Physiology, 108 (2): 677-683.

TIAN Z, QIAN Q, LIU Q, et al., 2009. Allelic diversities in rice starch biosynthesis lead to a diverse array of rice eating and cooking qualities [J]. Proceedings of the National Academy of Sciences, 106 (51): 21 760-21 765.

UMEMOTO T, YANO M, SATOH H, et al., 2002. Mapping of a gene responsible for the difference in amylopectin structure between *japonica*-type and *indica*-type rice varieties [J]. Theoretical and Applied Genetics, 104 (1): 1-8.

VANDEPUTTE G E, DERYCKE V, GEEROMS J, et al., 2003a. Rice starches. II. Structural aspects provide insight into swelling and pasting properties [J]. Journal of Cereal Science, 38 (1): 53-59.

VANDEPUTTE G E, VERMEYLEN R, GEEROMS J, et al., 2003b. Rice starches. I. Structural aspects provide insight into crystallinity characteristics and gelatinisation behaviour of granular starch [J]. Journal of Cereal Science, 38 (1): 43-52.

WAN X Y, WAN J M, SU C C, et al., 2004. QTL detection for eating quality of cooked rice in a population of chromosome segment substitution lines [J]. Theoretical and Applied Genetics, 110 (1): 71-79.

WANG K, WAMBUGU P W, ZHANG B, et al., 2015. The biosynthesis, structure and gelatinization properties of starches from wild and cultivated African rice species (*Oryza barthii* and *Oryza glaberrima*) [J]. Carbohydrate Polymers, 129: 92-100.

WANG L C H, XIE X Y, ZHANG ZH et al., 2010. On establishment of a water-saving farming system in seasonal drought regions of Southwest China [J]. Journal of Southwest University, 32 (2): 1-6.

WANG L Q, LIU W J, XU Y, et al., 2007. Genetic basis of 17 traits and viscosity parameters characterizing the eating and cooking quality of rice grain [J]. Theoretical and Applied Genetics, 115 (4): 463-476.

WANG W S, RAMIL M, HU Z Q, et al., 2018. Geomic variation in 3, 010 diverse accessions of Asian cultivated rice [J]. Nature: International Weekly Journal of Science, 557 (7 703): 43-49.

WANG Z Y, TANKSLEY S D, 1989. Restriction fragment length polymorphism in *Oryza sativa* L [J]. Genome, 32 (6): 1 113-1 118.

WANG Z Y, ZHENG F Q, SHEN G Z, et al., 1995. The amylose content in rice endosperm is related to the post-transcriptional regulation of the *Waxy* gene [J]. The Plant Journal, 7 (4): 613-622.

WITT T, DOUTCH J, GILBERT E P, et al., 2012. Relations between molecular, crystalline, and lamellar structures of amylopectin [J]. Biomacromolecules, 13 (12): 4 273-4 282.

WU A C, GILBERT R G, 2010. Molecular weight distributions of starch branches reveal genetic constraints on biosynthesis [J]. Biomacromolecules, 11 (12): 3 539-3 547.

WU A C, LI E P, GILBERT R G, 2014. Exploring extraction/dissolution procedures for analysis of starch chain - length distributions [J]. Carbohydrate Polymers, 114: 36-42.

WU A C, MORELL M K, GILBERT R G, 2013. A parameterized model of amylopectin synthesis provides key insights into the synthesis of granular starch [J]. Plos One, 8 (6): e65768.

XIA N, WANG J M, GONG Q, et al., 2012. Characterization and in vitro digestibility of rice protein prepared by enzyme-assisted microfluidization: Comparison to alkaline extraction [J]. Journal of Cereal Science, 56 (2): 482-489.

XIE G S, ZHU B H, PENG X H, 2005, Comparison of the response of rice NaCl and NaHCO$_3$ stress with different pH value [J]. Journal Huazhong Agricultural University, 24 (2): 121-124.

XIE J H, ZAPATA-ARIAS F J, SHEN M, et al., 2000. Salinity tolerant performance and genetic diversity of four rice varieties [J]. Euphytica, 116 (2): 105-110.

XU X M, LI X K, LI ZH B, et al., 2020. Effects of genetic background and environmental conditions on amylopectin Chain-length distribution in a recombinant inbred line of an inter-subspecies rice cross [J]. Journal of Agricultural and Food Chemistry, 68 (28):7 444-7 452.

XU X M, XU ZH, MATSUE, et al., 2019. Effects of genetic background and environmental conditions on texture properties in a recombinant inbred population of an inter-subspecies cross [J]. Rice, 12 (1): 32.

YAMAKAWA H, HIROSE T, KURODA M, et al., 2007. Comprehensive expression profiling of rice grain filling - related genes under high temperature using DNA microarray [J]. Plant Physiology, 144: 258-277.

YAMAMOTO T I, HORISUE N, IKETA Y K, 1996. Rice Breeding Manual. Tokyo: Yokendo ltd: 5-20.

YAN C J, TIAN Z X, FANG Y W, et al., 2011. Genetic analysis of starch paste viscosity parameters in glutinous rice (*Oryza sativa* L.) [J]. Theoretical and Applied Genetics, 122 (1): 63-76.

YAND Y H, GUO M, SUN S Y, et al., 2019. Natural variation of OsGluA2 is involved in grain protein content regulation in rice [J]. Nature Communications, 10 (1): 1 949.

YANG J S, 2009. Recent evolution of soil salinization and its driving processes in China

［A］. Advances in the assessment and monitoring of salinization and status of biosaline agriculture, Reports of expert consultation held in Dubai, United Arab Emirates, 26-29 November 2007, World Soil Resources Reports No. 104 ［C］. FAO, Rome：23.

YATES F, COCHRAN W G, 1938. The analysis of group experiments ［J］. J Agric Sci (28)：556-580.

YE D Z, JIANG Y D, DONG W J, 2003. The Northward shift of climatic belts in China during the last 50 years and the corresponding seasonal responses ［J］. Advances in Atmospheric Sciences, 20 (6)：959-967.

YOKO T, SUZUKI K, NAKAMURA S, et al., 2006. Soluble starch synthase I effects differences in amylopectin structure between *indica* and *japonica* rice varieties ［J］. Journal of Agricultural and Food Chemistry, 54 (24)：9 234-9 240.

YOO S H, JANE J, 2002. Structural and physical characteristics of waxy and other wheat starches. Carbohydrate Polymers, 49 (3)：297-305.

YOSHIDA H, NOZAKI K, HANASHIRO I, et al., 2003. Structure and physicochemical properties of starches from kidney bean seeds at immature, premature and mature stages of development ［J］. Carbohydrate Research, 338 (5)：463-469.

YOSHIMOTO Y, TAKENOUCHI T, TAKEDA Y, 2002. Molecular structure and some physicochemical properties of waxy and low amylose barley starches ［J］. Carbohydrate Polymers, 47 (2)：159-167.

YU T Q, JIANG W Z, HAM TAE H O, et al., 2008. Comparison of grain quality traits between *japonica* rice cultivars from Korea and Yunnan Province of China ［J］. J Crop Sci Biotechnol, 11 (2)：135-140.

YU Y H, LI G, FAN Y Y, et al, 2009. Genetic relationship between grain yield and the contents of protein and fat in a recombinant inbred population of rice ［J］. Journal of Cereal Science, 50 (1)：121-125.

ZHANG C Q, ZHOU L H, ZHU Z B, et al., 2016. Characterization of grain quality and starch fine structure of two Japonica rice (*Oryza Sativa*) varieties with good sensory properties at different temperatures during the filling stage ［J］. Journal of Agriculture and Food Chemistry, 64：4 048-4 057.

ZHANG C Q, ZHU J H, CHEN S J, et al., 2019. Wx^{lv}, the ancestral allele of rice *Waxy* gene ［J］. Molecular Plant, 12 (8)：1 157-1 166.

ZHANG F T, CUI F L, ZHANG L X, et al., 2014. Development and identification of a introgression line with strong drought resistance at seedling stage derived from *Oryza sativa* L. mating with Oryza rufi pogon Griff ［J］. Euphytica, 200 (1)：1-7.

ZHANG Q, MAROOF M A S, LU T Y, et al., 1992. Genetic diversity and differentiation of *indica* and *japonica* rice detected by RFLP analysis ［J］. Theoretical and Applied Genetics, 83 (4)：495-499.

ZHANG W, BI J, CHEN L, et al., QTL 2008. Mapping for crude protein and protein fraction contents in rice （*Oryza sativa* L.）［J］. Journal of Cereal Science，48（2）：539-547.

ZHONG F，SHOEMAKER C F，2007. Gelatinization and pasting properties of waxy and non-waxy rice starches［J］. Starch/Stärke，59：388-396.

附录　每个株系染色体上的籼型基因频率

株系	F_i-1	F_i-2	F_i-3	F_i-4	F_i-5	F_i-6	F_i-7	F_i-8	F_i-9	F_i-10	F_i-11	F_i-12
1	0.455	0.000	0.320	0.000	0.318	0.000	0.000	0.000	0.208	0.375	0.000	0.033
2	0.000	0.000	0.100	0.217	0.000	0.385	0.526	0.000	0.333	0.000	0.000	0.000
3	0.000	0.200	0.000	0.000	0.000	0.154	0.000	0.176	0.000	0.000	0.000	0.000
4	0.242	0.000	0.000	0.348	0.000	0.000	0.711	0.382	0.250	0.250	0.000	0.800
5	0.000	0.900	0.080	0.348	0.000	0.000	0.000	0.000	0.292	0.000	0.548	0.333
6	0.242	0.200	0.100	0.413	0.045	0.308	0.000	0.118	0.167	0.344	0.000	0.533
7	0.303	0.100	0.080	0.087	0.000	0.115	0.000	0.118	0.458	0.000	0.000	0.000
8	0.091	0.000	0.160	0.000	0.000	0.000	0.474	0.265	0.000	0.000	0.000	0.000
9	0.076	0.150	0.400	0.043	0.000	0.077	0.000	0.059	0.000	0.438	0.000	0.133
10	0.000	0.500	0.040	0.761	0.000	0.000	0.000	0.000	0.000	0.000	0.000	0.000
11	0.000	0.000	0.000	0.000	0.000	0.077	0.263	0.000	0.000	0.000	0.095	0.000
12	0.061	0.000	0.000	0.000	0.000	0.154	0.000	0.441	0.083	0.438	0.000	0.133
13	0.152	0.150	0.000	0.543	0.227	0.000	0.000	0.000	0.292	0.188	0.238	1.000
14	0.000	0.000	0.000	0.000	0.000	0.231	0.632	0.000	0.000	0.000	0.095	0.000
15	0.000	0.000	0.480	0.000	0.000	0.000	0.000	0.000	0.000	0.000	0.000	0.000
16	0.061	0.025	0.160	0.348	0.000	0.231	0.263	0.588	0.000	0.000	0.000	0.133
17	0.000	0.000	0.280	0.065	0.000	0.115	0.000	0.588	0.000	0.000	0.000	0.167
18	0.091	0.300	0.000	0.000	0.295	0.231	0.000	0.382	0.250	0.406	0.000	0.000
19	0.152	0.200	0.000	0.348	0.000	0.154	0.000	0.176	0.250	0.031	0.000	0.000
20	0.000	0.000	0.000	0.000	0.000	0.000	0.000	0.294	0.250	0.000	0.476	0.133
21	0.000	0.100	0.000	0.000	0.068	0.269	0.421	0.471	0.000	0.063	0.000	0.000
22	0.121	0.275	0.080	0.000	0.000	0.000	0.053	0.000	0.000	0.000	0.095	0.067
23	0.273	0.000	0.080	0.174	0.000	0.231	0.000	0.000	0.000	0.000	0.000	0.000
24	0.455	0.000	0.000	0.000	0.250	0.231	0.289	0.029	0.000	0.250	0.071	0.000

株系	F_i-1	F_i-2	F_i-3	F_i-4	F_i-5	F_i-6	F_i-7	F_i-8	F_i-9	F_i-10	F_i-11	F_i-12
25	0.182	0.000	0.200	0.000	0.114	0.000	0.000	0.000	0.000	0.000	0.667	0.000
26	0.333	0.300	0.400	0.000	0.000	0.077	0.000	0.000	0.167	0.250	0.000	0.233
27	0.000	0.100	0.520	0.000	0.705	0.000	0.395	0.000	0.375	0.000	0.905	0.100
28	0.242	0.000	0.480	0.000	0.000	0.231	0.632	0.000	0.000	0.750	0.000	0.000
29	0.000	0.500	0.460	0.065	0.182	1.000	0.000	0.059	0.000	0.000	0.286	0.000
30	0.000	0.000	0.000	0.000	0.114	0.462	0.000	0.118	0.625	0.438	0.095	0.200
31	0.318	0.750	0.320	0.087	0.500	0.500	0.000	0.529	0.625	0.000	0.000	0.167
32	0.152	0.425	0.000	0.000	0.000	0.077	0.000	0.000	0.000	0.000	0.000	0.000
33	0.167	0.150	0.600	0.217	0.136	0.038	0.000	0.000	0.000	0.500	0.000	0.567
34	0.000	0.050	0.000	0.130	0.000	0.000	0.342	0.000	0.250	0.000	0.000	0.600
35	0.121	0.275	0.220	0.022	0.159	0.077	0.000	0.029	0.292	0.000	0.167	0.000
36	0.015	0.000	0.280	0.239	0.455	0.115	0.842	0.029	0.000	0.063	0.000	0.800
37	0.000	0.100	0.000	0.783	0.182	0.231	0.000	0.588	0.000	0.000	0.000	0.000
38	0.000	0.250	0.380	0.217	0.000	0.115	0.000	0.529	0.000	0.000	0.310	0.000
39	0.000	0.000	0.280	0.217	0.227	0.000	0.026	0.000	0.000	0.438	0.000	0.000
40	0.000	0.150	0.140	0.174	0.000	0.231	0.579	0.000	0.250	0.000	0.000	0.133
41	0.000	0.250	0.380	0.196	0.000	0.000	0.000	0.529	0.000	0.000	0.333	0.000
42	0.167	0.100	0.000	0.000	0.000	0.154	0.105	0.088	0.000	0.813	0.000	0.233
43	0.030	0.000	0.000	0.174	0.000	0.000	0.526	0.059	0.000	0.000	0.667	0.000
44	0.121	0.275	0.000	0.478	0.091	0.231	0.000	0.294	0.000	0.156	0.000	0.000
45	0.500	0.000	0.020	0.152	0.477	0.000	0.368	0.147	0.000	0.594	0.000	0.500
46	0.000	0.200	0.000	0.000	0.545	0.000	0.474	0.000	0.125	0.000	0.000	0.667
47	0.182	0.000	0.000	0.000	0.682	0.154	0.000	0.294	0.000	0.000	0.381	0.000
48	0.000	0.300	0.000	0.022	0.000	0.000	0.000	0.000	0.000	0.000	0.000	0.000
49	0.182	0.200	0.280	0.000	0.091	0.308	0.368	0.000	0.000	0.125	0.000	0.233
50	0.091	0.000	0.000	0.000	0.136	0.231	0.000	0.000	0.000	0.000	0.000	0.000
51	0.061	0.000	0.240	0.087	0.136	0.615	0.526	0.000	0.000	0.000	0.429	0.867
52	0.167	0.325	0.000	0.413	0.000	0.000	0.000	0.000	0.083	0.625	0.000	0.000
53	0.303	0.150	0.080	0.000	0.000	0.192	0.026	0.184	0.250	0.125	0.000	0.133
54	0.121	0.300	0.040	0.000	0.023	0.000	0.526	0.000	0.000	0.000	0.024	0.467
55	0.000	0.000	0.240	0.000	0.000	0.000	0.000	0.000	0.000	0.000	0.000	0.833

（续表）

株系	F_i-1	F_i-2	F_i-3	F_i-4	F_i-5	F_i-6	F_i-7	F_i-8	F_i-9	F_i-10	F_i-11	F_i-12
56	0.303	0.475	0.100	0.174	0.000	0.154	0.000	0.000	0.000	0.000	0.286	0.133
57	0.000	0.000	0.320	0.000	0.136	0.692	0.053	0.000	0.000	0.000	0.000	0.000
58	0.000	0.000	0.000	0.370	0.091	0.115	0.000	0.294	0.000	0.031	0.000	0.000
59	0.000	0.000	0.160	0.261	0.000	0.000	0.000	0.176	0.917	0.031	0.000	0.067
60	0.000	0.000	0.280	0.000	0.000	0.077	0.000	0.324	0.250	0.000	0.333	0.000
61	0.061	0.400	0.000	0.196	0.000	0.154	0.421	0.000	0.000	0.000	0.405	0.000
62	0.273	0.100	0.080	0.000	0.000	0.000	0.421	0.059	0.000	0.000	0.381	0.567
63	0.000	0.000	0.080	0.174	0.000	0.385	0.000	0.000	0.000	0.000	0.000	0.267
64	0.242	0.000	0.000	0.283	0.000	0.154	0.000	0.118	0.000	0.000	0.000	0.333
65	0.000	0.000	0.000	0.174	0.000	0.000	0.000	0.000	0.292	0.063	0.143	0.000
66	0.000	0.025	0.020	0.000	0.682	0.000	0.000	0.059	0.000	0.000	0.000	0.333
67	0.273	0.175	0.400	0.000	0.000	0.000	0.000	0.147	0.000	0.000	0.000	0.000
68	0.000	0.225	0.000	0.000	0.000	0.154	0.000	0.000	0.000	0.000	0.286	0.333
69	0.152	0.000	0.280	0.000	0.000	0.000	0.000	0.000	0.458	0.500	0.310	0.000
70	0.000	0.250	0.040	0.000	0.273	0.115	0.711	0.000	0.000	0.188	0.000	0.000
71	0.091	0.000	0.480	0.000	0.091	0.000	0.000	0.000	0.250	0.000	0.000	0.200
72	0.045	0.000	0.240	0.000	0.000	0.000	0.000	0.147	0.667	0.000	0.167	0.067
73	0.258	0.500	0.000	0.696	0.773	0.615	0.000	0.206	0.333	0.250	1.000	0.000
74	0.000	0.075	0.040	0.283	0.045	0.077	0.421	0.000	0.000	0.000	0.000	0.067
75	0.394	0.275	0.000	0.130	0.091	0.000	0.000	0.000	0.083	0.000	0.190	0.000
76	0.030	0.175	0.260	0.000	0.455	0.000	0.158	0.235	0.292	0.000	0.690	0.000
77	0.000	0.250	0.000	0.000	0.000	0.000	0.026	0.000	0.000	0.000	0.000	0.567
78	0.242	0.250	0.040	0.000	0.068	0.000	0.000	0.000	0.000	0.000	0.000	0.467
79	0.470	0.100	0.000	0.043	0.000	0.077	0.000	0.176	0.000	0.000	0.000	0.133
80	0.106	0.000	0.000	0.000	0.000	0.000	0.000	0.235	0.000	0.219	0.000	0.200
81	0.485	0.475	0.020	0.022	0.000	0.308	0.000	0.000	0.042	0.063	0.000	0.000
82	0.061	0.050	0.040	0.000	0.227	0.038	0.053	0.000	0.250	0.000	0.524	0.000
83	0.970	0.000	0.000	0.283	0.000	0.462	0.105	0.000	0.000	0.000	0.000	0.000
84	0.000	0.000	0.160	0.000	0.068	0.154	0.000	0.147	0.000	0.000	0.000	0.333
85	0.030	0.100	0.180	0.000	0.000	0.000	0.000	0.059	0.292	0.000	0.000	0.200
86	0.000	0.000	0.000	0.000	0.000	0.000	0.000	0.000	0.000	0.000	0.000	0.000
87	1.000	1.000	1.000	1.000	1.000	1.000	1.000	1.000	1.000	1.000	1.000	1.000

注：F_i 为籼型基因频率。